ライブラリ新・基礎物理学＝別巻1

新・基礎　力学演習

永田 一清・佐野 元昭・轟木 義一　共著

サイエンス社

編者のことば

本ライブラリの前身にあたる「ライブラリ工学基礎物理学：基礎力学，基礎電磁気学，基礎波動・光・熱学」が発刊されて，すでに十数年を経た．当時（1980年代後半）は，丁度戦後日本の高等教育の大拡張期が一段落を見た時期でもあった．1950年代には8％程度であった4年制大学の就学率は，1980年代には28％にまで達していた．その頃の大学教育は，この大学生の量的な拡大があまりにも急激に進んだために，その学生の質の変化に対応することができず，その方策を模索していた．理工系の大学初年次教育でもっとも重要な部分を占める物理学の基礎教育についても，それは例外ではなかった．

前ライブラリは，そのような当時の基礎物理教育に寄与するために，物理学のテキストとして新しいスタイルを提案した．すなわち，それまでの物理学のテキストのように，美しい理論体系をテキストの中で精緻に説明するのではなく，学生諸君自らが実際に手を動かして，例題などを解き，証明を導くことによって，より効果的に物理法則などの理解を深めさせることをねらったものであった．幸い私たちの試みは広く受け入れて頂けたようで，大変嬉しく思っている．

しかし，近年，少子化が進んで大学は入学し易くなり，さらに，“初等・中等教育の学習指導要領”の改変によって高等学校までの学習の習熟度が低下し，大学生のユニバーサル化が一挙に進むことになってしまった．そうなると，もはや前ライブラリで対応することは難しいように思われる．

この新しい「ライブラリ新・基礎物理学」シリーズでは，高等学校で物理を十分に学習してこなかった学生諸君でも十分に理解できるように，また，物理の得意な学生諸君には，物理学の面白さが理解できるように，各巻がそれぞれに工夫をこらして執筆されている．たとえば，学生諸君の負担をなるべく軽減するために内容は重要な項目だけに精選し，その代わり重要な概念や法則については，初心者にも十分に理解できるように，また物理の好きな学生にはより深く理解できるように，一つ一つをできるだけ平易に，丁寧に説明するように心がけられている．したがって，学生諸君はこのライブラリを繰り返し読むことによって，物理を学ぶ楽しさを味わうことができるであろう．

永田一清

はしがき

本書は，ライブラリ 新・基礎 物理学の第1巻「新・基礎 力学」の演習書という位置付けで執筆されている．したがって本書も，その「はしがき」で述べられているように，高校「物理」を十分に理解している学生と，あまり履修してこなかった学生の両者が混在する中，物理の基本的な諸概念や法則をしっかり理解させつつ，得意な学生に対しては，彼らをより深く物理の世界に誘うことを目指している．このような観点から，本書は演習書でありながら，通常の演習書のスタイルはとらず，重要な項目について，単に要点を羅列するのではなく，その意味や導かれ方が十分に理解できるよう，より詳しい解説を加えることにした．またその際，「新・基礎 力学」とはやや異なった表現をとることにより，より多角的な理解ができるように配慮した．さらに「新・基礎 力学」では扱わなかった，やや発展的な項目についても盛り込んでおり，興味のある学生がより深く学べるようにした．その結果，本書は「新・基礎 力学」の単なる演習書というよりは，その内容を互いに補い，より深く学習できるように配慮して作成されたサブテキストに近いものになった．そしてその内容は，網羅的というよりは，重要な項目に重点を絞ったものになった．しかし，本書は演習書であるので，従来の演習書と同様に多くの演習問題を用意し，また本ライブラリの特長を継承して，解答も単に正解を記すだけでなく，それに至る道筋を示すことにより，自習用としても十分使えるように配慮した．

本書の各章には，やや詳しい要項の解説の後，それをより実際的に理解できるように，関連する例題を配置し，さらにその確認や練習のために，適宜，練習問題を配置した．そして章末には，それらを総合的に復習し，より深く理解できるように演習問題を配置した．

本書は，本文を主に永田が，解答を主に轟木が担当し，最終的に，永田，佐野，轟木で全体を検討した．本文の記述および演習問題の解答については誤りのないように心がけたが，我々の思い違い等もあるかも知れない．本書をお使いの先生方や学生諸君から，本書の不備をご指摘いただければ幸いである．

最後に，本書の執筆にあたり，サイエンス社編集部の田島伸彦氏および足立豊氏には大変お世話になった．ここに厚くお礼申し上げる．

2012年10月　　著者一同

本ライブラリの編者であり，本書の著者の一人である永田一清先生が，本書の完成を目前にご逝去されました．心からご冥福をお祈り申し上げます．

目　　次

第1章

運動学 (1)—座標と位置ベクトル

この章では，運動を定量的に扱うための準備として，以下の基本的な事柄について学ぶ．

(1) 力学における 3 つの基本的な物理量である**長さ**，**質量**，**時間**の単位と，それによって構成される単位系．

(2) **次元**の概念と，物理方程式の正否を判定する**次元解析**．

(3) 物体の位置を指定するための**質点**の概念と，質点の位置を指定するための**座標系**と**位置ベクトル**．

1.1 長さ，質量，時間

1.1.1 物理量と単位

物理学の法則は，客観的に測定できる量で表される．この量のことを**物理量**という．物理量の大きさは，ある基準となるものと比較して，それの何倍にあたるかという数値で表す．その場合，どの基準を用いたかを明示する必要があり，この基準のことを**単位**という．すなわち，物理量は

$$(\text{物理量}) = (\text{数値}) \times (\text{単位}) \tag{1.1}$$

のように，数値と単位からなっている．

力学における物理量は，**長さ**，**質量**，**時間**という 3 つの基本的な量によって表すことができる．

SI 単位系

国によって，あるいは時代によって様々な単位が用いられてきた．そこで，そのような単位の多様化を抑止するために，1960 年に，世界共通の単位系を目指して**国際単位系**（**SI 単位系**）が定められた．力学で用いられる SI 単位について，以下に簡単にまとめておく．

◆**基本単位：**力学の基本量である長さ，質量，時間の SI 単位は，それぞれメートル（m），キログラム（kg）および秒（s）である．この 3 つを，力学における**基本単位**という．

◆**組立単位：**基本量以外の力学的な物理量は，長さ，質量，時間の 3 つの基本量の組

合せ（乗除）によって求められる．したがって，それらの単位もまた m，kg，s の乗除によって与えられる．このような単位を**組立単位**と呼ぶ．

◆**固有名称をもつ組立単位**：組立単位は m，kg，s の乗除によって表されるが，たとえば圧力の単位は「キログラム毎メートル毎秒毎秒」となり，必ずしも実用的とはいえない．このような不便さを解消するために，SI 単位系では，組立単位のうちとくに重要なものや頻繁に登場するものには，固有の名称が付けられている．

力学でよく使用される SI 単位を表 1.1 に示しておく．

表 1.1　力学でよく使用される SI 単位

物理量	種類	名称	記号
長さ	基本単位	メートル	m
質量	基本単位	キログラム	kg
時間	基本単位	秒	s
速度	組立単位	メートル毎秒	$\mathrm{m \cdot s^{-1}}$
加速度	組立単位	メートル毎秒毎秒	$\mathrm{m \cdot s^{-2}}$
力	組立単位	キログラムメートル毎秒毎秒	$\mathrm{kg \cdot m \cdot s^{-2}}$
	固有名称	ニュートン	N
エネルギー	組立単位	キログラム平方メートル毎秒毎秒	$\mathrm{kg \cdot m^2 \cdot s^{-2}}$
	固有名称	ジュール	$\mathrm{J = N \cdot m}$
仕事率	組立単位	キログラム平方メートル毎秒毎秒毎秒	$\mathrm{kg \cdot m^2 \cdot s^{-3}}$
	固有名称	ワット	$\mathrm{W = J \cdot s^{-1}}$
圧力	組立単位	キログラム毎メートル毎秒毎秒	$\mathrm{kg \cdot m^{-1} \cdot s^{-2}}$
	固有名称	パスカル	$\mathrm{Pa = N \cdot m^{-2}}$

重力単位系

工学などでは，SI 単位系とは別に，しばしば**重力単位系**が使われる．これは，3つの基本的な物理量のうち，質量を重力で表したものであり，重力の単位としては，質量 1 kg の物体に作用する地球の重力（万有引力）の大きさをとる．これを **1 kg 重**（1 kgw）と呼ぶ．1 kgf と書くこともある．

ところで，実際に物体に作用する重力の大きさは，その地点の緯度や海面からの高さに（海抜）よって異なるので，1 kg 重は，地表における平均重力によって定義される．そしてその大きさはほぼ 9.8 N であるので

$$1\,\mathrm{kg}\,\text{重} \simeq 9.8\,\mathrm{N} \tag{1.2}$$

の関係がある．1 N の力といわれてもあまり実感がわかないが，1 N は約 100 g 重なので，100 g のおもりをもち上げる程度の力である．

1.1.2　次元と次元解析

地上から斜めに投げ上げたボールは，放物線を描いて再び地上に落下する．このとき，ボールが到達する最高点の高さも，ボールを投げ上げた地点から落下した点までの距離も，どちらも同じ「メートル」という単位で測定される．それは 2 つの物理量に「長さ」という共通の物理的性質が備わっているからである．この物理量に備わっている物理的性質のことを**次元**という．長さ，質量，時間の次元は，それぞれ記号 L，M，T で表される．また，物理量 x の次元は［ ］を用いて $[x]$ と表す．$[x]$ もまた L，M，T の乗除によって表される．たとえば，面積は長さの 2 乗，体積は長さの 3 乗で表されるから，その次元は

$$[\text{面積}] = \mathrm{L}^2, \qquad [\text{体積}] = \mathrm{L}^3 \tag{1.3}$$

である．また，速度，加速度，力の次元は

$$[\text{速度}] = \frac{[\text{長さ}]}{[\text{時間}]} = \mathrm{LT}^{-1} \tag{1.4}$$

$$[\text{加速度}] = \frac{[\text{長さ}]}{[\text{時間}]^2} = \mathrm{LT}^{-2} \tag{1.5}$$

$$[\text{力}] = [\text{質量}][\text{加速度}] = \mathrm{MLT}^{-2} \tag{1.6}$$

となる．すなわち，次元は代数的な量として扱うことができる．

物理量は，同じ次元をもつ場合のみ，和や差をとることができる．したがって，物理法則の方程式の両辺は，同一の次元をもっていなければならない．この性質を利用して，目的の方程式が正しいか否かを容易に評価することができる．この方法は**次元解析**と呼ばれる．

例題 1.1　次元解析

重力の働く空間の中を運動する質点（質量 m）の力学的エネルギー E は，後で学ぶように

$$E = \frac{1}{2}mv^2 + mgh \tag{1.7}$$

と表される．ここで，v は質点の速さ，g は重力加速度，h は質点の基準点からの高さである．(1.7) が次元的に正しいことを示せ．

解答　左辺のエネルギーの次元は，表 1.1 から $[E] = \mathrm{ML^2T^{-2}}$ であることがわかる．

一方，右辺の第 1 項の次元は $[mv^2/2] = \mathrm{M} \times (\mathrm{L/T})^2 = \mathrm{ML^2T^{-2}}$，第 2 項の次元は $[mgh] = \mathrm{M} \times (\mathrm{L/T^2}) \times \mathrm{L} = \mathrm{ML^2T^{-2}}$ である．

このように両辺の各項の次元はすべて等しく $\mathrm{ML^2T^{-2}}$ となる．よって，方程式 (1.7) は次元的に正しい．

練習問題

問題 1.1　後で述べるように，角度（弧度）は弧の長さと半径との比で与えられる．このように物理量 x が同じ次元の 2 つの量の比で与えられるとき，その物理量は「次元がない」といい $[x] = 1$ と表す．また，そのような量を「**無次元量**」という．それでは，角速度 ω の次元はどう表されるか．

問題 1.2　$v = v_0 + at$ は次元的に正しい式であることを示せ．ただし，v および v_0 は速度，a は加速度を表し，t は時間である．

問題 1.3　$x = x_0 + v_0t + (a/2)t^2$ は次元的に正しい式であることを示せ．ただし，x および x_0 は距離，v_0 は速度，a は加速度を表し，t は時間である．

問題 1.4　半径 r の円周上を等速 v で運動している質点の加速度の大きさ a は，r のあるべき乗（r^n）と v のあるべき乗（v^m）に比例することがわかっていると仮定して，n と m を決定せよ．

問題 1.5　ある曲線上を運動している質点の位置座標 s が，$s = s_0 + ct^3$ で与えられている．定数 c の次元を求めよ．ただし，t は時間である．

1.2 座 標 系

1.2.1 質点と剛体

力学では物体の運動を扱うが，物体には大きさや形があり，力が働けば変形もする．しかし，それでは物体の位置を一意的に定義することはできない．そこで力学では，2つの理想化された物体のモデル，すなわち**質点**と**剛体**という概念を導入する．

質点

質点は，物体の体積を無限に縮めた極限の仮想的な微小物体である．ただし，大きさがあり，回転や変形を伴って運動する物体でも，その質量の中心（**重心**）の運動は，全質量が重心に集中した質点の運動に一致する．

剛体

剛体は，大きさはあるが，力を加えても変形しない仮想的な硬い物体である．剛体は，物体を微小な部分に分割して，その各々を質点とみなし，それらが互いにかたく結びついた質点系として考えることができる．

1.2.2 座標系

質点の運動を記述する場合，各時刻における質点の位置を指定するには，空間に目盛りを振る必要がある．この目盛りを**座標系**という．座標系はどのように決めてもよく，通常は運動を解析する上で，なるべく見通しがよくなるように選べばよい．本書では，とくに断らない限り，地表に固定された**直交座標系**（**デカルト座標系**）を採用する．

直交座標系（デカルト座標系）

直交座標系では，まず原点 O を決めて，それを通り互いに直交する 3 本の軸（たとえば x 軸，y 軸，z 軸）によって座標を定める．この 3 本の座標軸のとり方には 2 通りあるが，通常は図 1.1 のような**右手系**が選ばれる．直交座標系では，図 1.2 のように，質点 P の位置は座標 (x, y, z) で与えられる．

なお，質点の運動が直線上や平面上に束縛されている場合は，3 本の座標軸のすべてが必要なわけではなく，前者の場合は，直線に沿って 1 つの軸を，また後者の場合は，運動面内に 2 つの軸をとればよい．

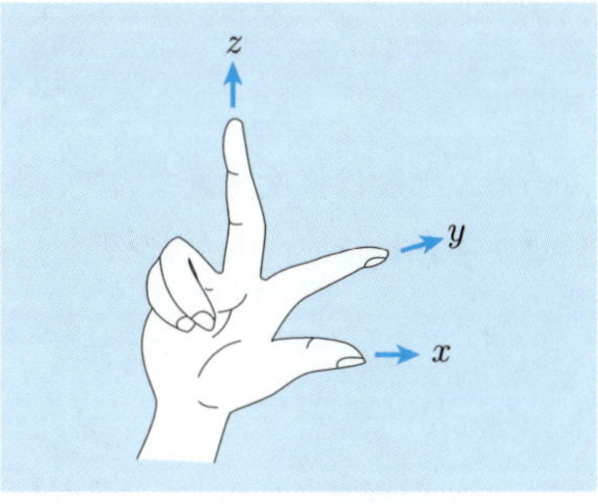

図 1.1 右手系

2 次元極座標系

質点の運動が平面内に限られている場合には，質点の位置は，運動面内に x 軸と y 軸をとる **2 次元直交座標**（**2 次元デカルト座標**）を使って表され，たとえば点 P の位置は座標 (x, y) によって表すことができる．しかし点 P の座標は，図 1.3 のように，原点 O から点 P までの距離 r と，x 軸から左回り（反時計回り）に測った OP の角度 θ を用いて (r, θ) で表すこともできる．これは **2 次元極座標**と呼ばれ，r を**動径**，θ を**方位角**という．本書では，とくに断らない限り，角度には次に説明する弧度を用いる．

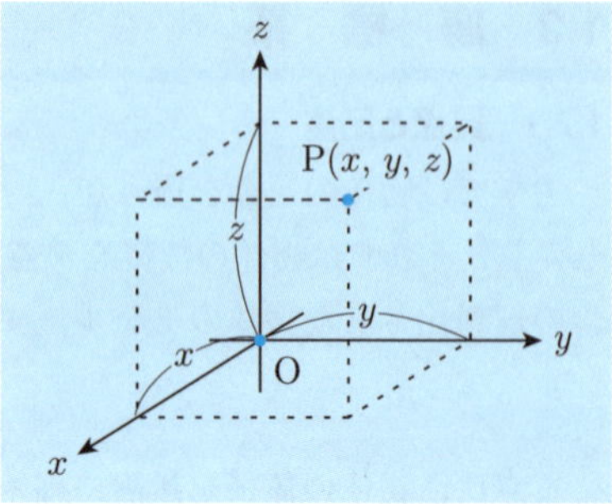

図 1.2　直交座標系

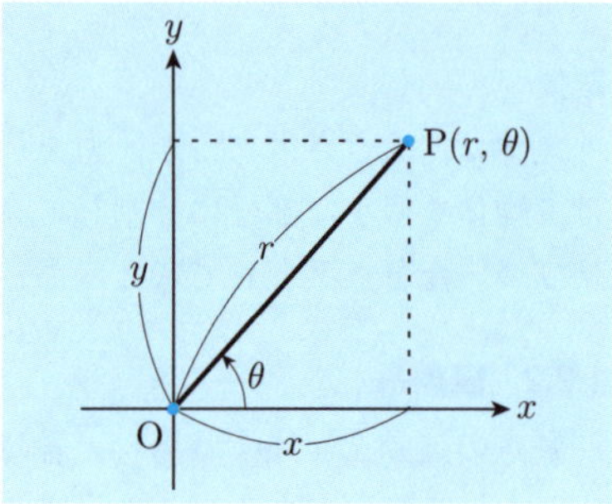

図 1.3　2 次元極座標系

直交座標 (x, y) と極座標 (r, θ) との間には以下の関係がある．

$$x = r\cos\theta, \quad y = r\sin\theta \tag{1.8}$$

弧度

扇形の中心角 θ の大きさは，その弧長 s と半径 r との比によって

$$\theta = \frac{s}{r}\,[\mathrm{rad}]$$

で定義することができる．これを**弧度**という．たとえば，中心角 360° に対する弧長は円周 $2\pi r$ に他ならないので，$360° = 2\pi\,[\mathrm{rad}]$ であり，したがって，$180° = \pi\,[\mathrm{rad}]$，$90° = \pi/2\,[\mathrm{rad}]$，$1° = \pi/180\,[\mathrm{rad}]$ などである．また逆に

$$1\,\mathrm{rad} = \frac{180°}{\pi} \approx 57.3°$$

である．弧度は無次元量なので，本来，単位は必要ないが，弧度であることを明示的に示す場合には，rad（ラジアン）という単位を付ける．

例題 1.2　2 次元直交座標の変換

平面内の点 P が，ある 2 次元直交座標 (x, y) で表されている．いま，この座標系を原点のまわりに角度 α だけ反時計回りに回転させるとき，

(1)　この新しい座標系での点 P の座標 (x', y') を求めよ．

(2)　$\alpha = \pi/6$ であるとき，点 $\mathrm{P}(x, y) = (4\,\mathrm{m}, 3\,\mathrm{m})$ の新しい座標系での座標 (x', y') を求めよ．

解答　右図のように，点 P から x, y 軸にそれぞれ下ろした垂線の足を M, N とすると，図から明らかなように

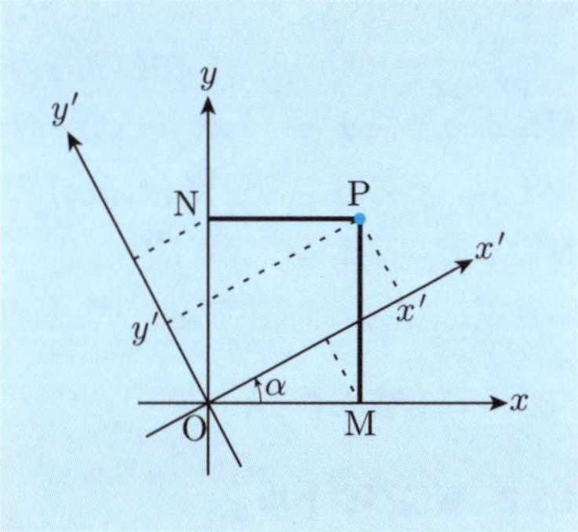

$$x' = \mathrm{OM}\cos\alpha + \mathrm{MP}\sin\alpha$$
$$y' = -\mathrm{NP}\sin\alpha + \mathrm{ON}\cos\alpha$$

となる．ここで，

$$\mathrm{NP} = \mathrm{OM} = x, \qquad \mathrm{MP} = \mathrm{ON} = y$$

であるから，新座標 (x', y') は

$$\begin{aligned} x' &= x\cos\alpha + y\sin\alpha \\ y' &= -x\sin\alpha + y\cos\alpha \end{aligned} \tag{1.9}$$

となる．

(2)　(1.9) に，$x = 4\,\mathrm{m}$, $y = 3\,\mathrm{m}$, $\alpha = \pi/6$ を代入すると，新座標 (x', y') は

$$x' = 4\cos\left(\frac{\pi}{6}\right) + 3\sin\left(\frac{\pi}{6}\right) = \frac{3 + 4\sqrt{3}}{2}\ \mathrm{m}$$
$$y' = -4\sin\left(\frac{\pi}{6}\right) + 3\cos\left(\frac{\pi}{6}\right) = \frac{-4 + 3\sqrt{3}}{2}\ \mathrm{m}$$

となる．

練習問題

問題 1.6　2 次元極座標 $(r, \theta) = (2\,\mathrm{m}, \pi/4)$ で指定される点がある．この点の直交座標 (x, y) を求めよ．

1.3 ベクトル

1.3.1 位置ベクトル

空間における質点の位置 P は，図 1.4 のように，座標系の原点 O から P までの矢を引き，その矢によって表すことができる．この矢のことを**位置ベクトル**といい，通常，1 つの太文字を用いて $\boldsymbol{r}$ のように表す．

位置ベクトルの矢は，矢の先端の 3 つの座標によって決まる．したがって，位置ベクトル $\boldsymbol{r}$ は，その 3 つの座標 (x, y, z) の組を表す量でもある．そこで，$\boldsymbol{r}$ は

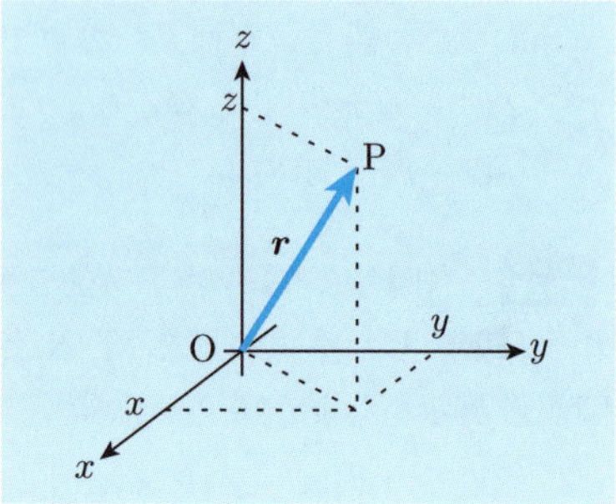

図 1.4　位置ベクトル

$$\boldsymbol{r} = (x, y, z) \tag{1.10}$$

のようにも書かれる．

1.3.2 変位ベクトル

質点が点 P から点 Q まで移動するとき，その移動量を**変位**といい，P から Q まで引いた矢で表す．この矢は**変位ベクトル**と呼ばれ，通常 $\Delta\boldsymbol{r}$ のように表される．点 P, Q の位置ベクトルをそれぞれ $\boldsymbol{r}_\mathrm{P}$, $\boldsymbol{r}_\mathrm{Q}$ とすると，変位ベクトル $\Delta\boldsymbol{r}$ は

$$\Delta\boldsymbol{r} = \boldsymbol{r}_\mathrm{Q} - \boldsymbol{r}_\mathrm{P} \tag{1.11}$$

で与えられる．

1.3.3 ベクトル量

位置ベクトルのように，大きさだけでなく方向と向きを合わせもつ量を**ベクトル量**と呼ぶ．それに対し，単に大きさだけをもつ量を**スカラー量**という．ベクトルの演算は，スカラー（実数）の演算規則とは異なる規則に従う．以下にベクトルの基本的な性質とベクトルの演算規則をまとめておく．

なお，ベクトル量は，通常 $\boldsymbol{A}$ または $\boldsymbol{a}$ のように太字で表してスカラー量と区別する．また，ベクトル $\boldsymbol{A}$ の大きさは $|\boldsymbol{A}|$ のように絶対値記号を付けて表す．$|\boldsymbol{A}|$ はスカラー量であって，A のように同じ文字の普通の書体で表すこともある．

ベクトルの実数倍

ベクトル $\boldsymbol{A}$ を k（実数）倍した量はベクトル量であって，$k\boldsymbol{A}$ と書く．$k\boldsymbol{A}$ は $\boldsymbol{A}$ と同方向のベクトルで，A の $|k|$ 倍の大きさをもち，その向きは，$k > 0$ なら $\boldsymbol{A}$ と同

じ向き，$k<0$ なら $\boldsymbol{A}$ と逆向きである．とくに $k=-1$ の場合を**逆ベクトル**と呼び，$-\boldsymbol{A}$ と表す．また，$k=0$ のときを**零ベクトル**といい，$\boldsymbol{0}$ のように表す．

単位ベクトルと基本ベクトル

大きさが 1 であるベクトルを**単位ベクトル**という．したがって，$\boldsymbol{A}$ と同じ方向と向きをもつ単位ベクトルを $\boldsymbol{e}$ で表すと

$$\boldsymbol{e}=\frac{\boldsymbol{A}}{A} \qquad \therefore \quad \boldsymbol{A}=A\boldsymbol{e} \tag{1.12}$$

となる．また，x, y, z 軸にそれぞれ平行で，各軸の正の方向を向いた 3 つの単位ベクトルを，直交座標系の**基本ベクトル**といい，本書ではそれらを $\boldsymbol{i}$, $\boldsymbol{j}$, $\boldsymbol{k}$ で表す．

ベクトルの和と差

2 つのベクトル $\boldsymbol{A}$ と $\boldsymbol{B}$ の和

$$\boldsymbol{C}=\boldsymbol{A}+\boldsymbol{B} \tag{1.13}$$

には，2 通りの定義の仕方がある．1 つは**平行四辺形法**と呼ばれるもので，図 1.5(a) のように，$\boldsymbol{A}$ と $\boldsymbol{B}$ の矢の始点を一致させておき，$\boldsymbol{A}$, $\boldsymbol{B}$ を隣り合う 2 辺とする平行四辺形を描くとき，和ベクトル $\boldsymbol{C}$ は，$\boldsymbol{A}$, $\boldsymbol{B}$ の始点を始点とし，平行四辺形の対角線となる矢として定義される．もう 1 つは**三角形法**と呼ばれ，図 1.5(b) のように，$\boldsymbol{B}$ の始点を $\boldsymbol{A}$ の終点に一致するように平行移動させて，$\boldsymbol{A}$ の始点から $\boldsymbol{B}$ の終点に引いた矢として和ベクトル $\boldsymbol{C}$ を定義する．どちらの方法でも結果は同じである．

2 つのベクトル $\boldsymbol{A}$ と $\boldsymbol{B}$ の差

$$\boldsymbol{D}=\boldsymbol{A}-\boldsymbol{B} \tag{1.14}$$

は，$\boldsymbol{A}$ に $\boldsymbol{B}$ の逆ベクトル $-\boldsymbol{B}$ を加えたものである．

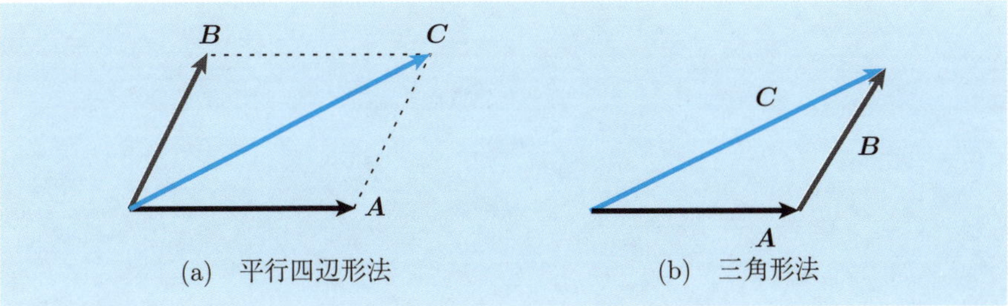

図 1.5 ベクトルの和

ベクトルの成分表示

ベクトルを式で表すときは，成分表示法を使うのが便利である．ベクトル $\boldsymbol{A}$ の x, y, z 軸への正射影をそれぞれ A_x, A_y, A_z とすると，$\boldsymbol{A}$ は，基本ベクトル $\boldsymbol{i}$, $\boldsymbol{j}$, $\boldsymbol{k}$ を用いて

$$\boldsymbol{A} = A_x\boldsymbol{i} + A_y\boldsymbol{j} + A_z\boldsymbol{k} = (A_x, A_y, A_z) \tag{1.15}$$

と表すことができる．(1.15) はベクトル $\boldsymbol{A}$ の**成分表示**と呼ばれ，A_x, A_y および A_z は，それぞれ $\boldsymbol{A}$ の x, y, z 成分と呼ばれる．このベクトルの成分を用いると，ベクトル $\boldsymbol{A}$ の大きさや，ベクトル $\boldsymbol{A}$ と $\boldsymbol{B}$ の和および差は，それぞれ次のように表される．

$$A = |\boldsymbol{A}| = \sqrt{A_x^2 + A_y^2 + A_z^2} \tag{1.16}$$

$$\boldsymbol{A} + \boldsymbol{B} = (A_x + B_x)\boldsymbol{i} + (A_y + B_y)\boldsymbol{j} + (A_z + B_z)\boldsymbol{k} \tag{1.17}$$

$$\boldsymbol{A} - \boldsymbol{B} = (A_x - B_x)\boldsymbol{i} + (A_y - B_y)\boldsymbol{j} + (A_z - B_z)\boldsymbol{k} \tag{1.18}$$

また，先に定義した位置ベクトル $\boldsymbol{r} = (x, y, z)$ は

$$\boldsymbol{r} = x\,\boldsymbol{i} + y\,\boldsymbol{j} + z\,\boldsymbol{k} \tag{1.19}$$

と書ける．したがって，位置ベクトルの成分は直交座標 x, y, z に一致する．

ベクトルの時間微分（直交座標系の場合）

直交座標系の基本ベクトルは時間に依存しないので，任意のベクトル $\boldsymbol{A}(t)$ の時間微分の成分表示は

$$\frac{d\boldsymbol{A}(t)}{dt} = \frac{dA_x(t)}{dt}\boldsymbol{i} + \frac{dA_y(t)}{dt}\boldsymbol{j} + \frac{dA_z(t)}{dt}\boldsymbol{k} \tag{1.20}$$

となる．

例題 1.3 位置ベクトル

2 点 A, B の位置ベクトルが，$\boldsymbol{r}_\mathrm{A} = 3\boldsymbol{i} + 4\boldsymbol{j} + 2\boldsymbol{k}$, $\boldsymbol{r}_\mathrm{B} = -2\boldsymbol{i} + 2\boldsymbol{j} - 3\boldsymbol{k}$ であるとき，次の量を求めよ．

(1) 原点に対して点 A と対称な点 P の位置ベクトル $\boldsymbol{r}_\mathrm{P}$

(2) 点 A と点 B の中点 M の位置ベクトル $\boldsymbol{r}_\mathrm{M}$

(3) 2 点 A，B を 1：2 に内分する点 N の直交座標 (x, y, z)

解答 (1) 原点に対して対称な点の座標は，3 つのすべての座標の符号を逆にしたものである．すなわち，$\boldsymbol{r}_\mathrm{P}$ は $\boldsymbol{r}_\mathrm{A}$ の逆ベクトルである．

$$\boldsymbol{r}_\mathrm{P} = -\boldsymbol{r}_\mathrm{A} = -3\boldsymbol{i} - 4\boldsymbol{j} - 2\boldsymbol{k}$$

(2) $\boldsymbol{r}_\mathrm{A}$ と $\boldsymbol{r}_\mathrm{B}$ の中点 M の位置ベクトル $\boldsymbol{r}_\mathrm{M}$ は，$\boldsymbol{r}_\mathrm{A}$ に A から B に向かうベクトル $\boldsymbol{r}_\mathrm{B} - \boldsymbol{r}_\mathrm{A}$ の半分を加えて得られる．すなわち

$$\boldsymbol{r}_\mathrm{M} = \boldsymbol{r}_\mathrm{A} + \frac{1}{2}(\boldsymbol{r}_\mathrm{B} - \boldsymbol{r}_\mathrm{A}) = \frac{1}{2}(\boldsymbol{r}_\mathrm{A} + \boldsymbol{r}_\mathrm{B}) = \frac{1}{2}\boldsymbol{i} + 3\boldsymbol{j} - \frac{1}{2}\boldsymbol{k}$$

これは，$\boldsymbol{r}_\mathrm{A}$ と $\boldsymbol{r}_\mathrm{B}$ がつくる平行四辺形の対角線にあたるベクトル $\boldsymbol{r}_\mathrm{A} + \boldsymbol{r}_\mathrm{B}$ の半分でもある．

(3) 内分点 N の位置ベクトル $\boldsymbol{r}_\mathrm{N}$ は，$\boldsymbol{r}_\mathrm{A}$ と $\boldsymbol{r}_\mathrm{B} - \boldsymbol{r}_\mathrm{A}$ の 1/3 との和になる．すなわち

$$\boldsymbol{r}_\mathrm{N} = \boldsymbol{r}_\mathrm{A} + \frac{1}{3}(\boldsymbol{r}_\mathrm{B} - \boldsymbol{r}_\mathrm{A}) = \frac{2}{3}\boldsymbol{r}_\mathrm{A} + \frac{1}{3}\boldsymbol{r}_\mathrm{B} = \frac{4}{3}\boldsymbol{i} + \frac{10}{3}\boldsymbol{j} + \frac{1}{3}\boldsymbol{k}$$

よって，求める直交座標は，$(4/3, 10/3, 1/3)$．

練習問題

問題 1.7 ベクトル $\boldsymbol{A}$, $\boldsymbol{B}$ の直交座標系の成分表示が

$$\boldsymbol{A} = (1, 4, 2), \qquad \boldsymbol{B} = (2, 3, 2)$$

であるとき，以下の量を求めよ．

(1) $|\boldsymbol{A}|$, (2) $4\boldsymbol{A}$, (3) $2\boldsymbol{A} + 3\boldsymbol{B}$, (4) $2\boldsymbol{A} - 3\boldsymbol{B}$,

(5) $\boldsymbol{A}$ 方向の単位ベクトル $\boldsymbol{e}$

例題 1.4 2 次元ベクトルの和

2 つの 2 次元ベクトル

$$\boldsymbol{A} = A_x\boldsymbol{i} + A_y\boldsymbol{j}, \qquad \boldsymbol{B} = B_x\boldsymbol{i} + B_y\boldsymbol{j}$$

の和は

$$\boldsymbol{A} + \boldsymbol{B} = (A_x + B_x)\boldsymbol{i} + (A_y + B_y)\boldsymbol{j}$$

で与えられることを図形的に示せ.

解答 2 つのベクトル $\boldsymbol{A}$, $\boldsymbol{B}$ およびその和 $\boldsymbol{A}+\boldsymbol{B}$ の間には，下図に示すように平行四辺形法が成り立つ．したがって，図から明らかなように，x, y 成分の間には

$$(\boldsymbol{A} + \boldsymbol{B})_x = A_x + B_x$$

$$(\boldsymbol{A} + \boldsymbol{B})_y = A_y + B_y$$

が成り立つことがわかる.

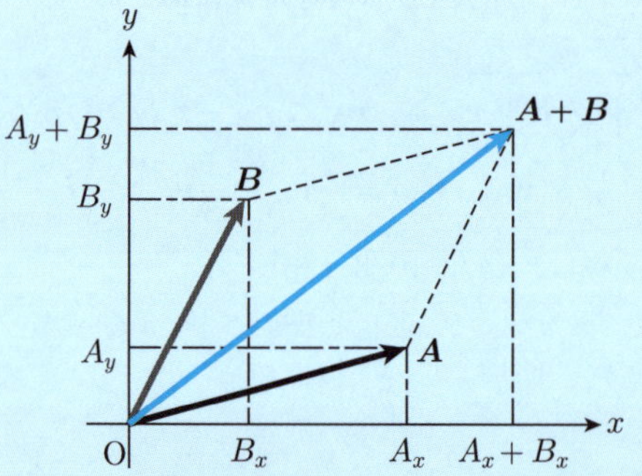

練習問題

問題 1.8 xy-平面内にある 2 つのベクトル $\boldsymbol{A}$, $\boldsymbol{B}$ が次式で与えられている.

$$\boldsymbol{A} = 3\boldsymbol{i} + 3\boldsymbol{j}, \qquad \boldsymbol{B} = 3\boldsymbol{i} - 6\boldsymbol{j}$$

(1) $\boldsymbol{A}$ と $\boldsymbol{B}$ の和 $\boldsymbol{C}$ を求めよ.

(2) 和ベクトル $\boldsymbol{C}$ が正の x 軸となす角度（弧度）を求めよ.

例題 1.5 位置ベクトルの時間微分

ある質点の位置ベクトル $\boldsymbol{r}$ が時間 t の関数として

$$\boldsymbol{r}(t) = (v_{0x}t)\,\boldsymbol{i} + \left(-\frac{1}{2}gt^2 + v_{0y}t\right)\boldsymbol{j}$$

で与えられるとき，$\boldsymbol{r}(t)$ を時間微分せよ．ただし，v_{0x}, v_{0y} および g は定数である．

解答 スカラー関数の導関数はスカラー量である．これに対して，ベクトル関数の導関数はベクトル量であって**導ベクトル**と呼ばれる．(1.20) より，導ベクトルの各成分は，もとのベクトルの各成分の導関数である．したがって，位置ベクトル $\boldsymbol{r}(t)$ の導ベクトルは

$$\begin{aligned}\frac{d\boldsymbol{r}(t)}{dt} &= \frac{dx(t)}{dt}\,\boldsymbol{i} + \frac{dy(t)}{dt}\boldsymbol{j}\\ &= \frac{d(v_{0x}t)}{dt}\boldsymbol{i} + \frac{d}{dt}\left(-\frac{1}{2}gt^2 + v_{0y}t\right)\boldsymbol{j}\\ &= v_{0x}\boldsymbol{i} + (-gt + v_{0y})\boldsymbol{j}\end{aligned}$$

となる．

練習問題

問題 1.9 位置ベクトル $\boldsymbol{r}(t)$ が時間の関数として

$$\boldsymbol{r}(t) = r\cos(\omega t + \theta)\,\boldsymbol{i} + r\sin(\omega t + \theta)\boldsymbol{j}$$

で表されるとき，$\boldsymbol{r}(t)$ の導ベクトルを求めよ．ただし，r, ω, θ は定数である．

問題 1.10 2 次元極座標系では，基本ベクトル $\boldsymbol{i}, \boldsymbol{j}$ の代わりに，位置ベクトル $\boldsymbol{r}(t)$ $(= (r, \theta))$ の向きを向く単位ベクトル $\boldsymbol{e}_r \equiv \boldsymbol{r}/r$ と，それを反時計まわりに $90°$ 回転させた単位ベクトル $\boldsymbol{e}_\theta$ が用いられる．

(1) $\boldsymbol{e}_r$ と $\boldsymbol{e}_\theta$ を直交座標系の基本ベクトルを用いて表せ．

(2) $\boldsymbol{e}_r$ と $\boldsymbol{e}_\theta$ の時間変化について，次の関係が成り立つことを示せ．

$$\frac{d\boldsymbol{e}_r}{dt} = \frac{d\theta}{dt}\boldsymbol{e}_\theta, \qquad \frac{d\boldsymbol{e}_\theta}{dt} = -\frac{d\theta}{dt}\boldsymbol{e}_r \tag{1.21}$$

第 1 章演習問題

[1] （方程式の次元解析） 単振り子の周期 T は，振り子の長さを l，重力による加速度を g とすると

$$T = 2\pi\sqrt{\frac{l}{g}}$$

と表される．ここで，g は長さを時間の平方で割った次元をもっている．この式が次元的に正しいことを示せ．

[2] （べき法則による解析） 太陽のまわりを惑星が半径 R の円軌道を描いて運動しているとすると，惑星の公転周期 T は，太陽の質量を M，万有引力定数を G（$[G] = \mathrm{L^3M^{-1}T^{-2}}$）として

$$T = kG^a M^b R^c$$

と表すことができる．次元解析により，各べき数 a, b, c を決定せよ．ただし，比例係数 k は無次元の定数である．

[3] （ベクトルの不等式） 任意の 2 つのベクトル $\boldsymbol{A}, \boldsymbol{B}$ について，不等式

$$|\boldsymbol{A} + \boldsymbol{B}| \leq |\boldsymbol{A}| + |\boldsymbol{B}| \tag{1.22}$$

が成り立つことを証明せよ．

[4] （位置ベクトル） 図のように，xy-面内に，6 個の点 A, B, C, D, E, F が原点 O を中心に正六角形をつくって置かれている．A, B の位置ベクトルを $\boldsymbol{r}_\mathrm{A} = \boldsymbol{a}$, $\boldsymbol{r}_\mathrm{B} = \boldsymbol{b}$ として，残りの 4 個の点 C, D, E, F の位置ベクトルを $\boldsymbol{a}, \boldsymbol{b}$ を用いて表せ．

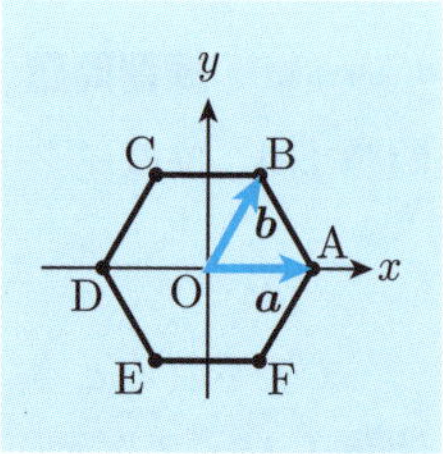

[5] （重心の位置ベクトル） 質量 m_A と質量 m_B の質点がそれぞれ点 A, B に置かれている．A, B の位置ベクトルは

$$\boldsymbol{r}_\mathrm{A} = x_\mathrm{A}\boldsymbol{i} + y_\mathrm{A}\boldsymbol{j} + z_\mathrm{A}\boldsymbol{k}, \qquad \boldsymbol{r}_\mathrm{B} = x_\mathrm{B}\boldsymbol{i} + y_\mathrm{B}\boldsymbol{j} + z_\mathrm{B}\boldsymbol{k}$$

である．2 点 A, B を $m_\mathrm{B} : m_\mathrm{A}$ に内分する点 P の位置ベクトルを求めよ．後で学ぶように点 P は 2 つの質点の重心と呼ばれる．

[6]（ラミ（Lami）の定理） 同じ点を始点とする 3 つのベクトル $\boldsymbol{A}, \boldsymbol{B}, \boldsymbol{C}$ のベクトル和が $\boldsymbol{0}$ であるとき，各ベクトルが互いになす角 α, β, γ を図のように定義すると，次の関係（ラミの定理）が成り立つことを証明せよ．

$$\frac{|\boldsymbol{A}|}{\sin\alpha} = \frac{|\boldsymbol{B}|}{\sin\beta} = \frac{|\boldsymbol{C}|}{\sin\gamma}$$

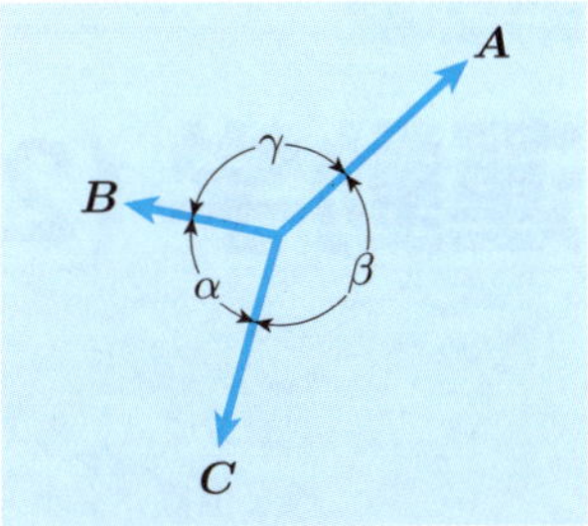

[7]（ロボットアームの先端の座標） 図のように，中心軸のまわりを自由に回転できる高さ h の細長い胴の頂上 P に，長さが可変の腕 PQ が，回転軸に対して一定の角 θ だけ傾けて取り付けられているロボットアームがある．胴の底の中央に原点をとり，胴の中心軸（回転軸）に沿って z 軸を，それに垂直な面内に x 軸と y 軸をとる．腕 PQ は一定の角速度 ω で z 軸のまわりを回転しており，それと同時に腕 PQ の長さ l が単位時間あたり k だけ伸びる．いま，時刻 $t=0$ で，PQ は xz 面内にあって，その長さは l_0 であったとして，腕の先端 Q の時刻 t における座標を求めよ．

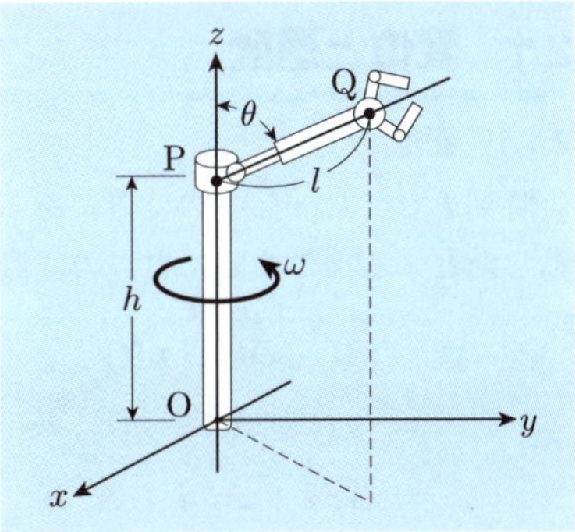

[8]（直線のベクトル方程式） 原点から 2 つの点 A, B に至るベクトルをそれぞれ $\boldsymbol{r}_{\mathrm{A}}, \boldsymbol{r}_{\mathrm{B}}$ として，A, B を通る直線を表すベクトル方程式を求めよ．

第2章

運動学 (2)—速度と加速度

1 章では，ある時刻における物体（質点）の位置を指定する方法として，座標と位置ベクトルを学んだ．この章では，運動，つまり物体の位置の時間変化を記述するために必要な，位置の時間導関数について学ぶ．

2.1 変位と速度

2.1.1 変位

時刻 t で点 $\mathrm{P}\{\boldsymbol{r}(t)\}$ の位置にあった質点が，時刻 $t+\Delta t$ には点 $\mathrm{Q}\{\boldsymbol{r}(t+\Delta t)\}$ に移動したとする．この間に質点の位置は

$$\begin{aligned}\Delta\boldsymbol{r} &= \boldsymbol{r}(t+\Delta t)-\boldsymbol{r}(t)\\ &= \{x(t+\Delta t)-x(t)\}\,\boldsymbol{i}+\{y(t+\Delta t)-y(t)\}\boldsymbol{j}+\{z(t+\Delta t)-z(t)\}\boldsymbol{k}\\ &= \Delta x\,\boldsymbol{i}+\Delta y\,\boldsymbol{j}+\Delta z\,\boldsymbol{k}\end{aligned} \tag{2.1}$$

だけ変化する．$\Delta\boldsymbol{r}$ は前章で述べた変位ベクトルであって，Δx, Δy, Δz は変位の直交座標成分である．$\Delta\boldsymbol{r}$ の大きさは PQ 間の直線距離を与える．

2.1.2 速さと速度

平均の速度と平均の速さ

変位 $\Delta\boldsymbol{r}$ を時間 Δt で割ると，PQ 間における質点の平均速度 $\boldsymbol{v}_{\mathrm{AV}}$ が得られる．

$$\boldsymbol{v}_{\mathrm{AV}} \equiv \boldsymbol{v}(t,\Delta t)=\frac{\Delta\boldsymbol{r}}{\Delta t}=\frac{\boldsymbol{r}(t+\Delta t)-\boldsymbol{r}(t)}{\Delta t} \tag{2.2}$$

$\boldsymbol{v}_{\mathrm{AV}}$ は変位に平行なベクトルであって，時刻 t と時間 Δt に依存する．

また，質点の移動経路に沿った PQ 間の道のり Δs を時間 Δt で割ったものは，PQ 間の質点の**平均の速さ** v_{AV} と呼ばれる．v_{AV} と $|\boldsymbol{v}_{\mathrm{AV}}|$ は一般には一致しない．

（瞬間の）速度

時刻 t における質点の瞬間の**速度** $\boldsymbol{v}(t)$ は，(2.2) の平均速度 $\boldsymbol{v}_{\mathrm{AV}}$ の $\Delta t\to 0$ の極限として定義される．すなわち

$$\boldsymbol{v}(t)=\lim_{\Delta t\to 0}\frac{\boldsymbol{r}(t+\Delta t)-\boldsymbol{r}(t)}{\Delta t}=\frac{d\boldsymbol{r}(t)}{dt} \tag{2.3}$$

となる．これは位置ベクトル $\boldsymbol{r}(t)$ の，時刻 t における微分係数である．したがって

$$\boldsymbol{v}(t) = \frac{d\,\boldsymbol{r}(t)}{dt} = \frac{dx(t)}{dt}\boldsymbol{i} + \frac{dy(t)}{dt}\boldsymbol{j} + \frac{dz(t)}{dt}\boldsymbol{k} \equiv v_x\boldsymbol{i} + v_y\boldsymbol{j} + v_z\boldsymbol{k} \tag{2.4}$$

のように，成分表示で表される．また，質点の時刻 t における瞬間の速さ $v(t)$ は $|\boldsymbol{v}(t)|$ と一致し，次のように与えられる．

$$v(t) = |\boldsymbol{v}(t)| = \sqrt{\left(\frac{dx}{dt}\right)^2 + \left(\frac{dy}{dt}\right)^2 + \left(\frac{dz}{dt}\right)^2} \tag{2.5}$$

角速度

回転運動をしている物体が微小時間 Δt に $\Delta\theta$ だけ回転したとき

$$\omega = \lim_{\Delta t \to 0} \frac{\Delta\theta}{\Delta t} = \frac{d\theta}{dt} \tag{2.6}$$

を**角速度**という．したがって，回転角が時刻 t の関数として $\theta(t)$ のように与えられていれば，角速度 ω は，$\theta(t)$ の時間微分 (2.6) によって与えられる．

2.1.3 ホドグラフ（速度図）

速度 $\boldsymbol{v}(t)$ は一般には時間 t に依存して変化する．この速度の変化を眼で見える形で表すには，図 2.1 のように，軌道上の各時刻における質点の速度ベクトルを平行移動して，それらの矢じりを任意の 1 点 O′ に集めてみるとよい．このような図は**ホドグラフ（速度図）**と呼ばれる．ホドグラフの矢の先端を結ぶと 1 つの曲線が得られるが，この曲線と速度との関係は，ちょうど，軌道と位置ベクトルとの関係に対応している．

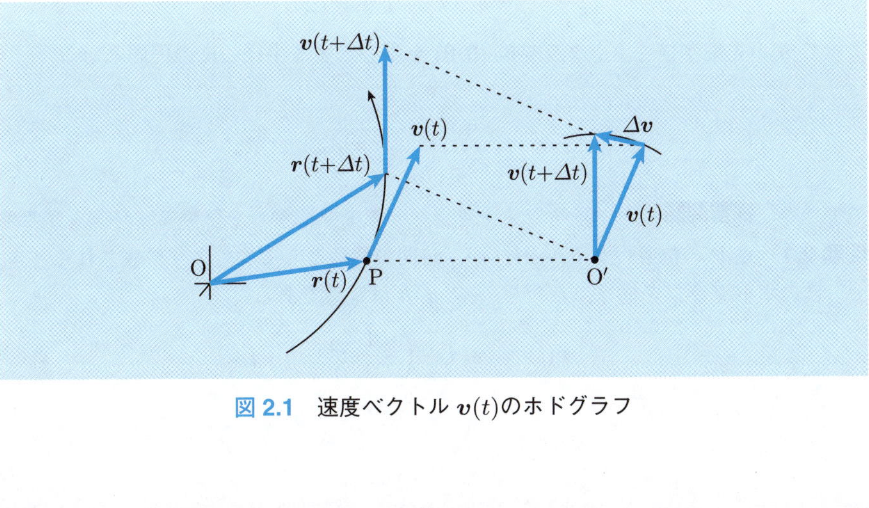

図 2.1 速度ベクトル $\boldsymbol{v}(t)$のホドグラフ

例題 2.1 等速円運動

図のように点Pは xy-面内にあって，原点Oを中心とする半径 R の円周上を一定の角速度 ω で反時計回りに運動している．以下の問に答えよ．

(1) 点Pの速さ v を R と ω を使って表せ．

(2) 点Pの速度 $\boldsymbol{v}$ をPの座標 x, y を使って表せ．

(3) 点Pの速度 $\boldsymbol{v}$ のホドグラフを描け．

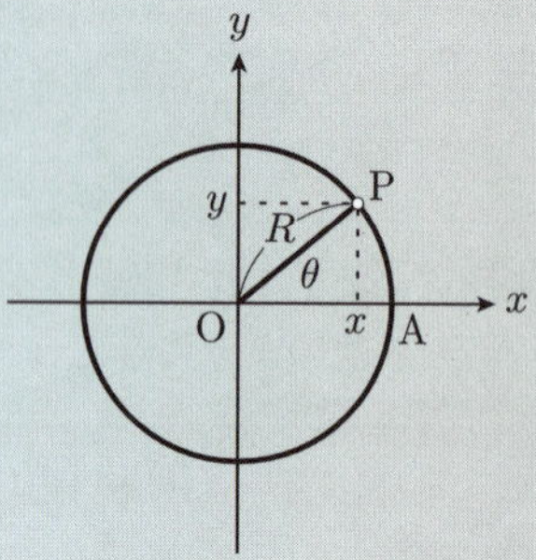

解答 (1) 円周と x 軸が交わる点Aを基準点にとり，Pが基準点から円周に沿って移動した距離を s とすると，$s = R\theta$ である．R は一定であるから，速さ v は

$$v = \frac{ds}{dt} = R\frac{d\theta}{dt} = R\omega$$

(2)

$$\begin{aligned}\boldsymbol{v} &= \frac{d\boldsymbol{r}}{dt} = \frac{dx}{dt}\boldsymbol{i} + \frac{dy}{dt}\boldsymbol{j} = \frac{d}{dt}R\cos\theta\,\boldsymbol{i} + \frac{d}{dt}R\sin\theta\,\boldsymbol{j}\\ &= -R\sin\theta\left(\frac{d\theta}{dt}\right)\boldsymbol{i} + R\cos\theta\left(\frac{d\theta}{dt}\right)\boldsymbol{j} = -\omega y\,\boldsymbol{i} + \omega x\,\boldsymbol{j}\end{aligned}$$

(3) (2) から，点Pの速度 $\boldsymbol{v}$ の直交座標成分は

$$v_x = -\omega y, \qquad v_y = \omega x$$

である．これより

$$v_x^2 + v_y^2 = \omega^2(x^2 + y^2) = (\omega R)^2$$

よって $\boldsymbol{v}$ の先端が描くホドグラフは $(0, 0)$ を中心とする半径 ωR の円周となる．

練習問題

問題 2.1 点Pの位置ベクトル $\boldsymbol{r}(t)$ が，時間の関数として次のように表されるとき，Pのホドグラフを描け．ただし，v_0, g, h は定数である．

$$\boldsymbol{r}(t) = v_0 t\,\boldsymbol{i} + \left(-\frac{1}{2}gt^2 + h\right)\boldsymbol{j}$$

例題 2.2 極座標で速度を表す

極座標系では，平面内で運動する点 P の位置 $\boldsymbol{r}$ は原点 O からの距離 $\mathrm{OP} = r$ と，OP が x 軸となす角 θ を用いた座標 (r, θ) で表される．次の問に答えよ．

(1) 点 P の速度 $\boldsymbol{v}$ の極座標における成分 (v_r, v_θ) を，$\boldsymbol{v}$ の直交座標成分 (v_x, v_y) を用いて表せ．

(2) 直交座標と極座標との関係式

$$x = r\cos\theta, \qquad y = r\sin\theta$$

から，v_x および v_y を求めよ．

(3) (1), (2) の結果を用いて，速度 $\boldsymbol{v}$ の極座標成分 (v_r, v_θ) を求めよ．

解答 (1) 右図参照．

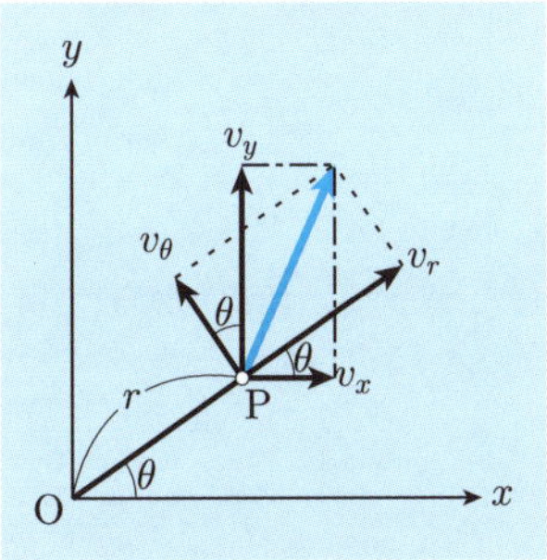

$$v_r = v_x\cos\theta + v_y\sin\theta$$

$$v_\theta = -v_x\sin\theta + v_y\cos\theta$$

(2) 直交座標と極座標の関係式を用いると

$$v_x = \frac{dx}{dt} = \frac{dr}{dt}\cos\theta - r\sin\theta\frac{d\theta}{dt}$$

$$v_y = \frac{dy}{dt} = \frac{dr}{dt}\sin\theta + r\cos\theta\frac{d\theta}{dt}$$

(3) (2) で求めた v_x と v_y を (1) の 2 つの式に代入すると

$$v_r = \frac{dr}{dt}\cos^2\theta - r\sin\theta\cos\theta\frac{d\theta}{dt} + \frac{dr}{dt}\sin^2\theta + r\sin\theta\cos\theta\frac{d\theta}{dt} = \frac{dr}{dt}$$

$$v_\theta = -\frac{dr}{dt}\sin\theta\cos\theta + r\sin^2\theta\frac{d\theta}{dt} + \frac{dr}{dt}\sin\theta\cos\theta + r\cos^2\theta\frac{d\theta}{dt} = r\frac{d\theta}{dt}$$

練習問題

問題 2.2 極座標系で，点 P が時間 Δt の間に位置 (r, θ) から $(r + \Delta r, \theta + \Delta\theta)$ に移動した．この変位の動径成分と方位角成分を求め，上の例題で求めた速度の動径成分 v_r および方位角成分 v_θ を導け．

2.2 加　速　度

2.2.1 加速度

速度が時間とともに変わるとき，その変化率を**加速度**という．すなわち加速度は，速度の時間導関数である．加速度は通常 $\boldsymbol{a}(t)$ で表される．

時刻 t と $t+\Delta t$ の間に質点 P に生じる速度の変化 $\Delta \boldsymbol{v}$ は

$$\Delta \boldsymbol{v} = \boldsymbol{v}(t+\Delta t) - \boldsymbol{v}(t)$$

である（17 ページの図 2.1）．時刻 t における質点の加速度 $\boldsymbol{a}(t)$ は，この $\Delta \boldsymbol{v}$ を時間 Δt で割った商の $\Delta t \to 0$ の極限値として定義される．

$$\begin{aligned} \boldsymbol{a}(t) &= \lim_{\Delta t \to 0} \frac{\Delta \boldsymbol{v}}{\Delta t} \\ &= \lim_{\Delta t \to 0} \frac{\boldsymbol{v}(t+\Delta t) - \boldsymbol{v}(t)}{\Delta t} \\ &= \frac{d\boldsymbol{v}(t)}{dt} \end{aligned} \tag{2.7}$$

したがって，(2.3) から，

$$\begin{aligned} \boldsymbol{a}(t) &= \frac{d\boldsymbol{v}(t)}{dt} \\ &= \frac{d^2\boldsymbol{r}(t)}{dt^2} \end{aligned} \tag{2.8}$$

となる．これは成分で表示すると

$$\begin{aligned} a_x &= \frac{dv_x}{dt} = \frac{d^2x}{dt^2} \\ a_y &= \frac{dv_y}{dt} = \frac{d^2y}{dt^2} \\ a_z &= \frac{dv_z}{dt} = \frac{d^2z}{dt^2} \end{aligned} \tag{2.9}$$

と書ける．図 2.1 からもわかるように，加速度の方向はホドグラフの接線方向に一致する．

例題 2.3 等速円運動の加速度

時刻 t における x 座標および y 座標が

$$x = A\cos\omega t, \qquad y = A\sin\omega t$$

のように与えられる質点がある．この質点の加速度を求めよ．ただし，A と ω は定数である．

解答 (2.9) より，加速度の x 成分 a_x および y 成分 a_y は，x 座標および y 座標の 2 階導関数によって与えられるので

$$a_x = \frac{dv_x}{dt} = \frac{d^2x}{dt^2} = -A\omega^2\cos\omega t = -\omega^2 x$$

$$a_y = \frac{dv_y}{dt} = \frac{d^2y}{dt^2} = -A\omega^2\sin\omega t = -\omega^2 y$$

である．これを加速度ベクトルで表せば

$$\boldsymbol{a} = -\omega^2\boldsymbol{r}$$

である．ここで $\boldsymbol{r} = (x, y)$ は，質点の位置ベクトルである．すなわち，この運動の加速度は，常に原点を向いている．また，その大きさは

$$|\boldsymbol{a}| = A\omega^2$$

で一定である．

練習問題

問題 2.3 物体が静止の位置から鉛直下方に自由落下する運動を調べたところ，落下しはじめてから t [s] 後の落下距離 y [m] は t^2 に比例しており，その比例係数は $4.9\,\mathrm{m\cdot s^{-2}}$ であることがわかった．時刻 t における物体の速度および加速度を求めよ．

問題 2.4 質点 P は x 軸に沿って直線運動をしており，時刻 t における P の位置は

$$x = A\sin(\omega t + \theta)$$

で与えられる．時刻 t における P の速度 $v(t)$ および加速度 $a(t)$ を求めよ．ただし，A, ω, θ は定数である．

2.2.2　極座標による加速度の表し方

例題 2.2 で調べたように，1 つの平面内を運動する質点 P の速度 $\boldsymbol{v}$ は，極座標で表すと

$$\boldsymbol{v} = v_r \boldsymbol{e}_r + v_\theta \boldsymbol{e}_\theta = \frac{dr}{dt}\boldsymbol{e}_r + r\frac{d\theta}{dt}\boldsymbol{e}_\theta \tag{2.10}$$

となる．$\boldsymbol{e}_r$ および $\boldsymbol{e}_\theta$ は極座標系の動径方向および方位角方向の単位ベクトルである．極座標系での加速度 $\boldsymbol{a}$ は，これを時間で微分すればよく

$$\boldsymbol{a} = \frac{d\boldsymbol{v}}{dt} = \frac{d^2 r}{dt^2}\boldsymbol{e}_r + \frac{dr}{dt}\frac{d\boldsymbol{e}_r}{dt} + \frac{dr}{dt}\frac{d\theta}{dt}\boldsymbol{e}_\theta + r\frac{d^2\theta}{dt^2}\boldsymbol{e}_\theta + r\frac{d\theta}{dt}\frac{d\boldsymbol{e}_\theta}{dt} \tag{2.11}$$

と書ける．ここで，右辺に現れる $\boldsymbol{e}_r$, $\boldsymbol{e}_\theta$ の時間微分は

$$\frac{d\boldsymbol{e}_r}{dt} = \frac{d\theta}{dt}\boldsymbol{e}_\theta, \qquad \frac{d\boldsymbol{e}_\theta}{dt} = -\frac{d\theta}{dt}\boldsymbol{e}_r$$

である（問題 1.10）．これを (2.11) に代入すると，加速度 $\boldsymbol{a}$ は

$$\begin{aligned}\boldsymbol{a} &= \left\{\frac{d^2 r}{dt^2} - r\left(\frac{d\theta}{dt}\right)^2\right\}\boldsymbol{e}_r + \left\{2\frac{dr}{dt}\frac{d\theta}{dt} + r\frac{d^2\theta}{dt^2}\right\}\boldsymbol{e}_\theta \\ &= \left\{\frac{d^2 r}{dt^2} - r\left(\frac{d\theta}{dt}\right)^2\right\}\boldsymbol{e}_r + \left\{\frac{1}{r}\frac{d}{dt}\left(r^2\frac{d\theta}{dt}\right)\right\}\boldsymbol{e}_\theta \end{aligned} \tag{2.12}$$

と表される．すなわち，極座標系での加速度の成分は

$$\begin{aligned} &\text{動径成分：} \quad a_r = \frac{d^2 r}{dt^2} - r\left(\frac{d\theta}{dt}\right)^2 \\ &\text{方位角成分：} \quad a_\theta = \frac{1}{r}\frac{d}{dt}\left(r^2\frac{d\theta}{dt}\right) \end{aligned} \tag{2.13}$$

となる．

なお，上の計算で現れた，角速度 $\omega = d\theta/dt$ の時間変化率

$$\frac{d\omega}{dt} = \frac{d^2\theta}{dt^2}$$

は**角加速度**と呼ばれる．

例題 2.4 加速度の極座標成分

例題 2.2 と同様にして，加速度の直交座標と極座標の関係式を導き，解析的に (2.13) を導け．

解答 例題 2.2 の図において，速度 $\boldsymbol{v}$ を加速度 $\boldsymbol{a}$ に置き換えれば

$$
\begin{aligned}
a_r &= a_x \cos\theta + a_y \sin\theta \\
a_\theta &= -a_x \sin\theta + a_y \cos\theta
\end{aligned}
\tag{2.14}
$$

が得られる．一方，直交座標と極座標の変換式

$$
x = r\cos\theta, \qquad y = r\sin\theta \tag{2.15}
$$

を 1 回 t で微分すると

$$
\begin{aligned}
v_x &= \frac{dx}{dt} = \frac{dr}{dt}\cos\theta - r\sin\theta\frac{d\theta}{dt} \\
v_y &= \frac{dy}{dt} = \frac{dr}{dt}\sin\theta + r\cos\theta\frac{d\theta}{dt}
\end{aligned}
$$

さらに，もう 1 回微分すると

$$
\begin{aligned}
a_x &= \frac{dv_x}{dt} = \frac{d^2r}{dt^2}\cos\theta - 2\sin\theta\frac{dr}{dt}\frac{d\theta}{dt} - r\cos\theta\left(\frac{d\theta}{dt}\right)^2 - r\sin\theta\frac{d^2\theta}{dt^2} \\
a_y &= \frac{dv_y}{dt} = \frac{d^2r}{dt^2}\sin\theta + 2\cos\theta\frac{dr}{dt}\frac{d\theta}{dt} - r\sin\theta\left(\frac{d\theta}{dt}\right)^2 + r\cos\theta\frac{d^2\theta}{dt^2}
\end{aligned}
$$

が得られる．これを (2.15) に代入すると

$$
a_r = \frac{d^2r}{dt^2} - r\left(\frac{d\theta}{dt}\right)^2 \tag{2.16}
$$

$$
\begin{aligned}
a_\theta &= 2\frac{dr}{dt}\left(\frac{d\theta}{dt}\right) - r\frac{d^2\theta}{dt^2} \\
&= \frac{1}{r}\left\{\left(2r\frac{dr}{dt}\right)\frac{d\theta}{dt} + r^2\frac{d}{dt}\left(\frac{d\theta}{dt}\right)\right\} = \frac{1}{r}\frac{d}{dt}\left(r^2\frac{d\theta}{dt}\right)
\end{aligned}
\tag{2.17}
$$

となり，(2.13) が導かれる．

練習問題

問題 2.5 時刻 t における位置が，2 次元極座標 (r, θ) を用いて

$$
r = A, \qquad \theta = \omega t
$$

のように与えられる質点がある．この質点の加速度を求めよ．ただし，A と ω は定数である．

2.2.3 加速度の接線成分と法線成分

速度 $\boldsymbol{v}$ は，その瞬間に軌道に引いた接線方向のベクトルである．したがって，平面運動における加速度は，軌道の接線方向と法線方向に分解すると便利である．

点 P における質点の速度 $\boldsymbol{v}(t)$ は，原点から軌道に沿って測った点 P までの距離を s とすると

$$\boldsymbol{v}(t) = \frac{ds(t)}{dt}\boldsymbol{e}(t) \tag{2.18}$$

と書ける．ここで，$\boldsymbol{e}(t)$ は点 P における軌道の接線方向の単位ベクトルである．したがって，加速度 $\boldsymbol{a}(t)$ は，この両辺を t で微分して

$$\boldsymbol{a}(t) = \frac{d^2 s(t)}{dt^2}\boldsymbol{e}(t) + \frac{ds(t)}{dt}\frac{d\boldsymbol{e}(t)}{dt} \tag{2.19}$$

と得られる．

(2.19) の右辺に現れる接線ベクトル $\boldsymbol{e}(t)$ の時間微分は，$\boldsymbol{e}(t)$ に垂直なベクトルであって，軌道の点 P における法線方向と一致し，曲線の凹側を向く．この法線方向の単位ベクトルを $\boldsymbol{n}(t)$ とすると，$\boldsymbol{e}(t)$ の時間微分は

$$\frac{d\boldsymbol{e}(t)}{dt} = \frac{1}{\rho}\left(\frac{ds}{dt}\right)\boldsymbol{n}(t) \tag{2.20}$$

と書ける．ここで，ρ は点 P における軌道の曲率半径である（(2.20) の導出については，章末の演習問題［11］の解答を参照)．

(2.20) を (2.19) に代入すると

$$\boldsymbol{a}(t) = \frac{d^2 s(t)}{dt^2}\boldsymbol{e}(t) + \frac{1}{\rho}\left\{\frac{ds(t)}{dt}\right\}^2 \boldsymbol{n}(t)$$

となる．ここで $ds/dt = v(t)$ とおくと，加速度 $\boldsymbol{a}$ は

$$\boldsymbol{a}(t) = \frac{d^2 s(t)}{dt^2}\boldsymbol{e}(t) + \frac{\{v(t)\}^2}{\rho}\boldsymbol{n}(t) \tag{2.21}$$

となる．そこで

$$a_{\mathrm{t}} = \frac{d^2 s}{dt^2} = \frac{dv}{dt}, \qquad a_{\mathrm{n}} = \frac{v^2}{\rho} \tag{2.22}$$

と書き，a_{t} を**接線加速度**，a_{n} を**法線加速度**と呼ぶ．

例題 2.5 放物運動における接線加速度と法線加速度

地上で物体を水平に投げたときの物体の運動は，経過時間を t とすると

$$x = ut, \qquad y = \frac{gt^2}{2}$$

で与えられる．この運動の任意の点における接線加速度 a_{t} と法線加速度 a_{n} を求めよ．ただし，投げ出した点を原点とし，投げた向きに x 軸を，鉛直下方に向けて y 軸をとり，任意の点における接線と x 軸とのなす角を θ とする．u, g は定数である．また，曲線 $y = f(x)$ の点 $\mathrm{P}(x, y)$ における曲率半径 ρ は次式で与えられる（(2.23) の導出については微分幾何学の教科書を参照）．

$$\frac{1}{\rho} = \frac{d^2y/dx^2}{\{1 + (dy/dx)^2\}^{3/2}} \tag{2.23}$$

解答 速度の x, y 成分およびその大きさ（速さ）v は

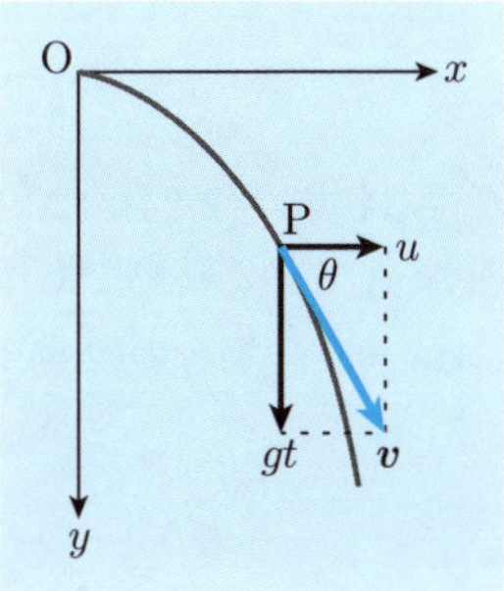

$$v_x = u, \quad v_y = gt \quad \text{および} \quad v = \sqrt{u^2 + (gt)^2}$$

である．これより

$$a_{\mathrm{t}} = \frac{dv}{dt} = \frac{g^2t}{\sqrt{u^2 + (gt)^2}}$$

一方，軌道の方程式は $y = (g/2u^2)x^2$ であるから，点 P における曲率半径 ρ は

$$\frac{1}{\rho} = \frac{g/u^2}{\{1 + (gx/u^2)^2\}^{3/2}} = \frac{ug}{\{u^2 + (gt)^2\}^{3/2}}$$

となる．これを使うと

$$a_{\mathrm{n}} = \frac{v^2}{\rho} = \frac{u\{u^2 + (gt)^2\}g}{\{u^2 + (gt)^2\}^{3/2}} = \frac{ug}{\sqrt{u^2 + (gt)^2}}$$

が得られる．ところで

$$\tan\theta = \frac{gt}{u} \qquad \therefore \quad \cos\theta = \frac{u}{\sqrt{u^2 + (gt)^2}}, \quad \sin\theta = \frac{gt}{\sqrt{u^2 + (gt)^2}}$$

となる．よって求める a_{t} および a_{n} は

$$a_{\mathrm{t}} = g\sin\theta, \qquad a_{\mathrm{n}} = g\cos\theta$$

練習問題

問題 2.6 x 座標および y 座標が $x = A\cos\omega t$, $y = A\sin\omega t$ のように与えられる質点の接線加速度および法線加速度を求めよ．ただし，A と ω は定数である．

2.3　等加速度運動

前節でみたように，位置ベクトル $\boldsymbol{r}(t)$，速度 $\boldsymbol{v}(t)$，加速度 $\boldsymbol{a}(t)$ は

$$\begin{aligned}\boldsymbol{a}(t) &= \frac{d\boldsymbol{v}(t)}{dt}\\ &= \frac{d^2\boldsymbol{r}(t)}{dt^2}\end{aligned} \tag{2.8}$$

の関係にある．ここで，加速度 $\boldsymbol{a}$ は，時間 t だけでなく，位置ベクトル $\boldsymbol{r}$ に依存する．したがって，質点の運動，つまり質点の位置の変化およびその変化の速さは，加速度が t や $\boldsymbol{r}$ にどのように依存するかによって分類することができる．

最も基本的な運動は，加速度が一定，つまり $\boldsymbol{a}(t) = \boldsymbol{a}_0$ の場合である．とくに $\boldsymbol{a}_0 = \boldsymbol{0}$ の場合は，微分方程式 (2.8) を解くと

$$\boldsymbol{v}(t) = \boldsymbol{v}_0 \tag{2.24}$$

$$\boldsymbol{r}(t) = \boldsymbol{v}_0 t + \boldsymbol{r}_0 \tag{2.25}$$

が得られる．(2.24), (2.25) で表される運動は，$\boldsymbol{r}_0$ を通り $\boldsymbol{v}_0$ に平行な直線上を一定の速さ v_0 で動く運動であって，**等速度運動**または**等速直線運動**と呼ばれる．

$\boldsymbol{a}_0 \neq 0$ の場合の(2.8) の解は

$$\boldsymbol{v}(t) = \boldsymbol{a}_0 t + \boldsymbol{v}_0 \tag{2.26}$$

$$\boldsymbol{r}(t) = \frac{1}{2}\boldsymbol{a}_0 t^2 + \boldsymbol{v}_0 t + \boldsymbol{r}_0 \tag{2.27}$$

となる．この (2.27) と (2.28) によって表される運動は，**等加速度運動**と呼ばれる．一般に，等加速度運動は，$\boldsymbol{a}_0$ と $\boldsymbol{v}_0$ の 2 つのベクトルが張る平面内で放物線を描いて運動する（**放物運動**）．

例題 2.6　等加速度運動

等加速度運動をしている質点がある．いま，この質点の時刻 t_1, t_2 および t_3 における位置が $\boldsymbol{r}_1, \boldsymbol{r}_2$ および $\boldsymbol{r}_3$ であったとすると，この質点の加速度 $\boldsymbol{a}$ は

$$\boldsymbol{a} = 2\frac{(\boldsymbol{r}_2 - \boldsymbol{r}_3)t_1 + (\boldsymbol{r}_3 - \boldsymbol{r}_1)t_2 + (\boldsymbol{r}_1 - \boldsymbol{r}_2)t_3}{(t_1 - t_2)(t_2 - t_3)(t_3 - t_1)} \tag{2.28}$$

で与えられることを示せ．

解答　$t = 0$ における質点の位置ベクトルおよび速度を，それぞれ $\boldsymbol{r}_0$ および $\boldsymbol{v}_0$ とすると，(2.27) より

$$\boldsymbol{r}_1 = \frac{1}{2}\boldsymbol{a}t_1^2 + \boldsymbol{v}_0 t_1 + \boldsymbol{r}_0, \quad \boldsymbol{r}_2 = \frac{1}{2}\boldsymbol{a}t_2^2 + \boldsymbol{v}_0 t_2 + \boldsymbol{r}_0, \quad \boldsymbol{r}_3 = \frac{1}{2}\boldsymbol{a}t_3^2 + \boldsymbol{v}_0 t_3 + \boldsymbol{r}_0$$

と書ける．これを (2.28) の分子に代入すると

$$\begin{aligned}
&2\{(\boldsymbol{r}_2 - \boldsymbol{r}_3)t_1 + (\boldsymbol{r}_3 - \boldsymbol{r}_1)t_2 + (\boldsymbol{r}_1 - \boldsymbol{r}_2)t_3\} \\
&\quad = \boldsymbol{a}\{(t_2^2 - t_3^2)t_1 + (t_3^2 - t_1^2)t_2 + (t_1^2 - t_2^2)t_3\} \\
&\qquad + 2\boldsymbol{v}_0\{(t_2 - t_3)t_1 + (t_3 - t_1)t_2 + (t_1 - t_2)t_3\} \\
&\quad = \boldsymbol{a}\{(t_2^2 - t_3^2)t_1 + (t_3^2 - t_1^2)t_2 + (t_1^2 - t_2^2)t_3\} \\
&\quad = \boldsymbol{a}(t_1 - t_2)(t_2 - t_3)(t_3 - t_1)
\end{aligned}$$

となる．これを整理すると (2.28) が導かれる．

練習問題

問題 2.7　一定速度 $60\,\mathrm{m\cdot s^{-1}}$ で走行していた自動車が，一様な加速をはじめ，12 秒後には速さが $84\,\mathrm{m\cdot s^{-1}}$ に達した．この 12 秒間に自動車が走った距離を求めよ．

問題 2.8　2 本の急行列車がちょうど 6 分の間隔で同じ駅を発車する．各列車は，発車してから一様に加速し，2 km で最高速度の $160\,\mathrm{km\cdot h^{-1}}$ に達すると，その後はその最高速度のまま走り続けるものとする．各列車がともに最高速度で走っているときの，2 本の列車の間隔を求めよ．

問題 2.9　質点が直線上を加速度 a で等加速度運動している．直線の方向に x 軸をとるとき，任意の時刻 t における質点の位置座標 $x(t)$ と速さ $v(t)$ との間には

$$v^2 - v_0^2 = 2a(x - x_0)$$

の関係が成り立つことを示せ．ただし，x_0 および v_0 は，それぞれ $t = 0$ における質点の位置と速さである．

第2章演習問題

[1] (1次元運動) 一直線上を運動する質点Pの位置座標 x と時刻 t との間に以下の関係があるとき，Pの速度 $v(t)$ および加速度 $a(t)$，Pが原点を通過する時刻，速さが0となる時刻を求めよ．

(1) $x(t) = at^2 + bt + c$

(2) $x(t) = a\cos\omega t$

(3) $x(t) = ae^{-\beta t}\sin\omega t$

ただし，a, b, c, ω, β はいずれも定数である．

[2] (2次元運動) 平面内を運動する質点Pの位置ベクトル $\boldsymbol{r}$ が時間 t の関数として

$$\boldsymbol{r}(t) = a\cos\omega t\boldsymbol{i} + b\sin\omega t\,\boldsymbol{j}$$

で与えられているとき，Pの描く軌道，時刻 t におけるPの速度および加速度，速度のホドグラフを求めよ．ただし，a, b, ω は定数である．

[3] (川を横切る船) 速さ u で流れる川幅が l の川がある．静水上を速さ v で走る船で流れに垂直に川を渡るには，船首をどの方向に向ければよいか．また，そのとき川を渡るのに要する時間はいくらか．

[4] (エレベータの運動) 右図は，時刻 $t = 0$ に地上から上昇しはじめ，$t = 10\,\mathrm{s}$ にビルの屋上に到達するまでの，あるビルのエレベータの時間と速度の関係を表している．このグラフから，次の問に答えよ．

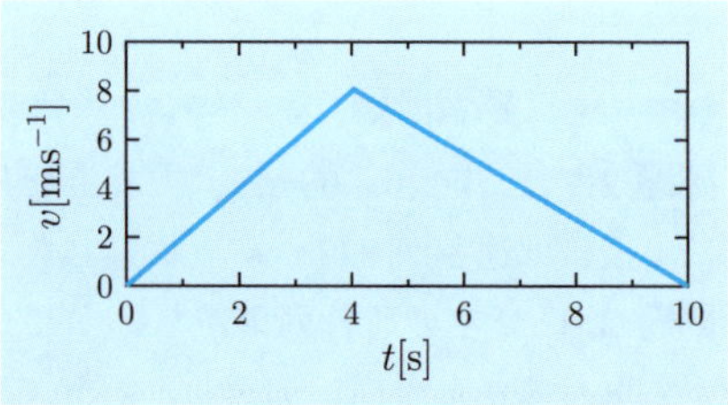

(1) $t = 2\,\mathrm{s}$ のときのエレベータの加速度は何 $\mathrm{m/s^2}$ か．

(2) $t = 0$ から $t = 10\,\mathrm{s}$ までのエレベータの平均速度は何 $\mathrm{m/s}$ か．

(3) このビルの高さは何 m か．

[5] (白バイの追跡) 直線道路のある地点に停車していた白バイの横を，一定速度 $90\,\mathrm{km/h}$ で走行する速度違反車が通過した．それを見た白バイは，車が通過した1秒後に追いかけはじめた．白バイはまず，時速が $180\,\mathrm{km/h}$ に達するまでは等加速度 $5\,\mathrm{m/s^2}$

で走り，その後は等速で走行した．白バイが速度違反車に追いつくまでに要した時間はいくらか．また，それまでに白バイはどれだけの距離を走らなければならなかったか．

[6]（列車の運行） ある列車が A 駅を発車して距離 L だけ離れた B 駅に到着する．この列車の加速度の大きさの，加速時の最大値は a_{M}，減速時の加速度の絶対値の最大値は a_{m} である．この列車の A, B 間の最小所要時間はいくらか．

[7]（等速円運動 1） 月は地球を 27.3 日で 1 回りしている．地球を回る月の軌道はほぼ円形であり，その平均半径は 3.84×10^8 m である．月の平均軌道速度および半径方向の加速度（向心加速度）を求めよ．

[8]（等速円運動 2） 自動車が円形のコースを 22 m/s の速さで走っており，その進行方向は毎秒 0.01 rad の割合で変化している．

(1) この自動車の等速円運動の角速度を求めよ．

(2) 円形コースの半径を求めよ．

(3) 自動車の向心加速度の大きさを求めよ．

[9]（2 次元極座標系における加速度） 2 次元運動する質点の速度 $\boldsymbol{v}$ が，2 次元極座標系 (r, θ) の基本ベクトル $\boldsymbol{e}_r$, $\boldsymbol{e}_\theta$ を用いて表すと

$$\boldsymbol{v} = \frac{d\boldsymbol{r}}{dt} = ar\boldsymbol{e}_r + b\theta^2\boldsymbol{e}_\theta$$

であった．この質点の運動について，次の量を求めよ．

(1) 質点の軌道を表す方程式

(2) 質点の加速度の動径成分

(3) 質点の加速度の方位角成分

[10]（接線加速度と法線加速度） $y = ax^2$ で表される軌道上を，一定の速さ v_0 で運動している質点がある．この質点の $x = x_0$ における接線加速度と法線加速度を求めよ．

[11]（接線ベクトルの時間微分） 接線ベクトル $\boldsymbol{e}(t)$ の時間微分 (2.20) を導出せよ．

第3章

運動の法則と力

変位，速度および加速度を導入したことにより，運動を記述する準備はできた．しかし，それだけでは運動を予想したり説明したりすることはできない．運動を予想し説明するには，力を導入し，力と運動の状態を関係づける法則を与えなければならない．この章では，まず運動の 3 法則により，力と質量を定義し，力と加速度の関係を学ぶ．そして，物体に働く様々な力について考える．

3.1　運動の 3 法則

3.1.1　ニュートンの運動の 3 法則

運動の第 1 法則（慣性の法則）：力が作用していないか，作用している力の合力がゼロであれば，静止している質点は静止し続け，運動している質点は等速直線運動を続ける．

これはニュートンの運動の**第 1 法則**または**慣性の法則**と呼ばれ，質量をもつ物体（質点）が運動の状態を保とうとするこの性質を**慣性**という．また，この慣性の法則が成り立つ座標系を**慣性座標系**といい，成り立たない座標系を**非慣性座標系**という．慣性座標系は，実は無数に存在するが，通常は地表に固定された座標系を慣性座標系とみなしている．

座標系として慣性座標系をとったとき，次の第 2 法則が成り立つ．

運動の第 2 法則（運動の法則）：質点に力が作用すると，質点には力の方向に加速度が生じ，その加速度の大きさは力の大きさに比例する．

これはニュートンの運動の**第 2 法則**または単に**運動の法則**と呼ばれる．質点の加速度を $\boldsymbol{a}$，働く力を $\boldsymbol{F}$ とすると，この第 2 法則は

$$m\boldsymbol{a} = \boldsymbol{F} \tag{3.1}$$

と表すことができる．この方程式は**ニュートンの運動方程式**と呼ばれる．

(3.1) に現れた比例係数 m は**慣性質量**と呼ばれ，加速のしにくさを表すが，これは，いままで考えてきた「重さ」をもとにした質量（**重力質量**）と同じものと考えられている（等価原理）．

運動の第 3 法則（作用反作用の法則）：質点 A が質点 B に力を及ぼすとき，その力は質点 A と質点 B を通る直線に沿って働き，質点 B は，この力と大きさが等しく逆向きの力を質点 A に及ぼす．

これは**ニュートンの運動の第 3 法則**または**作用反作用の法則**と呼ばれる．このとき，2 つの質点間に対になって現れる力を**相互作用**といい，そのうちのどちらか一方を**作用**といい，もう一方の力を**反作用**という．すなわち，作用と反作用は互いに大きさが等しく，同一作用線上逆向きの力である．質点 A が質点 B に及ぼす力を $\boldsymbol{F}_{\mathrm{BA}}$，質点 B が質点 A に及ぼす力を $\boldsymbol{F}_{\mathrm{AB}}$ とすると，作用反作用の法則は

$$\boldsymbol{F}_{\mathrm{BA}} = -\boldsymbol{F}_{\mathrm{AB}} \tag{3.2}$$

と表すことができる．作用反作用の法則は，作用し合う質点が静止していても運動していても，また如何なる相互作用でも，常に成り立つ．

3.1.2 運動方程式

運動方程式 (3.1) は，加速度および力の直交座標成分を

$$\boldsymbol{a} = (a_x, a_y, a_z), \qquad \boldsymbol{F} = (F_x, F_y, F_z) \tag{3.3}$$

とすると

$$ma_x = F_x, \qquad ma_y = F_y, \qquad ma_z = F_z \tag{3.4}$$

または

$$m\frac{d^2x}{dt^2} = F_x, \qquad m\frac{d^2y}{dt^2} = F_y, \qquad m\frac{d^2z}{dt^2} = F_z \tag{3.5}$$

のように，3 つの成分方程式で表すことができる．(3.5) は質点の位置座標の時間についての **2 階常微分方程式**である．したがって，運動方程式を解くということは，この 2 階常微分方程式を解くことである．

3.1.3 質量と力の定義

運動の第 2 法則には，すでに第 2 章で定義した加速度の他に，“慣性質量” と “力” という新しい物理量が含まれている．したがって，第 2 法則だけではこれらの 2 つの物理量を同時に定義することはできない．質量と力は，第 2 法則に加えて，第 3 法則を用いることによってはじめて定義される（例題 3.3 参照）．

なお，慣性質量は重力質量と等価であるから，質量は重力質量から定義すればよいと考えるかもしれないが，天秤などで基準の質量から未知の質量を決めるには，結局，第 3 法則が必要になる．

例題 3.1　運動方程式

次の 2 つの運動方程式を解け．ただし，質点は，$t = 0$ で原点を速度 $v = v_0$ で通過するものとする．

(1)
$$m\frac{d^2x}{dt^2} = 0 \tag{3.6}$$

(2)
$$m\frac{d^2x}{dt^2} = F_0 \quad (一定) \tag{3.7}$$

解答　(1)

$$\frac{d^2x}{dt^2} = \frac{dv}{dt} = 0 \qquad \therefore \quad v = C_1$$

また，

$$v = \frac{dx}{dt} = C_1 \qquad \therefore \quad x = C_1 t + C_2$$

ここで，C_1, C_2 は積分定数である．初期条件

$$x(0) = 0, \qquad v(0) = v_0$$

を上の 2 式に代入すると，$C_1 = v_0, C_2 = 0$ と決まる．ゆえに (3.6) の解は

$$x = v_0 t$$

すなわち，これは x 軸上の等速運動である．

(2)

$$\frac{d^2x}{dt^2} = \frac{dv}{dt} = \frac{F_0}{m} \qquad \therefore \quad v = \frac{F_0}{m}t + C_1$$

また，

$$v = \frac{dx}{dt} = \frac{F_0}{m}t + C_1 \qquad \therefore \quad x = \frac{F}{2m}t^2 + C_1 t + C_2$$

積分定数 C_1, C_2 は，初期条件

$$x(0) = 0, \qquad v(0) = v_0$$

から，$C_1 = v_0, C_2 = 0$ と決まる．よって，(3.7) の解は

$$x = \frac{F}{2m}t^2 + v_0 t$$

となる．

例題 3.2　簡単な重力加速度の測定

物指しとストップウオッチを用いて，重力加速度を測定してみよう．下図のように，長さ l のまっすぐな物指し AB を鉛直に吊るし，物指しの下端 B より a だけ下のところに標線 LM を設けておく．いま，この物指しを静かに放して，下端 B と上端 A が標線 LM を通過する時刻を測定したところ，放した瞬間からそれぞれ t_1 および t_2 であった．この実験から，l, t_1, t_2 を用いて重力加速度の大きさ g を表す式を導け．ただし，物指しの重心の運動はすべての質量がそこに集中したと仮定したときのその質点の運動に等しく，また，物指しは傾くことなく鉛直下方に落下するものとする．

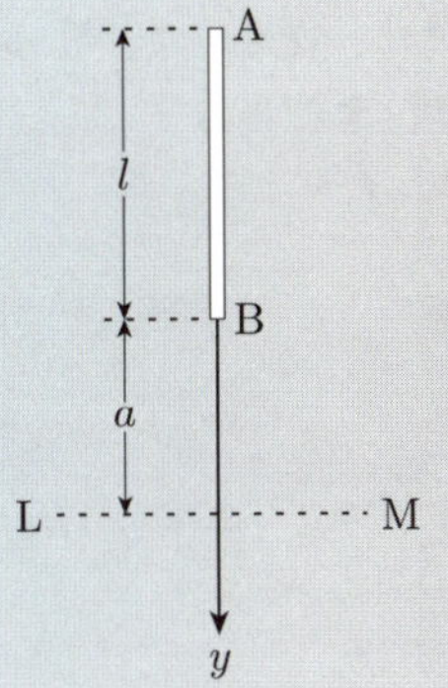

解答　鉛直下方に y 軸をとる．物指しは鉛直のまま落下するから，物指しのすべての点は同じ等加速度運動する．すなわち，物指しの各点は，運動方程式

$$m\frac{d^2y}{dt^2} = mg \quad (m\text{ は物指しの質量})$$

に従い，時刻 t における速度 $v_y(t)$ および落下距離 $y(t)$ は

$$v_y(t) = v_y(0) + gt, \qquad y(t) = \frac{1}{2}gt^2 + v_y(0)t + y(0)$$

と表される．下端についてみると，$y(0) = 0$, $v_y(0) = 0$，および $y(t_1) = a$

$$\therefore \quad l + a = \frac{gt_1^2}{2} + l \tag{3.8}$$

また，上端についてみると，$y(0) = 0$, $v_y(0) = 0$，および $y(t_2) = l + a$

$$\therefore \quad l + a = \frac{gt_2^2}{2} \tag{3.9}$$

よって，(3.8) および (3.9) より，求める g の表式は

$$g = \frac{2l}{t_2^2 - t_1^2}$$

3.2　運動量と第 2 法則

3.2.1　第 2 法則の運動量による表現

物体（質点）の質量 m と速度 $\boldsymbol{v}$ との積を，その物体の**運動量**といい，一般に $\boldsymbol{p}$ で表す．すなわち

$$\boldsymbol{p} = m\boldsymbol{v} \tag{3.10}$$

である．これは両辺を時間 t で微分すると

$$\frac{d\boldsymbol{p}}{dt} = m\frac{d\boldsymbol{v}}{dt} = m\boldsymbol{a} = \boldsymbol{F} \tag{3.11}$$

となり，ニュートンの運動方程式 (3.1) は

$$\frac{d\boldsymbol{p}}{dt} = \boldsymbol{F} \tag{3.12}$$

と書き表すこともできる．(3.1) では質量 m は一定である必要があるが，(3.12) は質量が時間的に変化する場合にも成立する．

3.2.2　運動量の変化と力積

運動方程式 (3.12) の両辺を，時間 t で t_1 から t_2 まで積分すると

$$\int_{t_1}^{t_2} \frac{d\boldsymbol{p}}{dt}dt = \int_{t_1}^{t_2} \boldsymbol{F}dt$$

となる．ここで左辺は，積分を実行すると

$$\int_{t_1}^{t_2} \frac{d\boldsymbol{p}}{dt}dt = \boldsymbol{p}(t_2) - \boldsymbol{p}(t_1) \equiv \Delta\boldsymbol{p}$$

となり，時刻 t_1 から t_2 の間の運動量の変化 $\Delta\boldsymbol{p}$ を与える．一方，右辺の積分は時刻 t_1 から t_2 までの間に物体に与えられた**力積**と呼ばれ，一般に記号 $\boldsymbol{I}$ で表される．すなわち，力積 $\boldsymbol{I}$ は次式で定義されるベクトル量である．

$$\boldsymbol{I} = \int_{t_1}^{t_2} \boldsymbol{F}dt = \Delta\boldsymbol{p} \tag{3.13}$$

これより，物体の運動量の変化 $\Delta\boldsymbol{p}$ は，その間に物体に作用した力 $\boldsymbol{F}$ の力積 $\boldsymbol{I}$ に等しいことがわかる．

例題 3.3　第 2 法則と第 3 法則を使って質量を測る

下図のように，質量 m_{A}, m_{B} の 2 つの小球を正面衝突させて，跳ね返る前後の速度を測れば，たとえば，m_{A} を基準にしたときの m_{B} が測れることを示せ．

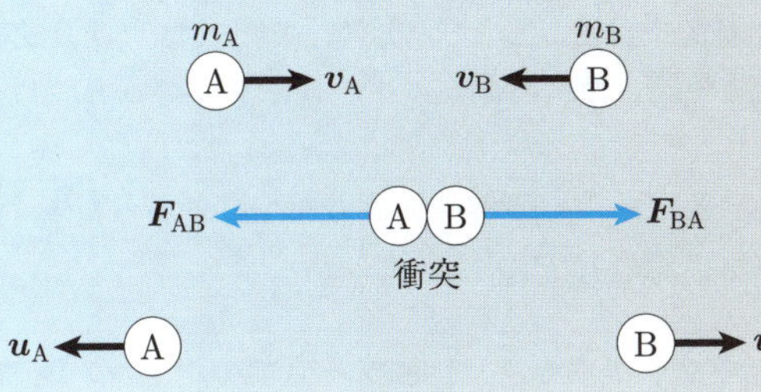

解答　衝突の際，A, B にはごく短い時間に互いに大きな斥力 $\boldsymbol{F}_{\mathrm{AB}}$, $\boldsymbol{F}_{\mathrm{BA}}$ がそれぞれ働く．これらの力は作用反作用の関係にあるから，働いているすべての瞬間で，$\boldsymbol{F}_{\mathrm{AB}}$ と $\boldsymbol{F}_{\mathrm{BA}}$ は，大きさが等しく互いに逆を向いている．したがって，衝突において A, B に及ぼされる力積は，衝突開始時刻を t_1，衝突終了時刻を t_2 とすると

$$\int_{t_1}^{t_2} \boldsymbol{F}_{\mathrm{AB}} dt = -\int_{t_1}^{t_2} \boldsymbol{F}_{\mathrm{BA}} dt$$

が成り立つ，いま，A が衝突前に進む向きを正にとって，衝突前後の A, B の速度を，それぞれ v_{A}, v_{B} および u_{A}, u_{B} とすると，(3.13) から

$$m_{\mathrm{A}}(u_{\mathrm{A}} - v_{\mathrm{A}}) = \int_{t_1}^{t_2} F_{\mathrm{AB}} dt$$

$$m_{\mathrm{B}}(u_{\mathrm{B}} - v_{\mathrm{B}}) = \int_{t_1}^{t_2} F_{\mathrm{BA}} dt = -\int_{t_1}^{t_2} F_{\mathrm{AB}} dt$$

が得られる．この両式から F_{AB} の時間積分を消去して整理すると

$$m_{\mathrm{B}} = -\frac{u_{\mathrm{A}} - v_{\mathrm{A}}}{u_{\mathrm{B}} - v_{\mathrm{B}}} m_{\mathrm{A}}$$

となる．ここで，v_{A}, v_{B} および u_{A}, u_{B} はいずれも実験によって測定される量である．したがって，m_{A} を質量の基準にとることにすれば，B を取り替えることによって，上の最後の式からすべての物体の質量を測ることができる．

例題 3.4　クラブでゴルフボールを打つ

0.046 kg のゴルフボールをクラブで打ったところ，ボールは 40 $\mathrm{m \cdot s^{-1}}$ の速さで飛び出した．

(1) クラブヘッドがボールに接触して (t_1) から，ボールがクラブから離れる (t_2) までの短い時間（衝突時間）にボールがクラブから受けた力積 $\boldsymbol{I}$ の大きさはいくらか．

(2) クラブヘッドとボールの衝突時間が 0.65 ms であったとすると，その間にボールに働いた平均の力 F_{AV} はいくらか．

解答 (1) クラブヘッドがボールに接触する直前のボールの運動量と，ボールがクラブから離れた直後のボールの運動量は，それぞれ

$$p(t_1) = 0 \quad \text{および} \quad p(t_2) = 0.046 \times 40 = 1.84\,\mathrm{kg \cdot m \cdot s^{-1}}$$

である．この運動量の差（変化量）$\varDelta p = p(t_2) - p(t_1)$ が，ボールに加えられたクラブヘッドによる力積 $\boldsymbol{I}$ である．よって，求める力積の大きさ I は

$$I = \varDelta p = 1.8\,\mathrm{kg \cdot m \cdot s^{-1}}$$

である．

(2) クラブヘッドがボールに与える力の時間変化は定性的には下図のように表される．したがって，この力がボールに与える力積は図の曲線の下の面積である．一方，平均の力（水平の線）が同じ時間の間にボールに与える力積は，図の破線で示した長方形の面積にあたる．この両者が等しいことから，F_{AV} は

$$F_{\mathrm{AV}}(t_2 - t_1) = 1.84\mathrm{kg \cdot m \cdot s^{-1}}$$

$$\therefore \quad F_{\mathrm{AV}} = \frac{1.84\,\mathrm{kg \cdot m \cdot s^{-1}}}{0.65 \times 10^{-3}\mathrm{s^{-1}}} = 2.8 \times 10^3\,\mathrm{kg \cdot m \cdot s^{-2}} = 2.8 \times 10^3\,\mathrm{N}$$

と求められる．

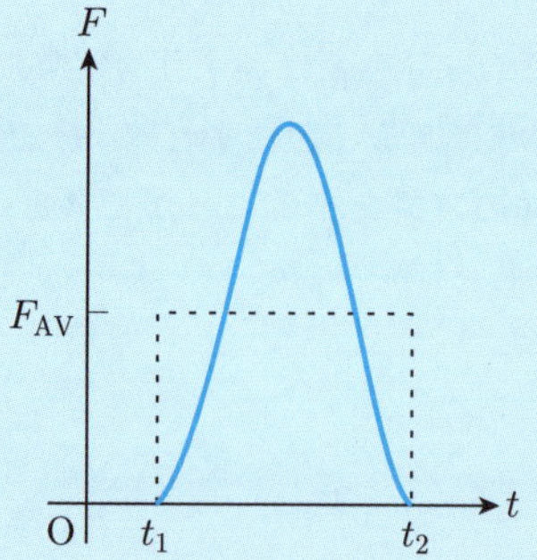

練習問題

問題 3.1　次の場合の運動量を計算せよ．

(1)　加速器の中で $3.0 \times 10^6\,\mathrm{m \cdot s^{-1}}$ まで加速された質量 $1.67 \times 10^{-7}\,\mathrm{kg}$ の陽子の運動量の大きさ

(2)　銃口から速さ $360\,\mathrm{m \cdot s^{-1}}$ で発射された質量 $15\,\mathrm{g}$ の弾丸の発射直後の運動量の大きさ

(3)　$70\,\mathrm{kg}$ のスプリンターが $100\,\mathrm{m}$ を 10.0 秒で走ったときのスプリンターの平均運動量の大きさ

(4)　地球のまわりの半径 $3.84 \times 10^8\,\mathrm{m}$ の円軌道上を公転している月の運動量の大きさ．ただし，月の質量は $7.35 \times 10^{22}\,\mathrm{kg}$，公転の周期は $2.36 \times 10^6\,\mathrm{s}$ である．

問題 3.2　投手の投げた速さ $40\,\mathrm{m \cdot s^{-1}}$ のボール（質量 $0.15\,\mathrm{kg}$）を，捕手はミットで $0.10\,\mathrm{s}$ で捕らえた．このとき捕手がボールから受けた平均の力はどれほどか．

問題 3.3　鉛直に落下するボールが，水平で滑らかな床と弾性衝突して跳ね返った．衝突する直前のボールの速さを v とすると，この衝突でボールが床に与える力積はいくらか．

問題 3.4　一直線上を互いに逆向きに等しい速さ V で運動していた質量 m_1 と質量 m_2 の小球 A, B が，正面衝突して B は静止し，A は衝突前とは逆向きに向かって同じ速さで運動した．A, B の質量の比 m_1/m_2 はいくらか．

問題 3.5　一直線上を互いに逆向きに等しい速さ V で運動していた質量 m_1 と質量 m_2 の小球 A, B が正面衝突し，衝突後は一体となって B が運動していたのと同じ向きに速さ $V/2$ で運動を続けた．A, B の質量の比 m_1/m_2 はいくらか．

問題 3.6　滑らかな床の上に質量 M の平板が置かれている．すなわち，平板は床の上を自由に滑ることができる．

(1)　床に対して速さ v で進む質量 m のおもちゃの自動車を平板の上に置いたところ，平板は一定の速さ V で動いた．V はいくらか．

(2)　はじめ静止した平板の上におもちゃの自動車を静止させて置き，リモコンで板に対して一定の相対加速度 a で動かした．時間 t の間に板はどれだけ変位するか．

3.3 力の法則

運動の法則によって力は明確に定義されたが，力学には様々な力が登場する．

3.3.1 自然界の基本的な力と現象論的な力

基本的な力

自然界は，陽子，中性子，電子などの素粒子と呼ばれる基本的な粒子からなっており，これらの粒子間に働く**基本的な力**によって，物質が構成され，この宇宙ができあがっている．この基本的な力としては，次の4つの力が存在することがわかっている．

(1) 質量があることによって物体間に働く**万有引力**（**重力**）

(2) 電荷を帯びている粒子間に働く**電磁気力**

(3) 陽子や中性子を結び付けて原子核を作る強い**核力**（**強い力**）

(4) 原子核から飛び出した中性子を崩壊させて，陽子，電子，ニュートリノを発生させる原因となる弱い核力（いわゆる**弱い相互作用**）

力学では，基本的な力の中では，万有引力と電磁気力のみを扱う．

現象論的な力

日常生活で経験する身のまわりの物体間に働いている巨視的な力の原因のほとんどは，もとをただせば原子核や電子の間に働く電磁気力の合力である．しかし，そのような巨視的な力を，いちいちその原因である微視的な電磁気力にまで遡って考えることは現実的ではない．そこで，力学では，**摩擦力**，**抗力**，**空気の抵抗力**，**ばねの弾力**などの現象論的な力を導入する．

3.3.2 接触力と遠隔力

接触力

ゴルフのボールをクラブで叩けば，ボールは変形するとともに飛び出していく．つる巻きばねに力を加えて引っ張るとばねは伸びる．われわれが日常経験するこれらの力はすべて2つの物体が物理的に接触したことによる結果として生じる．このような力を**接触力**と呼ぶ．

遠隔力

これに対して，2物体間に働く万有引力や電磁気力は，物理的に接触しなくても，何もない空間を通して作用する．このような力は**遠隔力**，または**場の力**と呼ばれる．しかし，接触力と遠隔力は明確に区別できるものではなく，原子レベルで考えると，接触力も遠隔力である電荷間の反発力に起因している．

3.3.3 合力と力のつり合い

合力

質点に複数の力 $\boldsymbol{F}_1, \boldsymbol{F}_2, \cdots, \boldsymbol{F}_N$ が同時に作用するとき，それらの力の効果は，そのベクトル和で与えられる 1 つの力

$$\boldsymbol{F} = \boldsymbol{F}_1 + \boldsymbol{F}_2 + \cdots + \boldsymbol{F}_N \tag{3.14}$$

の効果に帰せられる．この力 $\boldsymbol{F}$ を，$\boldsymbol{F}_1, \boldsymbol{F}_2, \cdots, \boldsymbol{F}_N$ の**合力**という．質点に加速度運動を引き起こさせるのはこの合力 $\boldsymbol{F}$ である．

力のつり合い

質点に複数の力 $\boldsymbol{F}_1, \boldsymbol{F}_2, \cdots, \boldsymbol{F}_N$ が同時に作用しても，その合力が $\boldsymbol{0}$ であるとき，すなわち

$$\boldsymbol{F}_1 + \boldsymbol{F}_2 + \cdots + \boldsymbol{F}_N = \boldsymbol{0} \tag{3.15}$$

であるときは，それらの力は**つり合っている**という．質点に作用する力がつり合っているときは，その質点は静止し続けるか等速度運動を続ける（第 1 法則）．

コラム　作用と反作用はつり合っているか

運動の第 3 法則で述べたように，物体間に働く「作用と反作用」は，互いに大きさが等しく逆向きである．したがって，「作用と反作用の和」は，(3.15) と同様に $\boldsymbol{0}$ になる．しかし，作用の反作用は「つり合っている」とは言わない．

なぜなら，「つり合い」とは，注目している 1 つの物体について，それに働く力の合力が $\boldsymbol{0}$ である状態を示す言葉であり，作用と反作用のような，それぞれ異なった物体に働く力について述べたものではないからである．

つまり「力のつり合い」を考えるには，注目している物体を定め，そこに働く力のみを考えなければならない．特に，他の物体をとの接触がある場合，作用・反作用のうちどちらが今考えている物体に働いているのか注意する必要がある．このように，力を考える場合，その力が何に対して働いているのかを，常の意識する必要がある．

また，力のつり合いとは異なり，作用・反作用が互いに大きさが等しく同一作用線上逆向きなことは，その物体の運動とは無関係である．逆に言えば，如何なる運動状態においても，作用と反作用は，互いに大きさが等しく同一作用線上逆向きである．

例題 3.5 ロープに吊るされた 4 つのおもり

図のように質量の等しい 4 個のおもりが，長さ L のロープに距離 l で等間隔に吊るされている．ロープの両端は天井に固定されており，ともに天井と角度 θ_1 をなしていて，外側のおもりと内側のおもりとの間の部分のロープが水平面となす角度は θ_2 である．

(1) 角度 θ_2 を θ_1 で表せ．

(2) ロープの各部分の張力を θ_1, m と g（重力加速度の大きさ）で表せ．

(3) ロープの両端間の距離 d を L と θ_1 を用いて表せ．

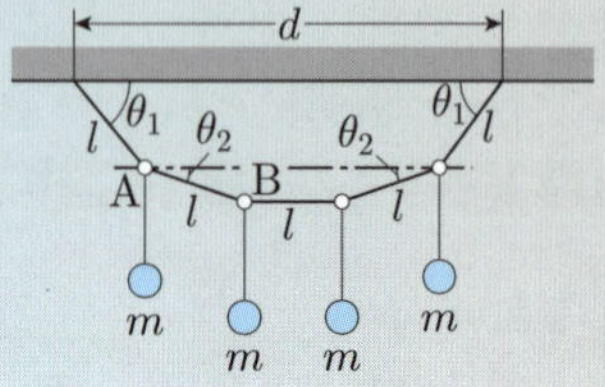

解答 図で一番左側のロープの張力を T_1，2 番目のロープの張力を T_2，中央のロープの張力を T_3 とする．ロープ上の A 点および B 点に働く力の水平成分および鉛直成分に対するつり合いの条件式は

$$\text{A 点，水平成分：} \quad T_1 \cos\theta_1 = T_2 \cos\theta_2 \tag{3.16}$$

$$\text{A 点，鉛直成分：} \quad T_1 \sin\theta_1 = T_2 \sin\theta_2 + mg \tag{3.17}$$

$$\text{B 点，水平成分：} \quad T_2 \cos\theta_2 = T_3 \tag{3.18}$$

$$\text{B 点，鉛直成分：} \quad T_2 \sin\theta_2 = mg \tag{3.19}$$

(1) (3.17) と (3.19) から mg を消去すると $T_1 \sin\theta_1 = 2T_2 \sin\theta_2$ が得られる．これと (3.16) から

$$\tan\theta_1 = 2\tan\theta_2 \qquad \therefore \quad \theta_2 = \tan^{-1}\left(\frac{1}{2}\tan\theta_1\right)$$

(2) $T_1 = \dfrac{2mg}{\sin\theta_1}, \quad T_2 = \dfrac{mg}{\sin\{\tan^{-1}((1/2)\tan\theta_1)\}}, \quad T_3 = \dfrac{mg}{\tan\theta_2} = \dfrac{2mg}{\tan\theta_1}$

(3) $d = \dfrac{L}{5}\left[2\cos\theta_1 + 2\cos\left\{\tan^{-1}\left(\dfrac{1}{2}\tan\theta_1\right)\right\} + 1\right]$

練習問題

問題 3.7 図のように，3 本のワイヤ (1, 2, 3) で質量 M のおもりが吊り下げてある．ワイヤ 1 とワイヤ 2 は天井と角 θ_1, θ_2 をなしている．この系がつり合いの状態にあるとして，ワイヤ 1 に生じる張力 T_1 を求めよ．

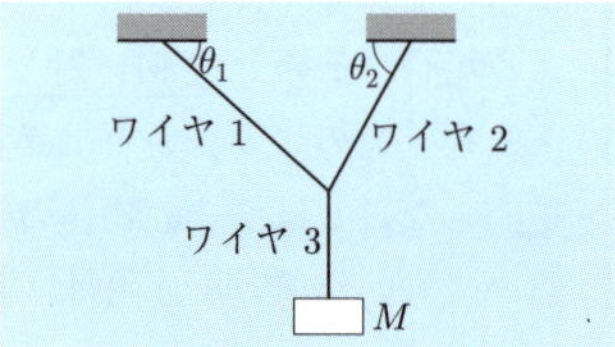

3.3.4 束縛力（垂直抗力，張力）

物体（質点）の運動には，重力の作用だけを受けて行う放物運動のように，運動方程式を解いてはじめて軌道が求まる運動と，軌道が予めある特定の曲面や曲線上に制限されている運動がある．前者は**自由運動**と呼ばれ，後者は**束縛運動**と呼ばれる．斜面を滑降するブロックの運動や，振り子のおもりの往復運動はそのような束縛運動の例である．

物体の運動が1つの曲面または曲線上に束縛されているためには，重力のような物体に運動を生じさせようとする**強制力**の他に，斜面を滑り降りるブロックに斜面から及ぼされる面に垂直な**垂直抗力**や，単振り子のおもりに働くひもの**張力**のように，物体を軌道上に留めておく**束縛力**が必要である．

斜面を滑降するブロックが斜面に平行な方向にのみ運動するのは，斜面からブロックへの垂直抗力 N とブロック（質量 m）に働く重力 mg の斜面に垂直な成分とがつり合い

$$N - mg\cos\theta = 0 \tag{3.20}$$

となって，ブロックの加速度の斜面に垂直な成分が0となるからである．

束縛運動につては，次章4.1.2項で扱われる．

3.3.5 万有引力（重力）

万有引力の法則：すべての質点間には，2質点の質量 (m_1, m_2) にそれぞれ比例し，その間の距離 r の2乗に反比例する万有引力が働く．

すなわち，万有引力の大きさ F は

$$F = G\frac{m_1 m_2}{r^2} \tag{3.21}$$

となる．ここで，G は**万有引力定数**と呼ばれ，その値は，国際測地学協会によって，1999年に

$$G = (6.67259 \pm 0.00085) \times 10^{-11}\ \mathrm{m^3 \cdot kg^{-1} \cdot s^{-2}} \tag{3.22}$$

と定められている．

(3.21)は，質量分布が球対称であれば，大きさをもつ物体の場合でも，全質量がその中心に集中した質点とみなして適用される．したがって，天体間の万有引力は，各天体の中心にそれぞれの質量が集中した質点間の万有引力で考えることができる．また，地上の物体に働く万有引力は，地球をその中心に全質量が集中した質点と考え，その質点からの万有引力として扱うことができる．

地球による重力

上述のように，地球上の物体は，地球の中心に向かって万有引力を受けている．この向きを**鉛直**下向きという．また，鉛直方向と直交する方向を**水平**という．

物体の質量を m とすれば，それに働く万有引力の大きさは，地球の半径を R，質量を M とおくと，(3.21) より

$$F = G\frac{Mm}{R^2} \equiv mg \tag{3.23}$$

になる．この力を**重力**という．また，右辺に現れた

$$g = \frac{GM}{R^2} \simeq 9.8\mathrm{m}\cdot\mathrm{s}^{-2} \tag{3.24}$$

を**重力加速度**（の大きさ）という．すなわち，地上にある質量 m の物体は，鉛直下向きに大きさ mg の重力を常に受ける．

ところで，地球は自転しているために，地上の物体には，万有引力の他に8章で述べる遠心力 $mr\omega^2$ が働く．ここで，ω は地球の自転の角速度，r は地軸からの距離である．したがって，地上の1点Pで吊るした質量 m のおもりには，図3.1のように，万有引力 mg，遠心力 $mr\omega^2$，糸の張力 T の3つの力が働くが，われわれは，この糸の張力 T とつり合っている力を重力として観測する．そのため，実際に地上で観測される重力は，(3.23) からわずかにずれる．その重力を

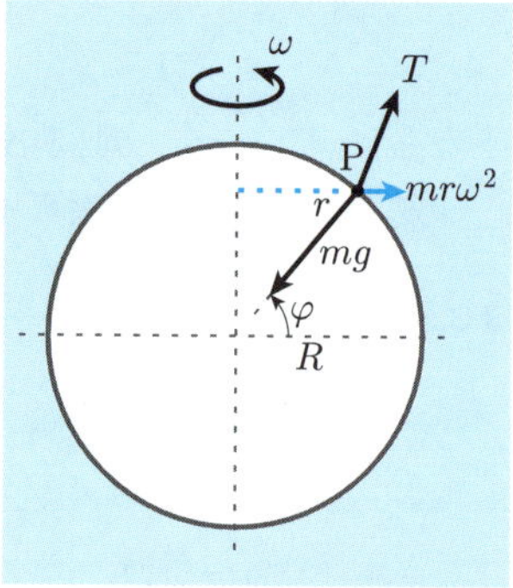

図 3.1 重力加速度と緯度

$$W = mg' \tag{3.25}$$

と書き，P点の緯度を φ とすると

$$W = mg' = mg - mR\omega^2\cos^2\varphi \tag{3.26}$$

となる（演習問題［8］参照）．ここで，R は地球を球とみなした半径である．すなわち，実際に地上で観測される重力加速度の大きさ g' は，緯度によって変化し，緯度が高くなるほどわずかに大きくなることがわかる．

例題 3.6 地上での重力加速度

月は地球の引力によって向心加速度を得て，地球のまわりを，ほぼ半径 r の等速円運動をしている．月の公転の周期 T，月の軌道半径 r，地球の半径 R が下記のように与えられているとして，地上の物体が受ける重力加速度の大きさ g を求めよ．

$$T = 27\,\text{日}\,7\,\text{時間}\,43\,\text{分}, \quad 2\pi R = 4.0\times 10^7\,\mathrm{m}, \quad r = 60R$$

解答 等速円運動する月の速さ v は

$$v = \frac{2\pi r}{T}$$

である．したがって，月の円運動の向心加速度 a は，法線加速度の公式 (2.22) より

$$a = \frac{v^2}{r} = \frac{4\pi^2 r}{T^2}$$

である．この加速度は地球の引力によるものなので，地球の中心からの距離の 2 乗に逆比例する．したがって，これを地上の重力加速度の大きさ g と比較すると

$$\frac{g}{a} = \left(\frac{r}{R}\right)^2$$

$$\therefore \quad g = a\left(\frac{r}{R}\right)^2 = \frac{4\pi^2 r^3}{R^2 T^2} = \frac{2\pi\times 60^3\times 4.0\times 10^7}{(39343\times 60)^2} = 9.7\,\mathrm{m}\cdot\mathrm{s}^{-2}$$

となり，地上で測定される標準の重力加速度の大きさ $g = 9.80665\,\mathrm{m}\cdot\mathrm{s}^{-2}$ の値とよく一致する．

練習問題

問題 3.8 2 つの小球 A, B の質量 m_A, m_B（$m_\mathrm{A} > m_\mathrm{B}$）の和は 5.0 kg である．いま，A, B を 0.20 m 離して置いたところ，1.0×10^{-8} N の万有引力で互いに引き合った．m_A, m_B はいくらか．

問題 3.9 地球の表面付近にある物体に働く重力は，地球の万有引力による作用である．地球の半径を $R_\mathrm{E} = 6370\,\mathrm{km}$ とし，地表付近の重力加速度 g の大きさは 9.80 であるとして，地球の質量 M_E を計算せよ．

問題 3.10 質量 m_1 の質点 1 の位置ベクトルを $\boldsymbol{r}_1$，質量 m_2 の質点 2 の位置ベクトルを $\boldsymbol{r}_2$ として，質点 1 が質点 2 に及ぼす万有引力 $\boldsymbol{F}_{21}$ をベクトルで表せ．ただし万有引力定数は G とする．

3.3.6　固体の弾力（復元力）

大きさと形をもつ固体は，外力を加えると一般に変形する．しかし，外力が小さければ，それを取り去ると**復元力**によって固体はもとの状態に戻る．固体のもつこの性質のことを**弾性**といい，この復元力を**弾力**という．弾力ついては

> **フックの法則**：変形が小さければ，物体の復元力つまり弾力の大きさは，物体の変形の大きさに比例する．この比例係数は弾性係数と呼ばれる．

が成り立つ．このとき，固体の変形の大きさは，外力が加わらない自然の状態を基準にとって測られる．たとえば，ばねの場合は，変形の大きさはばねの**自然長**からの伸びをいう．この伸びを x とすると，ばねに生じる復元力 F は

$$F = -kx \tag{3.27}$$

と表される．この比例係数 k は**ばね定数**と呼ばれる．負符号は，伸び x と復元力 F の向きが互いに逆向きであることを表している．

3.3.7　摩擦力と抵抗力

固体が他の固体や流体（気体や液体）に接触して相対的に運動するとき，その固体は，接触面を通して，運動を妨げる向きに接線力を受ける．このような力を総称して**摩擦力**といい，相手が気体や液体の場合はとくに**抵抗力**という．

なお，固体同士の摩擦力は，相対的な運動がなくても生じ，それを**静止摩擦力**という．それに対し，相対的に運動している場合の摩擦力を**運動摩擦力**という．

静止摩擦力の大きさ F は，一般に，他の力とのつり合いで決まるが，その最大値 $F_{\max}$（**最大静止摩擦力**）は，接触面から受ける垂直抗力の大きさ N に比例し

$$F \leq F_{\max} = \mu N \tag{3.28}$$

の関係がある．この比例定数 μ を**静止摩擦係数**という．

一方，運動摩擦力の大きさ F' は，常に垂直抗力の大きさ N に比例し

$$F' = \mu' N \tag{3.29}$$

と書ける．この μ' を**運動摩擦係数**という．運動摩擦係数は一般に静止摩擦係数より小さく

$$\mu' < \mu \tag{3.30}$$

の関係が成り立つ．また運動摩擦係数は，摩擦を及ぼし合う面の相対速度には依存しない．すなわち，固体同士に生じる運動摩擦力は，速度が変化しても一定である．それに対し，気体や液体中を固体が運動する場合に受ける抵抗力（いわゆる空気抵抗など）は，一般に速度が増すとともに増大する．

第 3 章演習問題

[1]（ガリレイ変換） 運動の様子は基準のとり方，つまり座標系の選び方によって変わる．そのため，ニュートンは第 1 法則で運動の法則が適用できる座標系を慣性座標系に限定した．いま，時刻 t での質点 P の位置が，ある慣性座標系（K 系）では位置ベクトル $\boldsymbol{r}$ で表され，K に相対的に等速度 $\boldsymbol{u}$ で運動する別の座標系 K′ では位置ベクトル $\boldsymbol{r}'$ で表されたとする．また，$t=0$ では 2 つの座標系の原点は一致している．

(1) $\boldsymbol{r}'$ を $\boldsymbol{r}, \boldsymbol{u}, t$ で表せ（この $\boldsymbol{r}$ から $\boldsymbol{r}'$ への変換は**ガリレイ変換**と呼ばれる）．

(2) 質点 P の加速度 $\boldsymbol{a}$ は，どちらの座標系から見ても同じであること，したがって，K′ 系もまた慣性座標系であることを確かめよ．

[2]（ダランベールの原理） ある慣性座標系（K）で，力 $\boldsymbol{F}$ を受けて加速度 $\boldsymbol{a}$ で運動している質量 m の質点 P がある．

(1) P の運動方程式を書け．

(2) いま，P に固定され，P と一緒に運動する座標系（S）を考える．S は慣性座標系であるか．

(3) S 系では P は静止しているから，P に働いている力はつり合っていなければならない．このつり合いの式を書け．

(4) このつり合いに関わる力で実在の力は $\boldsymbol{F}$ だけであり，この $\boldsymbol{F}$ とつり合っている見かけの力は**慣性力**と呼ばれる．P に働いている慣性力を求めよ．

このように，慣性座標系から見て運動方程式 (3.1) で記述される動力学の問題は，質点に固定された座標系から見ると，慣性力を含めた力のつり合いという静力学の問題に置き換えられる．これを**ダランベールの原理**という．

[3]（遠心力） 半径 a の円周上を一定の角速度 ω で等速円運動している質量 m の質点の運動を，質点と同じ角速度で回転する回転座標系から見る．ダランベールの原理を応用して，このとき質点に働く向心力とつり合っている見かけの力（慣性力）を求めよ．この慣性力が遠心力である．

[4]（加速運動する列車の連結器に働く力） 水平な直線の線路上を，機関車と 10 両の車両からなる列車が走っている．機関車の質量は M，各車両の質量は m であって，車両には機関車に近い方から順に番号が付けられており，最後尾の車両は 10 号車である．

(1) 列車が一定の加速度 a で走っているとき，機関車が車両を引っ張っている駆動力 F を求めよ．

(2) このとき，n 号車（$n < 10$）の前後の連結器に働く力 f_n と f_{n+1} を求めよ．

[5]（板の上を走るおもちゃの車） 滑らかで水平な床の上に置かれた広い板（質量 M）の上を，おもちゃの自動車（質量 m）が板に対して加速度 a で一直線に走った．

(1) このとき板が床に対してもつ加速度の大きさはどれだけか．

(2) おもちゃの自動車と板が水平方向に及ぼし合う力の大きさはどれくらいか．

[6]（エレベータ内の体重計の読み） エレベータがケーブルから大きさ F [N] の力を受けて上昇しており，中に置かれた体重計には，質量 m [kg] の人が乗っている．この体重計の読みはいくらか．ただし，エレベータと体重計の合計は M [kg] であり，重力加速度の大きさは g [$\mathrm{m \cdot s^{-2}}$] である．

[7]（地球の質量） 地球を1周する距離が $4.0 \times 10^4\,\mathrm{km}$ であることと，地表付近における重力加速度の大きさ g が $9.8\,\mathrm{m \cdot s^{-2}}$ あることを用いて，地球の質量のおおよその値を求めよ．ただし地球は球形とみなせるものとし，万有引力定数は $G = 6.67 \times 10^{-11}\,\mathrm{m^3 \cdot kg^{-1} \cdot s^2}$ とする．

[8]（重力加速度と緯度） 重力加速度 g の緯度依存性を与える (3.26) を導け．

[9]（ばねで連結された2つのおもり） 質量 m が等しいおもり A, B を，下図のように長さが l でばね定数 k の3本のばねでつなぎ，滑らかな水平面の上に置いて，各ばねの長さが自然長 l になるようにして両端を固定する．この状態で A の位置を図の右方向に Δx だけずらしたとき，B はどちらにどれだけずれるか．

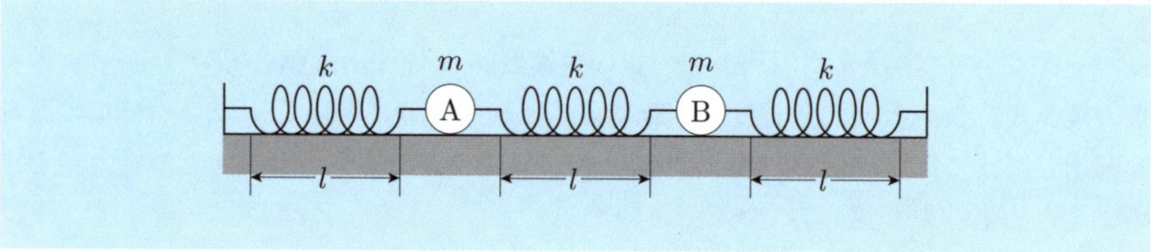

第4章

簡単な運動

3章でみたように，運動は，運動方程式の右辺に現れる “力” によって特徴付けられる．この章では，物体に働く力が一定である場合と，変位に比例する場合についての運動を調べる．

4.1 一定の力が働く運動（等加速度運動）

一定の力によって引き起こされる運動は，力の方向と任意の時刻における速度の方向とで決まる平面内で起こる．すなわち，平面運動（2次元運動）である．

4.1.1 重力のもとでの運動

3章で学んだように，地上では，質量 m の質点には，大きさが mg の鉛直下向きの重力が働く．このような重力のもとでの運動は，鉛直上向きに y 軸をとり，初速度が xy-面内にあるように x 軸をとると，運動方程式が

$$m\frac{d^2x}{dt^2} = 0, \qquad m\frac{d^2y}{dt^2} = -mg \tag{4.1}$$

と書ける．これは**等加速度運動**であって，(4.1) の一般解は

$$\begin{aligned} x(t) &= v_{0x}t + x_0 \\ y(t) &= -\frac{1}{2}gt^2 + v_{0y}t + y_0 \end{aligned} \tag{4.2}$$

となる．ここで，積分定数の v_{0x}, v_{0y} は初速度の x, y 成分，x_0, y_0 は $t = 0$ における質点の位置座標で決まり，多くの場合，これらは**初期条件**として与えられる．

自由落体の運動（自由落下）

地表に原点をとり，高さ y_0 のある点 (x_0, y_0) に支えておいた質点を，$t = 0$ に静かに放す．このとき $v_{0x} = v_{0y} = 0$ であるから，(4.2) は

$$x(t) = x_0, \qquad y(t) = -\frac{1}{2}gt^2 + y_0 \tag{4.3}$$

となる．このように，初速0で重力だけを受けて落下する運動を**自由落下**という．自由落下する質点の運動には質点の質量は現れない．

例題 4.1 落体の運動の法則（ガリレオの思考実験）

ガリレオが登場するまでの2000年の長きにわたって，落体の運動については，「重いものは軽いものよりも速く落ちる」とするアリストテレスの考えが信じられていた．しかし，ガリレオは簡単な思考実験によって，このアリストテレスの考えには理論的な矛盾があることを指摘して，「すべての物体は重さに関係なく，同じ速さで落下する」という落体の運動の法則を発見した．このときガリレオはどのような思考実験を行ったか考えてみよ．

解答 たとえば，3個の全く同じ鉄の球を用意する．そして，この3個の鉄球を同時に落下させてみる．当然，3個の球は同じ速さで落下していく．

そこで，こんどは3個のうちの2個の鉄球を離れないようにくっ付けて，同様に同時に落下させる．もしアリストテレスの考えが正しければ，くっ付いた2個の鉄球は，重さが2倍なっているから，残りの1個よりも速く落ちていかなければならない．しかし，そのようなことは，実際には起こらない．よってアリストテレスの考えは正しくない．

＊ 1971年8月2日，月面に立ったアポロ15号の船長スコット大佐は，テレビカメラの前で，右手にハンマー，左手に隼の羽をもち，同時に手を放してみせた．重力が地上の1/6しかなく，空気のない月面で，羽とハンマーはゆっくり落下していき，同時に月面に到達した．ガリレオによって発見された落体の運動の法則は，こうして三百数十年の後，月面上の実験で証明された．

練習問題

問題 4.1 ピサの斜塔の上から鉄球を静かに落下させたところ，鉄球が地面に着地する前の最後の30 m を通過するのに1.1秒を要した．ピサの斜塔の高さはいくらか．

問題 4.2 鉛直に投げ上げた小石が，投げ上げてから t_1 [s] 後に h [m] の高さに昇り，さらに t_2 [s] 後に同じ高さに落ちてきた．このとき

$$h = \frac{1}{2}gt_1(t_1 + t_2)$$

であることを証明せよ．ただし，重力加速度の大きさを g [m/s^2] とする．

放物体の運動

原点から，xy-面内で x 軸と角 θ をなす方向に質点を初速 v_0 で発射させる．このとき，初期条件は

$$x_0 = 0, \quad y_0 = 0, \quad v_{0x} = v_0 \cos\theta, \quad v_{0y} = v_0 \sin\theta$$

であるから，(4.2) により

$$x(t) = v_0 \cos\theta \cdot t, \qquad y(t) = -\frac{1}{2}gt^2 + v_0 \sin\theta \cdot t \tag{4.4}$$

となる．これより t を消去すると，質点の描く軌道の方程式が

$$y = -\frac{1}{2} \cdot \frac{g}{v_0^2 \cos^2\theta} x^2 + \tan\theta \cdot x \tag{4.5}$$

と得られる．これは，図 4.1 に示されるように，原点を通り，鉛直線

$$x = \frac{v_0^2 \sin\theta \cos\theta}{g} \tag{4.6}$$

を対称軸とする上に凸の放物線である．

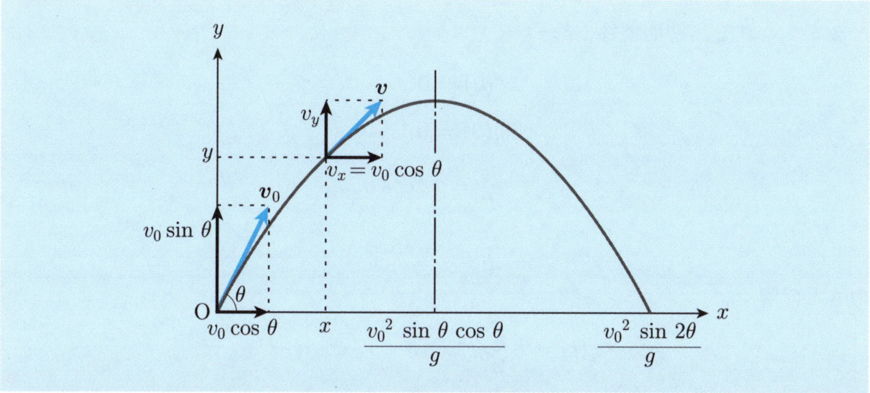

図 4.1　放物体の運動

例題 4.2 斜面上で投げた放物体の運動

図のように，水平面と角 θ をなす斜面の最下点 O から，最大傾斜線を含む鉛直面の中で，斜面から角 α をなす方向に初速 v_0 でボールを投げるとき，ボールを斜面上の点 O から最も遠くまで投げるには α をいくらにとればよいか．またそのときのボールの最大到達距離はいくらか．

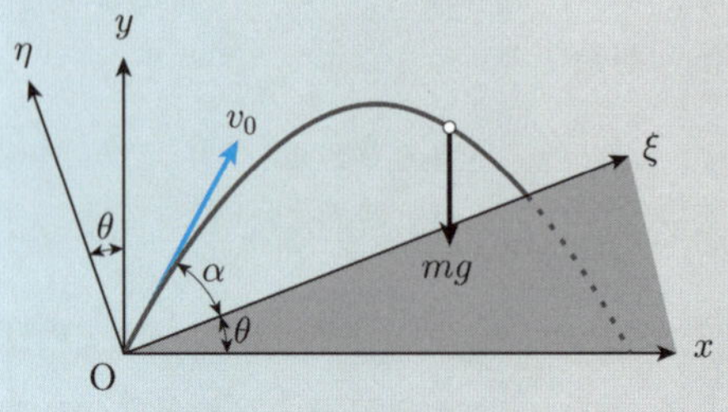

解答 図のように，斜面に沿って ξ 軸をとり，斜面に垂直に η 軸をとる．運動方程式を ξ, η 軸の方向に分解すると

$$\frac{d^2\xi}{dt^2} = -g\sin\theta$$
$$\frac{d^2\eta}{dt^2} = -g\cos\theta$$

となる．これを，初期条件：$t=0$ で

$$\xi(0) = 0$$
$$\eta(0) = 0$$
$$\frac{d\xi}{dt} = v_0\cos\alpha$$
$$\frac{d\eta}{dt} = v_0\sin\alpha$$

のもとで解くと

$$\xi(t) = -\frac{1}{2}gt^2\sin\theta + v_0\cos\alpha\cdot t$$
$$\eta(t) = -\frac{1}{2}gt^2\cos\theta + v_0\sin\alpha\cdot t$$

これらの 2 式から，$\eta=0$ となる ξ の値 l を求めると

$$\begin{aligned} l &= \frac{2v_0^2}{g\cos^2\theta}\sin\alpha(\cos\alpha\cos\theta - \sin\alpha\sin\theta) \\ &= \frac{2v_0^2}{g\cos^2\theta}\sin\alpha\cos(\alpha+\theta) \end{aligned} \tag{4.7}$$

となる．l を極大にする α は，$dl/d\alpha = 0$ かつ $d^2l/d\alpha^2 < 0$ より求まり

$$
\begin{aligned}
\frac{dl}{d\alpha} &= \cos\alpha\cos(\alpha+\theta) - \sin\alpha\sin(\alpha+\theta) \\
&= \cos(2\alpha+\theta) = 0 \\
\frac{d^2 l}{d\alpha^2} &= 2\sin(2\alpha+\theta) < 0
\end{aligned}
$$

であるから，$0 < \alpha < \pi/2 - \theta$ とすると $2\alpha + \theta = \pi/2$ を得る．すなわち最大到達距離 $l_{\max}$ およびそのときの α の値 α_0 は

$$
\alpha_0 = \frac{1}{2}\left(\frac{\pi}{2} - \theta\right) \tag{4.8}
$$

$$
\begin{aligned}
l_{\max} &= \frac{v_0^2}{g(1+\sin\theta)} \\
&= \frac{v_0^2(1-\sin\theta)}{g\cos^2\theta}
\end{aligned} \tag{4.9}
$$

となる．

練習問題

問題 4.3　上の例題で l の最大値を求めるとき，(4.7) を α について微分したものを 0 とおく代わりに，(4.7) を変形して (4.8) を導いてみよ．

問題 4.4　高さ h の塔の上から，水平と角 α をなす方向に初速 v_0 で石を投げ上げげた．

(1)　石の滞空時間を求めよ．

(2)　石が地面に落下する位置を求めよ．

(3)　石が地面にあたる直前の速さを求めよ．

問題 4.5　地面からボールを斜め上方に投げるときの，ボールの初速 v_0 とその角度 α を知るには，ボールの到達距離 l と滞空時間 T を測ればよい．v_0 と α を l と T で表す式を導け．

問題 4.6　ボールを初速 v_0 で地面から斜め上方に投げたところ，ボールは高さ h まで上がり，投げた点から距離 l のところに着地した．このボールを同じ初速 v_0 で投げたときの最大到達距離 $l_{\max}$ を，l と h で表せ．

4.1.2 束縛運動（斜面上の運動）

質量 m のブロックが斜面に沿って滑降する運動では，ブロックには，図 4.2 に示すように，鉛直下向きの重力 mg の他に，ブロックを斜面上に束縛するための垂直抗力 N，さらに，ブロックと斜面の相対的な運動に抗（あらが）う斜面（接触面）に平行な摩擦力 R の 3 つの力が作用する．しかし，前章 3.3.4 項で述べたように，垂直抗力 N と重力の斜面に垂直な成分とは，斜面の傾斜角を θ とすると

$$N - mg\cos\theta = 0 \qquad (3.14)$$

の関係があり，つり合っているため，ブロックは斜面に平行な方向にのみ 1 次元運動することになる．

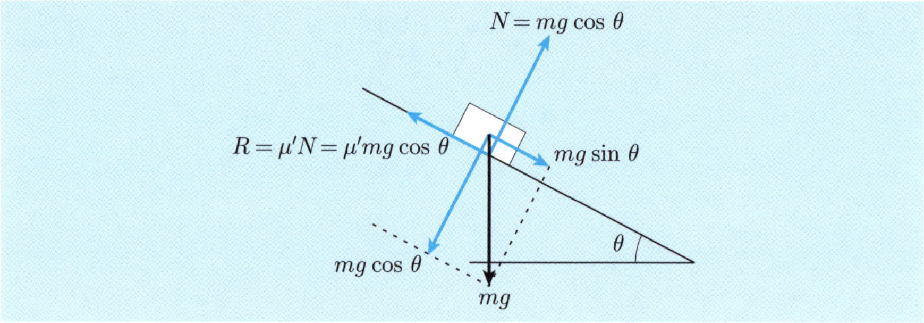

図 4.2 斜面上の滑降運動とブロックに働く 3 つの力

滑らかな斜面上の滑降運動

力学で「滑らか」というときは，とくに断らない限り，摩擦がない，つまり $R = 0$ の場合をさす．したがって，滑らかな斜面を滑降するブロックに働く正味の力は，重力の斜面に平行な成分 $mg\sin\theta$ のみである．

いま，斜面に沿って下る向きに x 軸をとると，運動方程式は

$$m\frac{d^2x}{dt^2} = mg\sin\theta \qquad (4.10)$$

となる．これは，自由落下の場合の重力加速度の大きさを

$$g \to g\sin\theta$$

と置き換えたに過ぎない．

粗い斜面の滑降運動

力学で「粗い面」というときは，物体と面との間に，前章 3.3.7 項でみた静止摩擦力や運動摩擦力が働く面を意味する．すなわち，面に沿って物体を相対的に動かそう

とする力が働いたり物体が運動したりするとき，その力や運動の向きとは逆向きに摩擦力が働く．

たとえば，物体が斜面上で静止している場合は，重力の斜面方向成分とつり合うだけの摩擦力 R（静止摩擦力）が働いている．ここで，斜面の傾きを大きくするなどして，摩擦力 R が最大静止摩擦力 $R_{\mathrm{max}} = \mu N$ を超えると，物体は静止状態を維持できなくなり滑りはじめる．この場合，物体は斜面から運動摩擦力 $R' = \mu' N$ を受けながら運動を行う．すなわち，(4.10) の右辺には，重力の斜面方向成分の他に，それとは逆向きに働く摩擦力 R' が加わる．ここで，N はこの物体が斜面から受ける垂直抗力の大きさであり，μ および μ' は，それぞれ静止摩擦係数および運動摩擦係数である．

コラム　摩擦力とは何か

力学の世界では，摩擦力は邪魔者という印象が強いが，もしこの世から摩擦力が全くなくなったらどうなるか想像してみると面白い．

ところで摩擦力とはいったい何であろうか．第 3 章で触れたように，この世には，重力，電磁気力，強い相互作用，弱い相互作用の 4 つの力しか存在しない．さらに後者の 2 つは原子核の内部が舞台であって，日常には現れない．すなわち，日常感じる力は，すべて重力と電磁気力に起因する．したがって，摩擦力も微視的に見れば重力と電磁気力に他ならないが，それを巨視的に見た場合に，物体同士の接触面において面に沿った相対運動を妨げるような力を，現象論的に「摩擦力」と称している．

最も簡単な摩擦力の解釈は，下図のような物体表面の小さな凹凸によるものである．このモデルでは，上に乗った物体をずらすには，山（重力ポテンシャル）を乗り越えるだけの力が必要であり，これが最大静止摩擦力である．また，ある速度で滑らせると，でこぼこの衝突による撃力を受ける．これが運動摩擦力になる．この際，この撃力により，物質を構成する原子が振動を増し，熱エネルギーになる．これが摩擦熱である．しかし，摩擦という現象はこのような単純なものではなく，完全に説明することはできない．

それにもかかわらず，運動摩擦力が最大静止摩擦力より必ず小さいことや，運動摩擦力が速度に依存しないこと，またそれらが垂直抗力に比例することなどは，かなり一般的に成り立つ．これは微視的な力の平均，すなわち統計的な効果といえるが，集団の振る舞いとは不思議なものである．

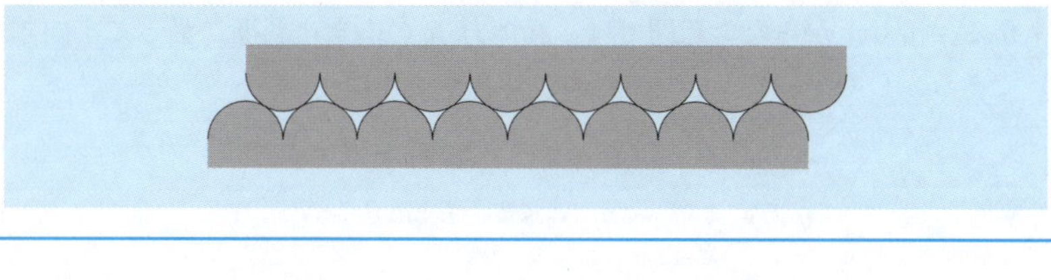

例題 4.3 斜面上の物体を水平力で支える

摩擦角 θ_0 (問題4.9参照) よりも大きな傾斜角 θ をもつ斜面上に小ブロック (質量 m) が置かれている．もちろん，そのままではブロックは斜面を滑り落ちてしまうので，図のように，水平力 F を加えてブロックを支えることにした．ブロックが滑り出さないためには，F の大きさはどの範囲になければならないか．

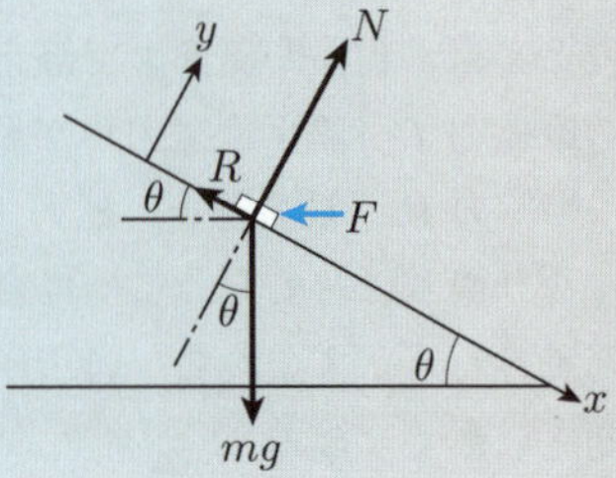

解答 図のように，斜面の法線方向に y 軸をとり，斜面に沿って下る向きに x 軸をとる．ブロックには，図に示すように，鉛直下向きの重力 mg，斜面の法線方向（$+y$ 方向）の垂直抗力 N，斜面に沿って働く摩擦力 R，それに水平力 F の4つの力が働く．

まず，F を0から次第に増していって，F によってブロックが滑り降りるのを防ぐ場合を考える．滑り降りようしている状態では摩擦力 R は斜面に沿って上向き（$-x$ 方向）に働く．この場合の4つの力のつり合い条件は

$$x \text{ 方向：} \quad mg\sin\theta - F\cos\theta - R = 0 \tag{4.11}$$

$$y \text{ 方向：} \quad -mg\cos\theta - F\sin\theta + N = 0 \tag{4.12}$$

である．一方，静止摩擦の条件 (3.28) で F を R とおくと

$$R \leq \mu N \tag{4.13}$$

となる．(4.13) に (4.11), (4.12) を代入すると

$$mg\sin\theta - F\cos\theta \leq \mu(mg\cos\theta + F\sin\theta)$$

$$\therefore \quad F(\mu\sin\theta + \cos\theta) \geq mg(\sin\theta - \mu\cos\theta) \tag{4.14}$$

を得る．ここで，静止摩擦係数 μ は，問題4.9より摩擦角 θ_0 を用いて $\mu = \tan\theta_0$ と表されるので，(4.14) は

$$F\frac{\cos(\theta-\theta_0)}{\cos\theta_0} \geq mg\frac{\sin(\theta-\theta_0)}{\cos\theta_0} \qquad \therefore \quad F \geq mg\tan(\theta-\theta_0) \tag{4.15}$$

となる．これは，水平力 F を加えて，ブロックが滑り落ちないように支える場合の F の下限を与える．しかし，F が大きくなり過ぎると，こんどはブロックが斜面を上に滑り上がる．滑り上がらない範囲では，摩擦力 R の向きは斜面に沿って下向き（$+x$ 方向）である．したがって，4つの力がつり合う条件は

$$x \text{ 方向：} \quad mg\sin\theta - F\cos\theta + R = 0 \tag{4.16}$$

$$y \text{ 方向：} \quad -mg\cos\theta - F\sin\theta + N = 0 \tag{4.17}$$

である．(4.16), (4.17) を摩擦の条件 (4.13) に代入すると，ブロックが滑り上がらないための水平力 F の上限が $F \leq mg\tan(\theta+\theta_0)$ と得られる．

結局，水平力 F を加えてブロックを斜面上に静止させるには，F は

$$mg\tan(\theta-\theta_0) \leq F \leq mg\tan(\theta+\theta_0) \tag{4.18}$$

の範囲にあればよいことがわかる．

練習問題

問題 4.7　傾斜角 20° の滑らかな斜面の下端にブロックが置かれている．このブロックに，斜面に沿って上向きに初速 $5.0\,\mathrm{m\cdot s^{-1}}$ を与えるとき，ブロックは，静止するまでに，斜面に沿って上方にどれだけ滑るか．

問題 4.8　傾斜角 30° の粗い斜面の頂上に置かれている質量 2.5 kg のブロックが，静止の状態から滑り出して，最初の 2.0 秒間で 3.0 m 滑り降りた．次の値を求めよ．

(1)　ブロックの加速度の大きさ a

(2)　ブロックと斜面の間の運動摩擦係数 μ'

(3)　ブロックに作用する摩擦力 R

(4)　3.0 m 滑り降りた時点でのブロックの速さ v

問題 4.9　傾斜角 θ の粗い斜面上を質量 m のブロックが滑り降りる場合と，滑り昇る場合について，ブロックの運動について運動方程式を立てよ．

問題 4.10　粗い斜面上に質量 m の小さなブロックが置かれている．いま，斜面が水平面となす角 θ を少しずつ増していったところ，$\theta = \theta_0$ になったところでブロックが滑り出した．この斜面とブロックの間の静止摩擦係数 μ を求めよ（この角 θ_0 は**摩擦角**と呼ばれる）．

問題 4.11　傾斜角 θ を自由に変えることのできる粗い斜面を用いて，斜面とブロックの間の運動摩擦係数 μ' を測定する方法を述べよ．

問題 4.12　小ブロック（質量 m）が水平と θ の角をなす粗い斜面上を滑るときの運動について，以下の問に答えよ．ただし，斜面とブロックとの間の静止摩擦係数および運動摩擦係数は，それぞれ μ, μ' とする．

(1)　ブロックに，斜面に沿って上向きに初速 v_0 が与えられたとき，ブロックが静止するまでの時間 t_1 を求めよ．このとき，ブロックが再び滑り降りはじめるためには，傾斜角 θ と摩擦係数 μ, μ' との間にどのような関係が必要か．

(2)　ブロックが斜面に沿って下向きに初速 v_0 が与えられたとき，ブロックは時間 t_2 後に静止した．t_2 を求めよ．このとき，傾斜角 θ と摩擦係数 μ, μ' との間にどのような関係があるか．

4.2 復元力による運動（単振動）

力には，作用する物体の位置に依存するものがある．ここでは，物体の平衡位置からの変位の大きさに比例し，常に平衡位置に向けて作用する復元力よって引き起こされる単振動を取り上げる．

4.2.1 単振動

単振動の場合，復元力は平衡位置からの距離に比例するので，平衡位置を原点にとり，質点の位置ベクトルを $\boldsymbol{r}$ とすると，その質点に作用する復元力は，k を比例定数として

$$\boldsymbol{F}(\boldsymbol{r}) = -k\boldsymbol{r} \tag{4.19}$$

と表される．これは 1 次元ならば

$$F(x) = -kx \tag{4.20}$$

となる．したがって，このような復元力が働いている場合の質点（質量 m）の運動方程式は

$$m\frac{d^2x}{dt^2} = -kx \tag{4.21}$$

となる．すなわち

$$\frac{d^2x}{dt^2} = -\omega^2 x \quad \left(\omega^2 \equiv \frac{k}{m}\right) \tag{4.22}$$

と書ける．(4.22) は**単振動の運動方程式**と呼ばれ，その一般解は

$$x(t) = A\cos(\omega t + \alpha) \tag{4.23}$$

のような三角関数で与えられる．ここに，A, α は任意定数である．したがって，質点は，図 4.3 のように x 軸上を振動する．このような振動を**単振動**という．また，A を**振幅**，α を**初期位相**という．これが運動方程式 (4.22) の一般解であることは，(4.23) を時間 t について 2 回微分することによりただちに確かめられる．

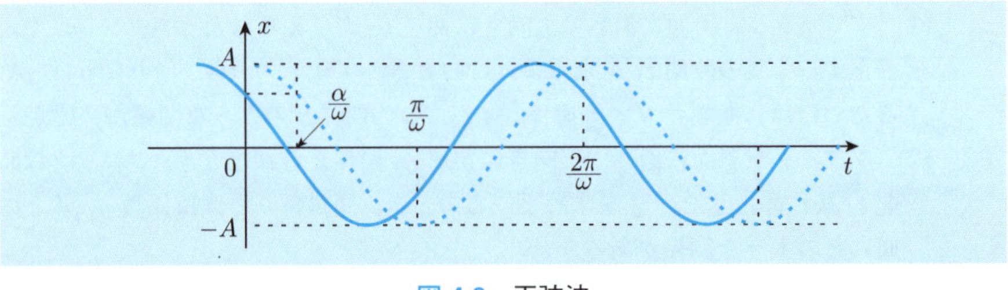

図 4.3 正弦波

(4.23) で与えられる運動は，図 4.4 のように，点 P が半径 A の円周上を一定の角速度 ω で運動するとき，P から x 軸に下した垂線の足 Q の運動と考えることができる．すなわち，単振動は，等速円運動する点を 1 つの直径上へ正射影したときの点の運動と考えてもよい．このとき，単振動の振幅 A および初期位相 α は，図 4.3 の円の半径および最初の角度に対応する．これらは初期条件（時刻 $t=0$ における位置および速度）によって決定される．

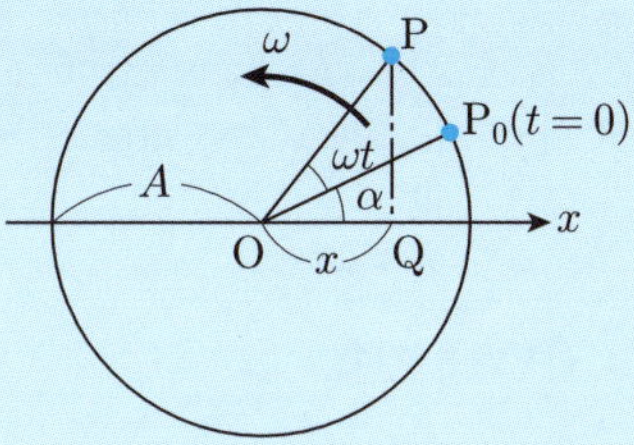

図 4.4 等速円運動と単振動

楕円振動

(4.19) のような力は中心力と呼ばれるが，6 章で学習するように，中心力のもとでは角運動量は保存し，運動は 1 つの決まった平面内で起こる．そこで，その平面上で，平衡位置を原点に x 軸，y 軸をとり，(4.19) を x, y の各成分に分解すると，それぞれの成分で角速度 ω の単振動が得られる．この場合，質点は一般に楕円軌道を描くので，このような振動を**楕円振動**という（6 章の演習問題 [6]，[7] 参照）．なお，楕円振動は，惑星の楕円運動（ケプラーの法則）とは異なる運動である．

例題 4.4　単振動と等速円運動

半径 a の円周上を，ある質点 P が反時計まわりに一定の角速度 ω で等速円運動をしている．円の中心に原点 O をとり，円を含む面内に直交するように x 軸と y 軸をとる．$t=0$ における質点の x 座標が x_0 であるとして，以下の量を時間 t の関数として表せ．

(1) 質点 P の x 座標

(2) 質点 P の速度の x 成分

(3) 質点 P の加速度の x 成分

解答 (1) 時刻 t において，OP が x 軸となす角度を

$$\theta = \omega t + \delta$$

とおくと，P の x 軸上の射影（P の x 座標）は

$$x = a\cos(\omega t + \delta) \tag{4.24}$$

で与えられる．ここで，δ は $t=0$ のとき OP が x 軸となす角度であって

$$\delta = \cos^{-1}\left(\frac{x_0}{a}\right) \tag{4.25}$$

である．

(2) P の速度の x 成分 v_x は dx/dt で与えられる．したがって

$$v_x = -a\omega\sin(\omega t + \delta)$$

(3) P の加速度の x 成分 a_x は dv_x/dt で与えられる．したがって

$$a_x = -a\omega^2\cos(\omega t + \delta)$$

練習問題

問題 4.13 x 軸上を往復運動している質点の，時刻 t における原点からの変位が式

$$x = (5.0\,\mathrm{m})\cos\left\{2t + \left(\frac{\pi}{3}\right)\right\}$$

で与えられる．x と t の単位はそれぞれ m および秒である．次の量を計算せよ．

(1) 質点の最大加速度の大きさ $a_{\max}$

(2) $t > 0$ で，質点が最大加速度をもつ最初の時刻 t_0

4.2.2　ばねの弾力と単振動

3.3.6 項でみたように，一般に，固体は力を受けて変形すると，もとの形に戻ろうとする復元力（弾力）が生じる．とくにこの性質の顕著な物体を**弾性体**と呼び，ばねやゴムなどはその典型的な例である．

ばねに付けられた物体の水平振動

図 4.5 に示すように，一端を壁に固定されたばねの先に質量 m の物体を取り付け，摩擦のない滑らかで水平な床の上に置いて運動させてみる．ばねが自然長の状態にあるときの物体の位置 O を原点にとって，そこからの物体の変位をばねの伸びる向きを正にとって x で表すと，物体に及ぼされるばねの弾力 F は，3.3.6 項で学んだようにフックの法則に従い，ばね定数を k とすれば

$$F(x) = -kx \tag{4.26}$$

で与えられる．したがって，物体の運動方程式は (4.21) となり，物体は O を中心とした単振動

$$x(t) = A\cos(\omega t + \alpha) \quad \left(\omega = \sqrt{\frac{k}{m}}\right) \tag{4.27}$$

を行う．このばねによる単振動の周期 T は

$$T = \frac{2\pi}{\omega} = 2\pi\sqrt{\frac{m}{k}} \tag{4.28}$$

である．(4.27) の振幅 A，初期位相 α は初期条件で決まる．

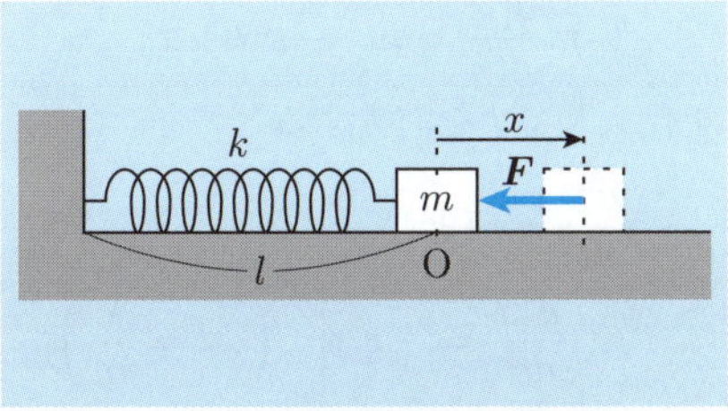

図 4.5　ばねの水平運動

ばねに付けられた物体の上下振動

こんどは，軽いつる巻きばねの先に質量 m の物体を取り付けて上下に振動させる場合を，次の例題で考えてみよう．この場合は，水平振動の場合と違って，物体がつり合いの状態にあるとき，ばねの長さは自然長とは異なっている．しかし，その場合も，おもりの平衡位置を原点 O′ にとり，そこを基準に変位を測ることにすると，おもりの運動方程式はやはり (4.21) となる．

例題 4.5 鉛直に吊るしたばねの上下振動

図のように，上端を固定した軽いつる巻きばねの下端に質量 m のおもりを吊るして，これを下向きに引っ張ってから放したときに起こるおもりの上下振動について，次の問に答えよ．

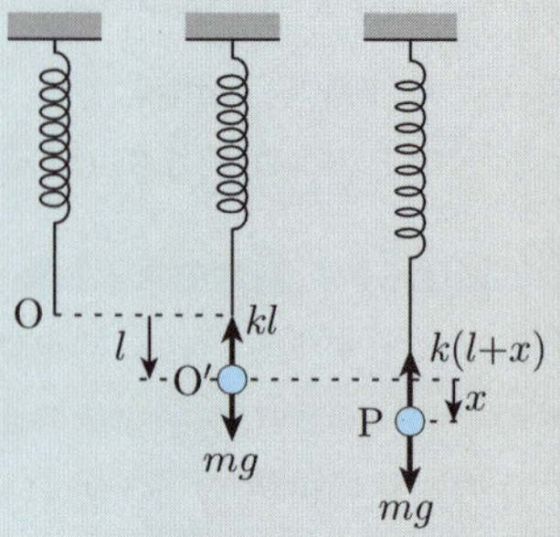

(1) まず，ばねだけを吊るして，ばねに伸び縮みのないときのばねの下端を原点 O とし，ばねに沿って下向きに x 軸をとる．次に，ばねの下端におもりを静かに吊るし，ばねが伸びてつり合っている状態におけるばねの下端の位置を O′ とする．このときの O′ の x 座標すなわち，ばねの自然長からの伸び l を求めよ．

(2) おもりを O′ の位置からさらに下向きに a だけ引き下げて静かに放した．その後のおもりの運動を求めよ．

解答 (1) 図の真中の状態から

$$kl = mg$$

$$\therefore \quad l = \frac{mg}{k} \tag{4.29}$$

(2) 図の右側のおもりが運動している状態について運動方程式をつくると，このときばねの自然長からの伸びは $l + x$ であるから

$$m\frac{d^2x}{dt^2} = mg - k(l + x) \tag{4.30}$$

となる．これに (4.29) を代入して l を消去すると

$$m\frac{d^2x}{dt^2} = -kx$$

$$\therefore \quad \frac{d^2x}{dt^2} = -\omega^2 x \quad \left(\omega^2 = \frac{k}{m}\right)$$

となる．これは (4.22) の単振動の運動方程式であって，すでにみたように，その一般解は

$$x(t) = A\cos(\omega t + \alpha)$$

である．これより，おもりの速度 $v(t)$ は

$$v(t) = \frac{dx}{dt}$$

$$= -\omega A \sin(\omega t + \alpha)$$

と得られる．ここで，定数 A, α は，初期条件 $t=0$ で $x=a, v=0$ から

$$A=a, \qquad \alpha=0$$

と決まる．よって，おもりは

$$x(t)=a\cos\omega t$$

で与えられる単振動を行う．

練習問題

問題 4.14 ある軽いばねに 10 g のおもりを吊るしたところ，4.2 cm だけ伸びた．このばねに 30 g のおもりを付けて単振動させたときの振動の周期を求めよ．

問題 4.15 ばね定数が k_1 と k_2 の 2 本の軽いつる巻きばね A, B を直列に連結し，A を上にして天井から吊るす．この連結されたばねの（B の）下端に質量 m のおもりを取り付けて，上下に振動させるときのおもりの振動の周期を求めよ．

問題 4.16 頭上の梁に上端が留められたばねの下端に 100 g のおもりが吊るされている．これに 30 g のおもりを追加すると，ばねはさらに 4.5 cm 伸びた．この追加のおもりを付けたまま，ばねを振幅 10 cm で上下に振動させる．この振動について，次の各量を求めよ．ただし，ばねの質量は無視してよく，またフックの法則に従うものとする．

(1) 振動数（単位は Hz）

(2) おもりが振動の中央位置から最大変位の位置まで運動するのにかかる時間（単位は秒）

(3) おもりが，最も高い位置にあるときおもりにかかる正味の力（単位は N）

4.2.3 単振り子

質点とみなせるおもりを，軽くて伸び縮みしない糸で固定点から吊るし，1つの鉛直面内で円弧上を小さく振動させる装置を**単振り子**（または**単振子**）という（図4.6）．この場合，おもりに働く力は，鉛直下向きの重力 mg と，固定点Oに向かう糸の張力 T であり，この張力が，おもりを円弧上に束縛している束縛力である．しかし，この束縛力は，斜面上のブロックに働く垂直抗力とは違って，一定の力ではなく大きさも方向も変化する．

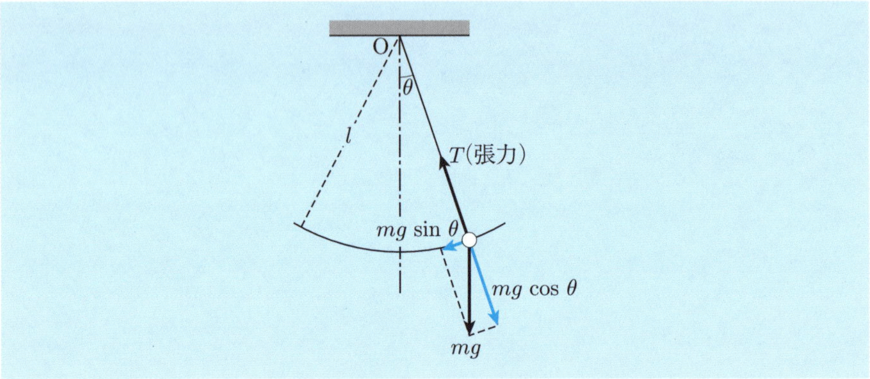

図 4.6 単振り子

単振り子の運動方程式

この単振り子の運動方程式は，円周の接線方向（θ の増す方向）と半径方向（おもりからOに向かう方向）に分解すると扱い易い．2章で学んだように，加速度の接線成分と法線成分は (2.22) で与えられるから，運動方程式の各成分は

$$\text{接線方向：}\quad m\frac{dv}{dt} = -mg\sin\theta \tag{4.31}$$

$$\text{法線方向：}\quad m\frac{v^2}{l} = T - mg\cos\theta \tag{4.32}$$

となる．ここで，l は振り子の糸の長さで，$v = l(d\theta/dt)$ はおもりの速度である．したがって，(4.31) と (4.32) は，それぞれ

$$\frac{d^2\theta}{dt^2} = -\frac{g}{l}\sin\theta \tag{4.33}$$

$$m\frac{v^2}{l} = ml\left(\frac{d\theta}{dt}\right)^2$$

$$= T - mg\cos\theta \tag{4.34}$$

と書ける．ここで，(4.33) はおもりの円周上の運動を記述する運動方程式であり，(4.34) はおもりを円周上に束縛する束縛条件を与える．すなわち，(4.33) から運動が決まり，その解を (4.34) に代入すると張力 T が求められる．

コラム　ターザン

西暦 2012 年は小説ターザンの生誕 100 年目にあたる．現在でも有名なターザンであるが，とくに有名な姿は，特有の叫び声をあげながら，木のつるをブランコのように使い，颯爽（さっそう）と移動する姿である．この真似をして，手が滑ったりロープが切れたりして尻餅をついた経験をもつ読者もいるかもしれないが，それでは一体，ロープの最下点では，体重の何倍の力が働くであろうか．

これは，式 (4.20) を使えば導くことができる．いま，下図のように最初のロープの角度を鉛直から θ_0 とすれば，最下点の速さ v の 2 乗は，第 4 章で学ぶ力学的エネルギー保存の法則より

$$v^2 = 2gl(1 - \cos\theta_0)$$

であり，これを (4.34) に代入すると，最下点でのロープの張力は

$$T = m\frac{v^2}{l} + mg = mg(3 - 2\cos\theta_0)$$

である．したがって，最下点では体重の $(3 - 2\cos\theta_0)$ 倍の力が働くことがわかる．たとえば $\theta_0 = 45°$ とすると体重の約 1.6 倍になり，体重 60 kg の人なら約 96 kg の重量がかかる．

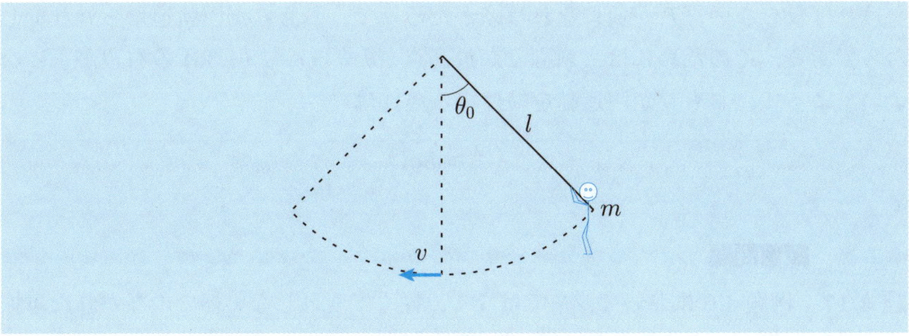

例題 4.6　単振り子を鉛直面内で円運動させるための条件

単振り子のおもりを最下点（$\theta = 0$）から，初速 V ではじいて，おもりを固定点 O のまわりに円運動させるために必要な V の最小値を求めよ．

解答　このおもりの運動方程式は (4.33) であるが，これを解くには，いきなり両辺を積分してもだめであって，この場合は，まず両辺に $2(d\theta/dt)$ を掛けてから t で積分する．この積分を実行すると

$$\int 2\frac{d\theta}{dt}\cdot\frac{d^2\theta}{dt^2}dt = -\frac{2g}{l}\int \sin\theta\cdot\frac{d\theta}{dt}dt$$

$$\therefore \quad \left(\frac{d\theta}{dt}\right)^2 = \frac{2g}{l}\cos\theta + C$$

となる．この式に $v = l(d\theta/dt)$ を代入すると

$$v^2 = 2gl\cos\theta + C' \quad (C' = l^2C) \tag{4.35}$$

が得られる．ここで，最下点（$\theta = 0$）で速さ V をもつ（初期条件）として定数 C' を定めると

$$C' = V^2 - 2gl$$

が得られる．これを (4.35) に代入すると

$$v^2 = V^2 - 2gl(1-\cos\theta)$$

となる．この v を (4.34) に代入して，糸の張力 T を θ の関数として求めると

$$T = \frac{m\{V^2 - gl(2-3\cos\theta)\}}{l} \tag{4.36}$$

となる．ところで，おもりが円運動を続けるには，すべての θ に対して

$$T > 0$$

でなければならない．T が負になれば糸がたるんで，おもりが円軌道から外れてしまうからである．そのためには，おもりが最高点（$\theta = \pi$）で (4.36) の右辺が正になればよい．よって，おもりが円運動を続け得る条件は

$$V^2 > 5gl$$

である．

練習問題

問題 4.17　例題 4.6 において，糸ではなく，軽くて変形しない棒でつながれた単振り子とした場合，必要な初速 V の最小値を求めよ．

4.2.4 微小振動

(4.33) を解くことは一般にはやや困難である．しかし，$\theta \ll 1$ の場合は，$\sin\theta \approx \theta$ と置けることを利用すると，(4.33) は

$$\frac{d^2\theta}{dt^2} = -\frac{g}{l}\theta \equiv -\omega^2\theta \quad \left(\omega^2 = \frac{g}{l}\right) \tag{4.37}$$

となり，単振動の方程式 (4.22) に一致する．したがって，単振り子のおもりの運動は，$\theta \ll 1$，すなわち振幅が十分に小さければ単振動であって，その周期は

$$T = \frac{2\pi}{\omega} = 2\pi\sqrt{\frac{l}{g}} \tag{4.38}$$

となり，振幅には関係しない．この性質を**単振り子の等時性**という．

一般に，質点に複数の力が働いていて，それらが安定につり合っているときは，質点が平衡位置から微小変位すると，平衡位置に戻そうとする変位に比例した復元力が質点に働く．そのため質点は微小単振動を行う．単振り子の単振動はその一例である．

線形振動と非線形振動

単振動の運動方程式 (4.37) は θ と $d^2\theta/dt^2$ のそれぞれの 1 次の項だけからなっており，線形微分方程式と呼ばれるものの 1 つである．そのため，単振動は**線形振動**または**調和振動**とも呼ばれる．

しかし，振幅が大きく $\theta \ll 1$ が満たされない場合，単振り子の運動を求めるには，非線形微分方程式 (4.33) をそのまま積分する必要があり，その結果は，ヤコビの楕円関数を用いて表される**非線形振動**になる．またその周期は，第 1 種完全楕円積分で与えられ，振幅に依存する．すなわち振幅が大きい場合，単振り子の等時性は失われる．

例題 4.7　微小振動

距離 l だけ離れた同じ高さにある 2 本の水平な釘 A, B に軽い糸をかけ，両端に質量 M のおもりを吊るして水平に張る．この糸の A, B から等距離にある位置に質量 m の小球を取り付けて，鉛直方向に微小振動させた．このときの振動の周期を求めよ．

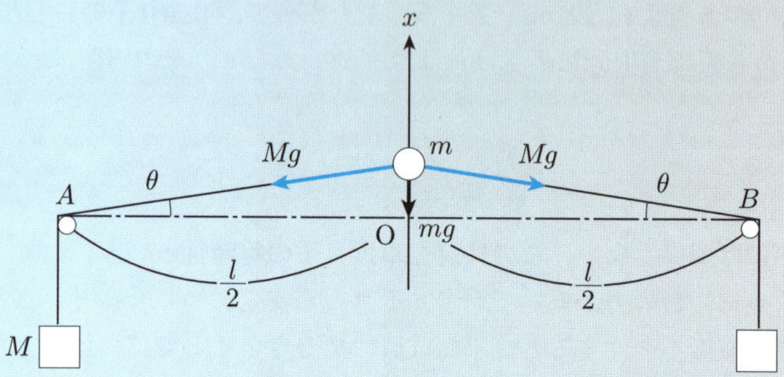

解答　図のように，A, B の中点を原点 O にとり，鉛直上向きに x 軸をとる．糸と AB とのなす角を θ（符号は図の状態を正）とすると，小球に働く鉛直方向の力 F は図から明らかなように

$$F = -2Mg\sin\theta - mg$$

である．これは，θ が小さいとして，近似式

$$\sin\theta \approx \tan\theta = \frac{2x}{l}$$

を用いると

$$F = -\frac{4Mg}{l}x - mg \tag{4.39}$$

となる．したがって，静止して平衡状態にあるときの小球の位置 x_0 は，(4.39) で $F = 0$ とおいて

$$x_0 = -\frac{lm}{4M} \tag{4.40}$$

と得られ，この x_0 を用いると，(4.39) は

$$F = -\frac{4Mg}{l}(x - x_0) \tag{4.41}$$

と書ける．したがって，小球の運動方程式は

$$m\frac{d^2x}{dt^2} = -\frac{4Mg}{l}(x - x_0) \tag{4.42}$$

となり，これは，$y = x - x_0$ と変数変換をすると，単振動の方程式

$$\frac{d^2y}{dt^2} = -\omega^2 y \quad \left(\omega^2 = \frac{4Mg}{lm}\right) \tag{4.43}$$

になる．したがって，求める周期 T は

$$T = 2\pi\sqrt{\frac{lm}{4Mg}}$$

である．

練習問題

問題 4.18　ある高校生が灯台の高さを測るために，単振り子を作り，塔の内部の螺旋階段中心に上から吊るして振らせた．糸の長さを塔の高さに調整したところ，単振り子の周期は 11.0 秒であった．灯台の高さは何メートルであるか．

問題 4.19　糸の長さが 3.50 m の単振り子を，重力加速度の大きさが $g = 9.80\,\mathrm{m\cdot s^{-2}}$ の地点から，$g = 9.79\,\mathrm{m\cdot s^{-2}}$ の高地へもっていった．単振り子の周期にはどれだけの変化が生じたか．

問題 4.20　水平面内に，両端が固定されており，張力 T で張られた弦がある．図のように弦には一端から x の位置に質量 m の小球が取り付けられている．この小球を水平面内で弦に垂直な方向に微小振動させたときの振動の周期 τ を x の関数として求めよ．ただし，弦の張力は常に一定に保たれているものとし，小球に働く重力は考えなくてよいものとする．

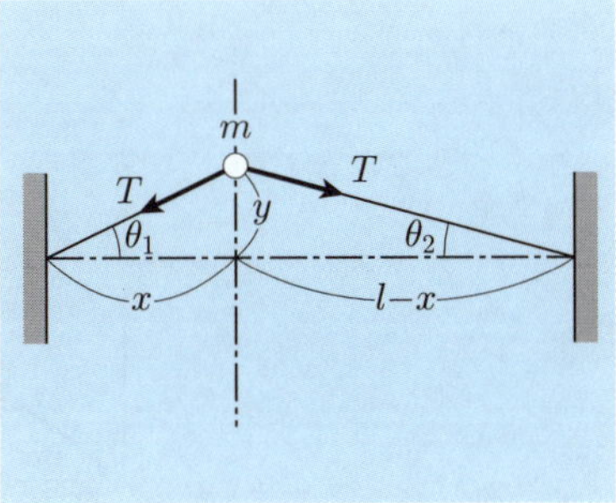

第4章演習問題

[1]（スーパーボール） 子供に人気のあるスーパーボールは，弾力が大きく，驚くほど跳ね返る．いま 2.0 m の高さからスーパーボールを床に落としたところ，最初の跳ね返りでボールは高さ 1.8 m に達した．このときのボールの運動について，次の量を求めよ．ただし，重力加速度の大きさは $9.8\,\mathrm{m\cdot s^{-2}}$ とする．

(1) 床に接触する直前のボールの速度
(2) 床から跳ね返った直後のボールの速度
(3) ボールが落下してから跳ね返って最高点に達するまでの全経過時間（ボールが床と接触していた時間は無視する）

[2]（傾斜したレール上の自由滑降） 右図のように鉛直面内に半径 R の大きな輪を設け，その頂上 A から輪上の任意の P 点まで直線状の滑らかなレールを取り付ける．いま質量 m の小ブロックを A から静かに（初速 0 で）レールに沿って放すとき，ブロックが P 点まで滑り降りるのに要する時間は，レール AP の傾き角 α に依存せず一定であることを証明せよ．

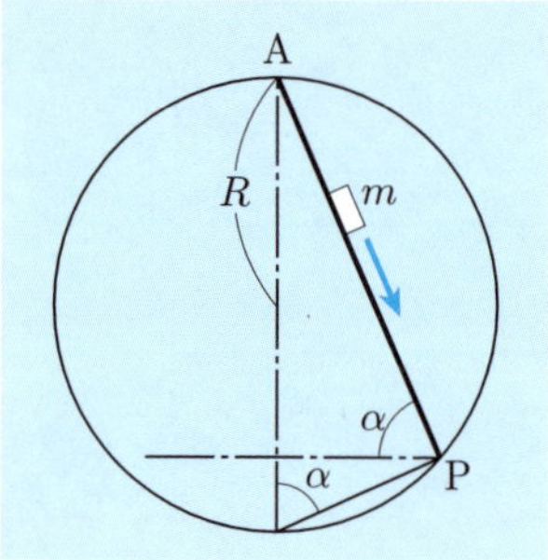

[3]（ハンターの腕は 100 発 100 中） 下図のように，ハンターの銃は，前方高さ h の位置 T に留められている標的に照準されている．この状況で，静止していた標的が落下し，それと同時にハンターは発砲した．このとき，ハンターの腕に関係なく弾は必ず命中することを証明せよ．ただし，弾の初速を v_0，ハンターから標的の真下までの水平距離を x_0 とし，銃の傾角を θ すると，次の条件が満たされているものとする．

$$x_0 < \frac{v_0^2 \sin 2\theta}{g}$$

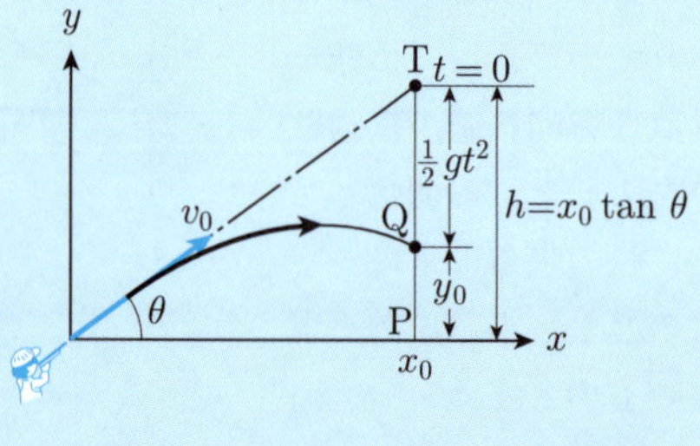

[4]（投げ出された質点の到達できる領域） 1 つの鉛直面の中で，原点 O から鉛直上方に z 軸をとり，水平方向に x 軸をとる．いま，質点を原点から一定の初速 v_0 でいろいろな方向に投げるとき，質点が到達できる領域を求めよ．

[5]（投げ出された質点の最高点の軌跡） 1 つの鉛直面の中で，原点 O から鉛直上方に z 軸をとり，水平方向に x 軸をとる．いま，質点を原点から一定の初速 v_0 でいろいろな方向に投げるとき，質点の到達する最高点の軌跡を求めよ．

[6]（2 つの投射角） 原点 O から鉛直上方に向けて z 軸をとり，水平方向に x 軸をとる．いま xz-面内で，O から初速 v_0 で質点を投げ出し，面内の点 $\mathrm{P}(x, z)$ を通るようにしたい．そのときの，投射角についての次の問に答えよ．ただし，v_0 は質点が P に到達できる十分な大きさである．

(1) そのような投射角（投射方向と水平とのなす角）α は一般に 2 つあることを示せ．

(2) 2 つの投射角を α_1, α_2 とし，OP と水平とのなす角を β とすると

$$\alpha_1 + \alpha_2 = \beta + \frac{\pi}{2}$$

の関係が成り立つことを証明せよ．

[7]（第 1 宇宙速度） 地上で小石を水平方向に投げると，初速度が小さいうちは地上に落下してしまう．しかし，初速度がある値に達すると，もし山のような遮るものがなければ，小石は地表すれすれに等速円運動をする．これが人工衛星の原理であって，このときの初速度を**第 1 宇宙速度**という．

(1) いま，地球を半径 $R = 6380\,\mathrm{km}$ の球とみなして第 1 宇宙速度の大きさ v_0 を求めよ．ただし，地表における重力加速度の大きさは $g = 9.80\,\mathrm{m \cdot s^{-2}}$ である．

(2) 人工衛星が，赤道上を地表すれすれに 1 周するとすれば，1 周に要する時間はいくらか．

[8]（斜面上の放物運動） 右図のように，水平面と角 α をなす滑らかな斜面上で，水平方向に x 軸，それと垂直（最大傾斜線方向）に y 軸をとる．この斜面上で，原点 O から，x 軸に対し θ の角度のなす方向に，初速 v_0 で質量 m の質点をはじき出した．その後の質点が描く運動の軌道の方程式を求めよ．

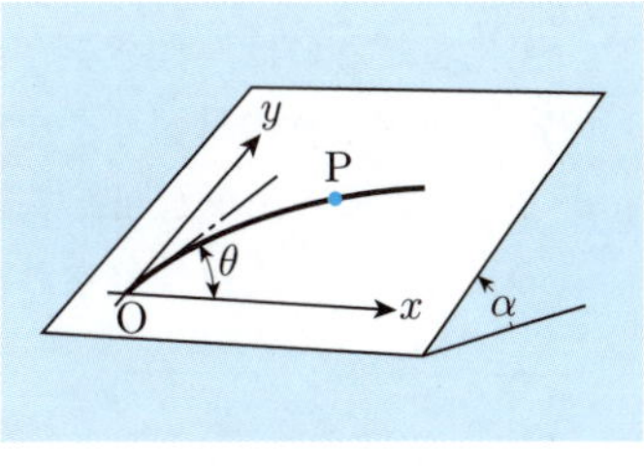

[9] (動く斜面上を滑る) 下図のように，滑らかで水平な床の上に，質量 M，傾斜角 θ の斜面台が置かれている．いま，斜面台の斜面上を質量 m の小ブロックが静かに滑るとき，次の垂直抗力を求めよ．

(1) ブロックが斜面から受ける垂直抗力

(2) 斜面台が床から受ける垂直抗力

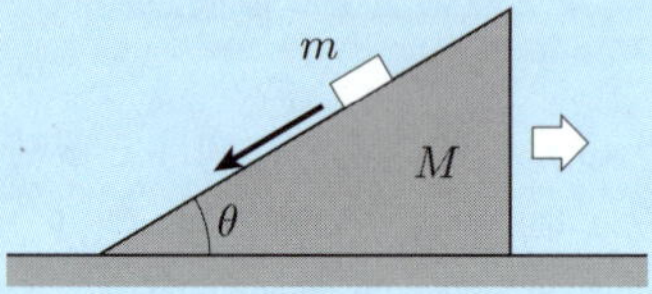

[10] (ばねの連結) 下図のように，質量 m の物体が，3本のばねによって天井と床から引っ張られて，水平に支えられている．3本のばねは，ばね定数 k も自然長 l_0 もともに等しく，つり合いの状態での長さは図のように l_1, l_2 である．この物体を上下に振動させたときの周期を求めよ．ただし，$l_0 < l_1, l_2$ である．

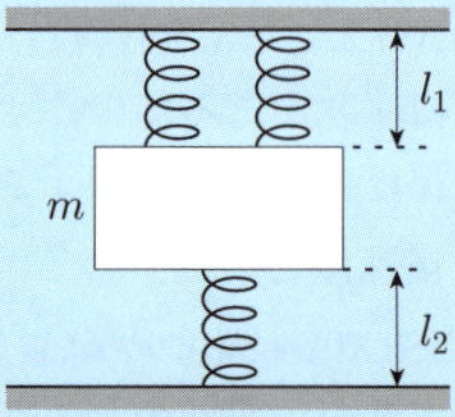

[11] (振り子時計の調整) 次の問に答えよ．

(1) 糸の長さが l の単振り子の振動数が f であるとき，振動数を Δf ($\ll f$) だけ変化させるには，長さをどれだけ変えればよいか．

(2) 周期が2秒の単振り子を片道が1秒なので**秒振り子**という．秒振り子の竿の送り爪によって歯車が回転する時計が，1日に8.5秒だけ遅れたので調整したい．糸の長さをどれだけ補整すればよいか．

[12] (円錐振り子) 右図のように，長さ l の軽い糸で質量 m のおもりを吊るし，鉛直軸のまわりに等速円運動させる**円錐振り子**がある．この円錐振り子について以下の問に答えよ．ただし，糸と鉛直軸となす角は θ とする．

(1) おもりの円運動の速さを求めよ．

(2) 円錐振り子の周期 T と θ の関係を求めよ．

(3) $2mg$ の力が加わると切れる糸を用いた場合，おもりの回転の角速度を大きくしていくと，あるところで糸が切れる．この切れる瞬間の糸の角度 θ を求めよ．

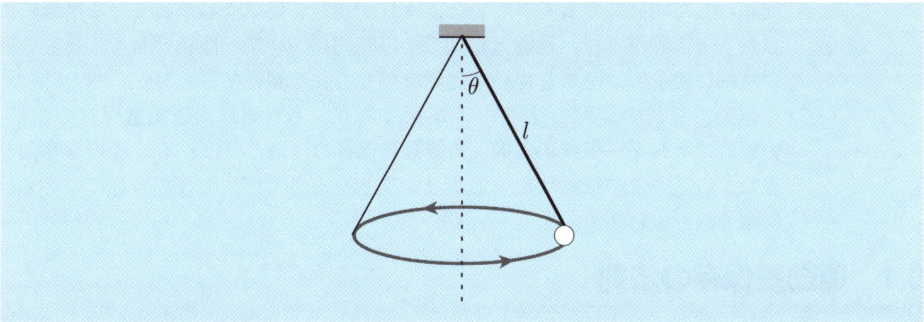

第5章

エネルギーと仕事

前章では，運動方程式を解いていろいろな運動を調べた．しかし，このように運動方程式を直接解いて運動が求められるのは，右辺に現れる力が場所や時間に対して明確に定義できていて，それが比較的簡単な形をしている場合に限られる．この章では，運動方程式を予め時間について一度積分して，新しい形の法則に変形し，それを用いて運動を解く方法を習得する．

運動方程式の変形の仕方には 3 通りあり，それぞれ，**運動量保存の法則**，**力学的エネルギー保存の法則**，**角運動量保存の法則**と呼ばれる 3 つの保存則を表している．この章では第 1 と第 2 の変形を取り上げ，第 3 の変形については次章で取り上げる．

5.1 運動量保存の法則

5.1.1 運動方程式の第 1 の変形

第 1 の変形は，すでに 4 章で紹介している．すなわち，運動方程式を運動量 $\boldsymbol{p}$ によって表した

$$\frac{d\boldsymbol{p}}{dt} = \boldsymbol{F} \tag{5.1}$$

あるいはこれを時間 t で 1 回積分した

$$\varDelta \boldsymbol{p} = \boldsymbol{p}(t_2) - \boldsymbol{p}(t_1) = \int_{t_1}^{t_2} \boldsymbol{F}(t)dt \equiv \boldsymbol{I} \tag{5.2}$$

である．(5.1) より，

『力が作用しないときは，質点の運動量は一定である』

ことがわかり，これは**運動量保存の法則**と呼ばれる．また，(5.2) は

『運動量の増加は，その間に質点に働いた力の力積に等しい』

ことを表しており，**運動量の定理**と呼ばれている．

運動量保存の法則は，複数の質点から成る系にも次のように拡張することができる．

『系内の質点同士に働く作用・反作用力以外に，どのような力も働いていない場合には，それらの質点の運動量のベクトル和は保存される』

例題 5.1　落とした高さよりも高く跳ね上がる球

図のように，大小 2 個の硬い球 A（質量 M），B（質量 $m < M$）があり，A の上部にはちょうど B が滑らかに入るような筒が固定されている．いま，B を入れた筒を鉛直上方に向けたまま，高さ h の点から A を硬い滑らかな床に向けて自由落下させる．B はどの高さまで跳ね上がるか．ただし，A と床，および A と B の衝突は**弾性衝突**（衝突の前後での相対速度の比が -1）であり，また，筒の質量は無視してよく，球の大きさも，高さに比べて無視してよい．重力加速度の大きさを g とする．

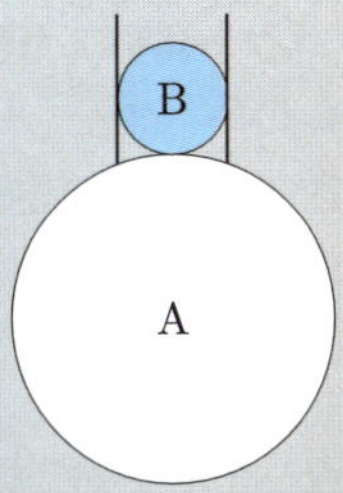

解答　鉛直上向きを正とすると，A が床に衝突する直前の A, B の速度 v_A, v_B は

$$v_A = v_B = -\sqrt{2gh} \equiv -v$$

A が床に衝突後，B に衝突する直前の A, B の速度 v'_A, v'_B は

$$v'_A = v = \sqrt{2gh}, \qquad v'_B \equiv -v = -\sqrt{2gh}$$

である．そこで，A が B に衝突した直後の A, B の速度を v''_A, v''_B とすると，この衝突の前後で運動量が保存されるから

$$Mv'_A + mv'_B = Mv''_A + mv''_B$$

$$\therefore \quad (M-m)v = Mv''_A + mv''_B \tag{5.3}$$

となる．一方，この衝突は弾性衝突であるから

$$\frac{v''_A - v''_B}{v'_A - v'_B} = -1 \qquad \therefore \quad v''_A = v''_B - 2v \tag{5.4}$$

となる．(5.4) を (5.3) に代入すると

$$(M-m)v = M(v''_B - 2v) + mv''_B$$

$$\therefore \quad v''_B = \frac{3M-m}{M+m}v = \frac{3M-m}{M+m}\sqrt{2gh}$$

が得られる．よって B が跳ね上がる高さ H は

$$H = \frac{(v''_B)^2}{2g} = \left(\frac{3M-m}{M+m}\right)^2 h$$

である．これは，$m < M$ の場合，落とした高さ h より必ず大きい．

5.2　仕事と運動エネルギー

5.2.1　ベクトルのスカラー積

ベクトルの積

ベクトル量の積の定義には，その積がスカラー量になる場合とベクトル量になる場合の2通りあって，それぞれ**スカラー積**および**ベクトル積**と呼ばれる．

スカラー積の定義

2つのベクトル $\boldsymbol{A}, \boldsymbol{B}$ の大きさをそれぞれ A, B とし，それらがなす角度を θ $(<\pi)$ するとき，$AB\cos\theta$ なるスカラーを $\boldsymbol{A}, \boldsymbol{B}$ の**スカラー積**（または**内積**）と呼び，$\boldsymbol{A}\cdot\boldsymbol{B}$ で表す．すなわち次式となる（図5.1）．

$$\boldsymbol{A}\cdot\boldsymbol{B} = AB\cos\theta \tag{5.5}$$

スカラー積の性質

スカラー積については，通常の数の積と同様に**交換則**と**分配則**が成り立つ．

$$\boldsymbol{A}\cdot\boldsymbol{B} = \boldsymbol{B}\cdot\boldsymbol{A} \quad \text{（交換則）} \tag{5.6}$$

$$\boldsymbol{A}\cdot(\boldsymbol{B}+\boldsymbol{C}) = \boldsymbol{A}\cdot\boldsymbol{B} + \boldsymbol{A}\cdot\boldsymbol{C} \quad \text{（分配則）} \tag{5.7}$$

また，$\boldsymbol{A}$ と $\boldsymbol{B}$ が互いに垂直な場合は，常に

$$\boldsymbol{A}\cdot\boldsymbol{B} = 0 \tag{5.8}$$

になる．一方，$\boldsymbol{A}$ と $\boldsymbol{B}$ が互いに平行な場合は

$$\boldsymbol{A}\cdot\boldsymbol{B} = AB$$

であり，とくに同じベクトル同士では

$$\boldsymbol{A}\cdot\boldsymbol{A} = A^2 \tag{5.9}$$

となる．

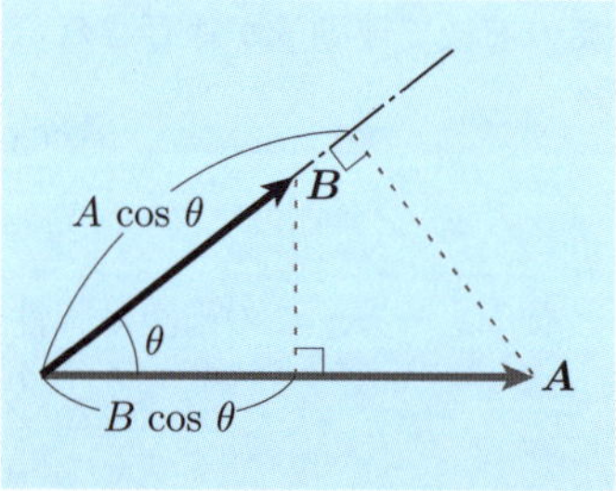

図 5.1　$\boldsymbol{A}\cdot\boldsymbol{B} = AB\cos\theta$

スカラー積の成分表示

(5.5) より，基本ベクトル相互のスカラー積に関しては次の関係が得られる．

$$\boldsymbol{i}\cdot\boldsymbol{i} = \boldsymbol{j}\cdot\boldsymbol{j} = \boldsymbol{k}\cdot\boldsymbol{k} = 1, \qquad \boldsymbol{i}\cdot\boldsymbol{j} = \boldsymbol{j}\cdot\boldsymbol{k} = \boldsymbol{k}\cdot\boldsymbol{i} = 0 \tag{5.10}$$

そこで，ベクトル $\boldsymbol{A}, \boldsymbol{B}$ を

$$\boldsymbol{A} = A_x\boldsymbol{i} + A_y\boldsymbol{j} + A_z\boldsymbol{k}, \qquad \boldsymbol{B} = B_x\boldsymbol{i} + B_y\boldsymbol{j} + B_z\boldsymbol{k}$$

のように成分で表し，(5.10) の関係および交換則 (5.6)，分配則 (5.7) を用いると，スカラー積 $\boldsymbol{A}\cdot\boldsymbol{B}$ は，次のように成分で表される．

$$\boldsymbol{A}\cdot\boldsymbol{B} = A_xB_x + A_yB_y + A_zB_z \tag{5.11}$$

例題 5.2 垂直なベクトル

ベクトル $\boldsymbol{a} = (1, 1, 1)$ と $\boldsymbol{b} = (1, -1, 1)$ の両方に垂直な単位ベクトルを求めよ．

解答 求めるベクトルを $\boldsymbol{c} = (x, y, z)$ とおくと，$\boldsymbol{a} = (1, 1, 1)$ に垂直な条件より

$$\boldsymbol{a} \cdot \boldsymbol{c} = x + y + z = 0 \tag{5.12}$$

次いで，$\boldsymbol{b} = (1, -1, 1)$ に垂直な条件より

$$\boldsymbol{b} \cdot \boldsymbol{c} = x - y + z = 0 \tag{5.13}$$

さらに，単位ベクトルという条件より

$$\boldsymbol{c} \cdot \boldsymbol{c} = x^2 + y^2 + z^2 = 1 \tag{5.14}$$

であるから，この連立方程式を解けばよい．(5.12), (5.13) より

$$z = -x \tag{5.15}$$

$$y = 0 \tag{5.16}$$

であるから，これらを (5.14) に代入すると，$x = \pm 1/\sqrt{2}$ を得る．よって，求めるベクトルは，(5.15), (5.16) より

$$\left(\frac{1}{\sqrt{2}}, 0, -\frac{1}{\sqrt{2}}\right) \quad \text{および} \quad \left(-\frac{1}{\sqrt{2}}, 0, \frac{1}{\sqrt{2}}\right)$$

である．

練習問題

問題 5.1 分配則 (5.7) を図形的に証明せよ．

問題 5.2 $\boldsymbol{A} = 2\boldsymbol{i} + 2\boldsymbol{j} + 2\boldsymbol{k}$ と $\boldsymbol{B} = 2\boldsymbol{i} - 2\boldsymbol{j} + 2\boldsymbol{k}$ のなす角の余弦を求め，これより 2 つのベクトルのなす角度を求めよ．

問題 5.3 位置ベクトル $\boldsymbol{r}$ が，$\boldsymbol{r} \cdot \boldsymbol{k} = C$（一定）を満たす点の集合はどのようなものか．ただし，$\boldsymbol{k}$ は z 軸方向の基本ベクトルである．

問題 5.4 原点を中心に等速円運動をしている質点の位置ベクトル，速度，加速度を，それぞれ $\boldsymbol{r}$, $\boldsymbol{v}$, $\boldsymbol{a}$ とするとき

$$\boldsymbol{r} \cdot \boldsymbol{v} = 0 \quad \text{および} \quad \boldsymbol{v} \cdot \boldsymbol{a} = 0 \tag{5.17}$$

となることを示せ．

問題 5.5 ベクトル $\boldsymbol{A}$, $\boldsymbol{B}$ が時間 t の関数であるとき

$$\frac{d}{dt}(\boldsymbol{A} \cdot \boldsymbol{B}) = \frac{d\boldsymbol{A}}{dt} \cdot \boldsymbol{B} + \boldsymbol{A} \cdot \frac{d\boldsymbol{B}}{dt} \tag{5.18}$$

を証明せよ（ヒント：成分を使って証明する）．

5.2.2 仕事

一定の力がする仕事

図 5.2 のように，物体に一定の力 $\boldsymbol{F}$ が働いて，それと角 θ をなす方向に物体が移動する場合を考える．このとき，その変位ベクトルを $\boldsymbol{s}$ とすると

$$W = \boldsymbol{F} \cdot \boldsymbol{s} = Fs\cos\theta \qquad (5.19)$$

と定義されるスカラー量 W を，力が物体にした**仕事**と呼ぶ．

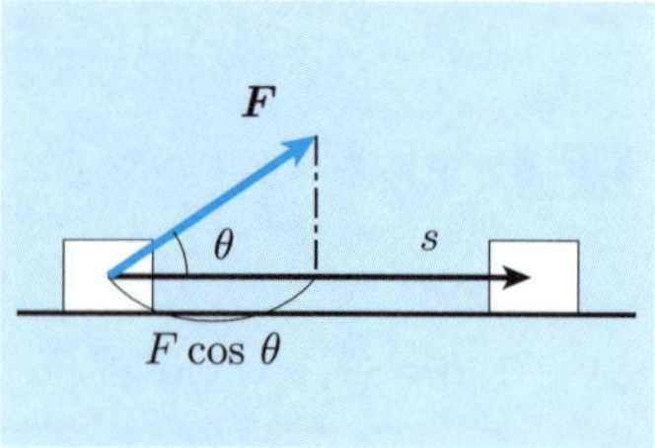

図 5.2 $W = Fs\cos\theta$

仕事の一般的定義

物体が，その位置 $\boldsymbol{r}$ によって変化する力 $\boldsymbol{F}(\boldsymbol{r})$ を受けて，任意の経路 Γ に沿って点 A から点 B まで移動する場合，力が物体にする仕事 W_{AB} は，次のようにして定義される．すなわち，図 5.3 のように経路 Γ を微小区間に分割したとき，W_{AB} は各微小区間において力が物体になす仕事の和として求められる．いま，i 番目の微小区間における変位を $\Delta\boldsymbol{r}_i$，その間の力の平均値を $\boldsymbol{F}(\boldsymbol{r}_i)$ とすると，その区間で力がなす仕事 ΔW_i は，近似的に，(5.19) から

$$\Delta W_i \approx \boldsymbol{F}(\boldsymbol{r}_i) \cdot \Delta\boldsymbol{r}_i$$

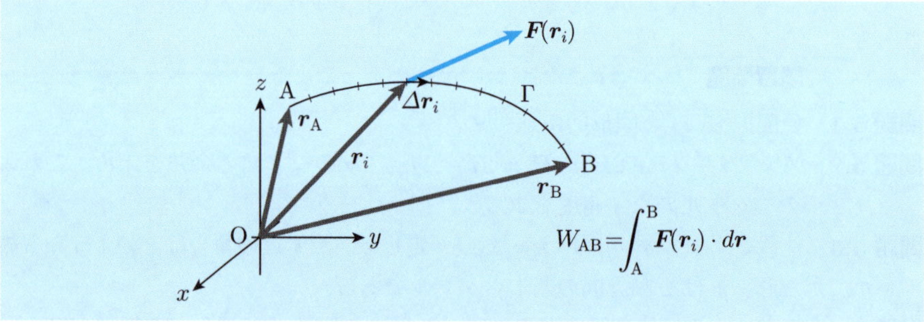

図 5.3 経路 Γ に沿って $\boldsymbol{F}(\boldsymbol{r})$ がする仕事

となる．したがって，物体が A から B まで経路 Γ に沿って移動する間に力がする仕事 W_{AB} は，分割の個数 N を無限大にして ΔW_i の和をとればよく

$$W_{\mathrm{AB}} = \lim_{N\to\infty}\sum_{i=1}^{N} \boldsymbol{F}(\boldsymbol{r}) \cdot \Delta\boldsymbol{r}_i \equiv \int_{\mathrm{A}(\Gamma)}^{\mathrm{B}} \boldsymbol{F}(\boldsymbol{r}) \cdot d\boldsymbol{r} \qquad (5.20)$$

と得られる．ここで，積分記号の添字（Γ）は経路を表す．このように経路に沿って行う積分を，ベクトル関数 $\boldsymbol{F}(\boldsymbol{r})$ の**線積分**という．線積分の値は，始点 A と終点 B だけ

でなく，一般には経路 Γ に依存する．線積分の値が経路に依存するか否かは，積分されるベクトル関数 $\boldsymbol{F}(\boldsymbol{r})$ の性質による．

仕事の単位

仕事の単位は，力の単位（$\mathrm{N} = \mathrm{kg} \cdot \mathrm{m} \cdot \mathrm{s}^{-2}$）と長さの単位（m）の積 $\mathrm{N} \cdot \mathrm{m}$ であるが，これをジュール（J）と呼ぶ．すなわち

$$1\,\mathrm{J} = 1\,\mathrm{N} \cdot \mathrm{m} = 1\,\mathrm{kg} \cdot \mathrm{m}^2 \cdot \mathrm{s}^{-2} \tag{5.21}$$

である．

仕事率

物体に加えられた力が，単位時間にする仕事の量を**仕事率**という．たとえば，微小時間 Δt の間にした仕事を ΔW とすれば，仕事率 P は

$$P = \frac{\Delta W}{\Delta t} \tag{5.22}$$

である．仕事率の単位は $\mathrm{J} \cdot \mathrm{s}^{-1}$ であるが，これをワット（W）と呼ぶ．すなわち

$$1\,\mathrm{W} = 1\,\mathrm{J} \cdot \mathrm{s}^{-1} \tag{5.23}$$

である．$\Delta t \to 0$ の極限，すなわち

$$P = \lim_{\Delta t \to 0} \frac{\Delta W}{\Delta t} = \frac{dW}{dt} \tag{5.24}$$

は，その瞬間における仕事率になる．

例題 5.3 重力がする仕事

質量 m のスキーヤーが，標高差が h である雪山の斜面上の2点A, B間を滑降する．このとき重力 mg がスキーヤーにする仕事を求めよ．

解答 右図のように，鉛直上向きに z 軸を選び，水平方向に x 軸と y 軸をとる．A, Bの座標を

A：$(0,0,h)$, B：$(x_{\mathrm{B}},y_{\mathrm{B}},0)$

とする．質量 m のスキーヤーに働く重力 $\boldsymbol{F}(\boldsymbol{r})$ は $\boldsymbol{F}(\boldsymbol{r})=-mg\boldsymbol{k}$ であるから，スキーヤーが

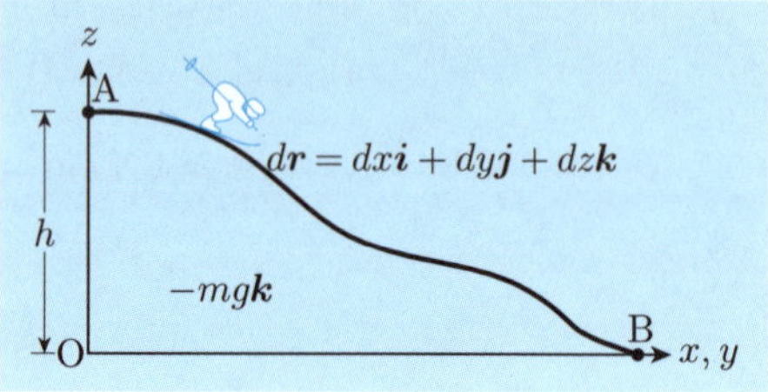

$$d\boldsymbol{r}=dx\,\boldsymbol{i}+dy\,\boldsymbol{j}+dz\,\boldsymbol{k}$$

だけ滑る間に重力がスキーヤーにする仕事は $dW=\boldsymbol{F}(\boldsymbol{r})\cdot d\boldsymbol{r}=-mgdz$ である．したがって，スキーヤーが点Aから点Bまで滑降する間に，重力がスキーヤーにする仕事 W_{AB} は

$$W_{\mathrm{AB}}=\int_{\mathrm{A}}^{\mathrm{B}}\boldsymbol{F}(\boldsymbol{r})\cdot d\boldsymbol{r}=\int_{h}^{0}(-mg)dz=mgh$$

と求められる．これからわかるように，重力が物体にする仕事は始点と終点の高低差だけで決まり，物体が移動する経路にはよらない．

練習問題

問題 5.6 一端を固定したばね（ばね定数 k）の他端を手で引っ張って，ばねの長さを自然長から x だけゆっくりと伸ばすときに，手がする仕事を求めよ．

問題 5.7 質量 m の小ブロックが，傾斜角 θ の斜面上を水平面からの高さ h の位置から滑り降りる．このとき，次の3つの力がする仕事をそれぞれ求めよ．ただし，ブロックと斜面の間の運動摩擦係数を μ'，重力加速度の大きさを g とする．

(1) 重力がする仕事

(2) 斜面からの垂直抗力がする仕事

(3) 斜面による運動摩擦力がする仕事

問題 5.8 水平な床の上で，質量 M のブロックをある方向に一定の速さ v でひきずるときの仕事率はいくらか．ただし，ブロックと床との間の運動摩擦係数を μ'，重力加速度の大きさを g とする．

問題 5.9 仕事率には**馬力**という単位が用いられることがある．1馬力は1頭の馬が仕事をするときの最大仕事率に由来し，735.5 W と決められている．この定義によれば，馬が 80 kg の荷物を 2.0 m 引き上げるのに最小で何秒かかることになるか．

5.2.3　運動方程式の第 2 の変形

運動エネルギー

運動方程式

$$m\frac{d^2\boldsymbol{r}}{dt^2} = \boldsymbol{F} \tag{5.25}$$

の両辺に $\boldsymbol{v} = d\boldsymbol{r}/dt$ を掛けてスカラー積をつくり，両辺を任意の時刻 t_1 から他の任意の時刻 t_2 まで時間 t で積分すると

$$\frac{1}{2}mv^2(t_2) - \frac{1}{2}mv^2(t_1) = \int_{\boldsymbol{r}_1}^{\boldsymbol{r}_2} \boldsymbol{F}\cdot d\boldsymbol{r} \tag{5.26}$$

が得られる．ここで，$\boldsymbol{r}_1, \boldsymbol{r}_2$ は時刻 t_1 および時刻 t_2 における質点の位置である．右辺は (5.20) で定義された仕事であり，左辺に現れた

$$K = \frac{1}{2}mv^2 \tag{5.27}$$

は，速さ v，質量 m の質点の**運動エネルギー**と呼ばれる．したがって，(5.20) は

『運動エネルギーの増加は，その間に質点になされた仕事に等しい』

ことを表している．これが**運動方程式の第 2 の変形**である．

コラム　運動量と運動エネルギーとの関係

1 次元的に速さ v で運動する質量 m の質点を考えると，その運動量は mv であるが，これは，運動エネルギー (5.27) を v で微分したものになっている．すなわち運動量と運動エネルギーとの間には，速さ v に関して

$$mv \underset{\text{微分}}{\overset{\text{積分}}{\rightleftarrows}} \frac{1}{2}mv^2$$

のような微分・積分の関係がある．この意味をあえて述べれば

「運動量は，速さの変化に対する運動エネルギーの変化の割合である」

ということになるが，意味はさておき，この両者の関係は興味深い．ちなみに，**解析力学**と呼ばれる力学は，このような数学的な美しさを追求したものである．

ところで，数学といえば，たとえば

円の周長（$l = 2\pi r$）と面積（$S = \pi r^2$），球の表面積（$S = 4\pi r^2$）と体積（$V = \frac{4}{3}\pi r^3$）

なども微分・積分の関係にあり，このような観点で公式を眺めるのもおもしろい．他にも探してみてはどうだろうか．

例題 5.4　運動エネルギーと仕事

運動方程式 (5.25) を変形して (5.26) を導け．

解答　運動方程式 (5.25) の両辺に，$\boldsymbol{v}$ を内積として掛けると

$$m\frac{d\boldsymbol{v}}{dt}\cdot\boldsymbol{v} = \boldsymbol{F}\cdot\boldsymbol{v} \tag{5.28}$$

となるが，(5.9) を用いると

$$\frac{dv^2}{dt} = \frac{d(\boldsymbol{v}\cdot\boldsymbol{v})}{dt} = \frac{d\boldsymbol{v}}{dt}\cdot\boldsymbol{v} + \boldsymbol{v}\cdot\frac{d\boldsymbol{v}}{dt} = 2\frac{d\boldsymbol{v}}{dt}\cdot\boldsymbol{v}$$

であり，また，$\boldsymbol{v} = d\boldsymbol{r}/dt$ より，(5.28) は

$$\frac{1}{2}m\frac{dv^2}{dt} = \boldsymbol{F}\cdot\frac{d\boldsymbol{r}}{dt}$$

のようになる．この両辺を t で t_1 から t_2 まで積分し，t_1 および t_2 における速さ v および位置 $\boldsymbol{r}$ をそれぞれ $v(t_1)$, $v(t_2)$, $\boldsymbol{r}_1$, $\boldsymbol{r}_2$ とすると，(5.26) が得られる．

練習問題

問題 5.10　速さ $7.92\times10^3\,\mathrm{m\cdot s^{-1}}$ で地球を回っている質量 $850\,\mathrm{kg}$ の人工衛星の運動エネルギーを求めよ．

問題 5.11　長さ $75\,\mathrm{cm}$ の銃身をもつ銃から，$15\,\mathrm{g}$ の弾丸が速さ $810\,\mathrm{m\cdot s^{-1}}$ で発射された．銃身の中で弾丸が加速されるとき，弾丸に働く平均の力を求めよ．

問題 5.12　粗い水平な床の上に $30\,\mathrm{kg}$ のブロックが置かれている．このブロックを静止した状態から，$100\,\mathrm{N}$ の一定の力で押して動かした．ブロックと床の間の運動摩擦係数は 0.30 である．次の量を求めよ．

(1) ブロックが $5.0\,\mathrm{m}$ 動いた時点までに加えた力がブロックになした仕事

(2) その時点までに摩擦力がブロックになした仕事

(3) この間におけるブロックの運動エネルギーの変化

(4) ブロックが $5.0\,\mathrm{m}$ 動いた時点におけるブロックの速度

問題 5.13　滑らかな 30° の斜面上で，質量 $10\,\mathrm{kg}$ のブロックを静止の状態から滑降させ，斜面の下端部に取り付けられた強いばね（ばね定数 $k = 2.5\times10^4\,\mathrm{N\cdot m^{-1}}$）で受け止めて静止させた．ブロックが放たれてから，ばねに抗して停止するまでに移動した距離は $3.0\,\mathrm{m}$ であった．ブロックが停止したとき，ばねはどれだけ圧縮されたか．

5.2.4　保存力とポテンシャルエネルギー

保存力と非保存力

(5.20) によって定義される仕事は，仕事をする力によって，物体（質点）が移動する経路に依存する場合としない場合とがある．たとえば，摩擦力がする仕事は経路によって異なるが，例題 5.3 で見たように重力がする仕事は始点と終点のみで決まり，その経路には依存しない．このことから，そのする仕事が経路に依存するか依存しないかによって，力を**非保存力**と**保存力**に分類することができる．

保存力

『質点に力が作用して仕事がなされるとき，その仕事が質点の移動する経路に依存しないならば，その力は保存力である』

この保存力の条件は，次のように言い表すこともできる．

『質点が保存力 $\boldsymbol{F}$ を受けて任意の閉じた経路を回って最初の位置に戻るとき，保存力 $\boldsymbol{F}$ がする仕事はゼロである』

これは式で表すと

$$\oint_{\Gamma} \boldsymbol{F} \cdot d\boldsymbol{r} = 0 \tag{5.29}$$

となる．ここで，Γ は閉じた経路を表し，積分記号の上の ○ は，経路についての 1 周積分であることを示している．

(5.29) を証明してみよう．図 5.4 に示すように，質点が保存力を受けて，まず点 P から点 Q まで経路 Γ_1 に沿って移動し，次いで Q から経路 Γ_2 に沿って移動して P へ戻ったとする．質点が，この閉じた経路 P → Q → P を 1 周するとき，保存力 $\boldsymbol{F}(\boldsymbol{r})$ が質点にする仕事 W は

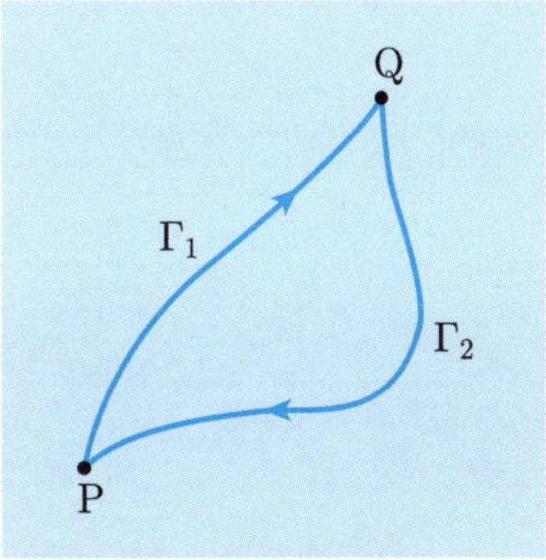

図 5.4　閉じた経路

$$\begin{aligned} W &= \oint_{\Gamma_1+\Gamma_2} \boldsymbol{F}(\boldsymbol{r}) \cdot d\boldsymbol{r} \\ &= \int_{\mathrm{P}(\Gamma_1)}^{\mathrm{Q}} \boldsymbol{F}(\boldsymbol{r}) \cdot d\boldsymbol{r} + \int_{\mathrm{Q}(\Gamma_2)}^{\mathrm{P}} \boldsymbol{F}(\boldsymbol{r}) \cdot d\boldsymbol{r} \end{aligned}$$

である．ここで，Q から P へ戻る積分を，負符号を付けて経路を逆にたどらせると

$$W = \oint_{\Gamma} \boldsymbol{F}(\boldsymbol{r}) \cdot d\boldsymbol{r} = \int_{\mathrm{P}(\Gamma_1)}^{\mathrm{Q}} \boldsymbol{F}(\boldsymbol{r}) \cdot d\boldsymbol{r} - \int_{\mathrm{P}(\Gamma_2)}^{\mathrm{Q}} \boldsymbol{F}(\boldsymbol{r}) \cdot d\boldsymbol{r} = 0 \tag{5.30}$$

となる．ここで Γ は Γ_1 と Γ_2 からなる閉じた経路である．保存力 $\boldsymbol{F}(\boldsymbol{r})$ の線積分は

経路によらないから，(5.30) の右辺の 2 つの積分は等しくなる．したがって，その差はゼロになる．

ポテンシャルエネルギー

保存力 $\boldsymbol{F}$ がする仕事は，質点のたどる経路に依存せず，また質点の速度にも依存しない．それは，質点の初期座標 $\boldsymbol{r}_{\mathrm{P}}$ と最終座標 $\boldsymbol{r}_{\mathrm{Q}}$ のみの関数である．このことは，保存力 $\boldsymbol{F}$ が作用する空間内で，$\boldsymbol{r}_{\mathrm{Q}}$ を基準点 $\boldsymbol{r}_0$ にとり，$\boldsymbol{r}_{\mathrm{P}}$ を任意の点 $\boldsymbol{r}$ とすれば，空間内の各点 $\boldsymbol{r}$ に，次式で与えられる座標のスカラー関数を定義することができることを意味する．

$$U(\boldsymbol{r}) = -\int_{\boldsymbol{r}_0}^{\boldsymbol{r}} \boldsymbol{F}\cdot d\boldsymbol{r} \tag{5.31}$$

このスカラー関数は，保存力 $\boldsymbol{F}(\boldsymbol{r})$ の**ポテンシャルエネルギー**と呼ばれる．

(5.31) からわかるように，2 点 $\boldsymbol{r}_1$, $\boldsymbol{r}_2$ のポテンシャルエネルギーを $U(\boldsymbol{r}_1)$, $U(\boldsymbol{r}_2)$ とすると

$$\Delta U = U(\boldsymbol{r}_2) - U(\boldsymbol{r}_1) = -\int_{\boldsymbol{r}_1}^{\boldsymbol{r}_2} F(\boldsymbol{r})\cdot d\boldsymbol{r} \tag{5.32}$$

となり，保存力 $\boldsymbol{F}(\boldsymbol{r})$ の作用を受けて質点が $\boldsymbol{r}_1$ から $\boldsymbol{r}_2$ まで移動すると，その際行われた仕事に等しいだけ，質点のポテンシャルエネルギーが減少する．したがって，ポテンシャルエネルギーは，その差にだけ意味があって，絶対値そのものには意味はない．そのため，ポテンシャルエネルギーという場合には，必ず基準点を指定しなければならない．

例題 5.5 質点に働く力は保存力か非保存力か？

図のような xy 面内を自由に運動できる質点が，力 $\boldsymbol{F}$ を受けて原点から点 P まで，経路 Γ_1（O → A → P）および経路 Γ_2（O → P）に沿って移動する．$\boldsymbol{F}$ が

(1) $\boldsymbol{F}(x,y) = ax\,\boldsymbol{i} + by^2\boldsymbol{j}$ [N]

(2) $\boldsymbol{F}(x,y) = ay\,\boldsymbol{i} + bx^2\boldsymbol{j}$ [N]

（ただし，a, b は定数，x, y の単位は m）で与えられる 2 つの場合について，$\boldsymbol{F}$ が質点になす仕事を，それぞれの経路で計算せよ．また，この力 $\boldsymbol{F}$ が保存力か非保存力か判定せよ．

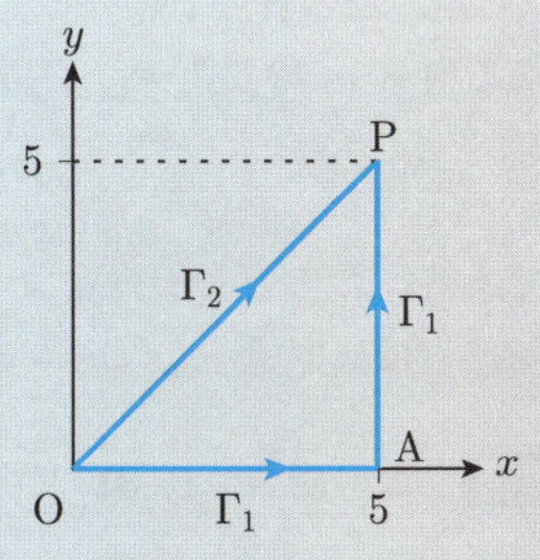

解答 (1) 2 つの経路について，(5.20) より仕事 W_1, W_2 を求めると，どちらも同じく

$$W_{1,2}=\int_{\mathrm{O}(\Gamma)}^{\mathrm{P}}\boldsymbol{F}\cdot d\boldsymbol{r}=\int_{\mathrm{O}(\Gamma)}^{\mathrm{P}}(F_x dx+F_y dy)=\int_0^5 ax dx+\int_0^5 by^2 dy=\left(\frac{25a}{2}+\frac{125b}{3}\right)\ [\mathrm{J}]$$

である．これは経路によらないので，$\boldsymbol{F}$ は保存力である．

(2) 2 つの経路についての仕事は

$$\Gamma_1：\quad W_1=\int_{\mathrm{O}(\Gamma_1)}^{\mathrm{A}}F_x dx+\int_{\mathrm{A}(\Gamma_1)}^{\mathrm{P}}F_y dy=0+\int_0^5 25b dy=125b\,[\mathrm{J}]$$

$$\Gamma_2：\quad W_2=\int_{\mathrm{O}(\Gamma_2)}^{\mathrm{P}}(F_x dx+F_y dy)=\int_0^5 ay dx+\int_0^5 bx^2 dy$$

$$=\int_0^5 ax\,dx+\int_0^5 by^2 dy=\left(\frac{25a}{2}+\frac{125b}{3}\right)\ [\mathrm{J}]$$

となり，等しくならない．よって $\boldsymbol{F}$ は非保存力である．

練習問題

問題 5.14 上の例題で，力 $\boldsymbol{F}$ が進行方向とは常に逆を向き，その大きさが F [N] で一定の場合について，質点が 2 つの経路 Γ_1, Γ_2 に沿って原点 O から点 P まで移動するときの，$\boldsymbol{F}$ が質点にする仕事をそれぞれ求めよ．また，この力が保存力か否かを判定せよ．

問題 5.15 上の例題で，力 $\boldsymbol{F}$ が y 方向に向いた大きさ F [N] の一定の力の場合について，質点が 2 つの経路 Γ_1, Γ_2 に沿って原点 O から点 P まで移動するときの，$\boldsymbol{F}$ が質点にする仕事をそれぞれ求めよ．また，この力が保存力か否かを判定せよ．

例題 5.6 万有引力のポテンシャルエネルギー

質量 M の質点 $\mathrm{P_M}$ が原点 O に固定されているとき，位置ベクトル $\boldsymbol{r}$ の場所にある質量 m の質点 $\mathrm{P_m}$ に働く万有引力は

$$\boldsymbol{F} = -G\frac{mM}{r^2}\frac{\boldsymbol{r}}{r} \tag{5.33}$$

である．この万有引力による $\mathrm{P_m}$ のポテンシャルエネルギーを求めよ．ただし，基準点は無限遠 $\boldsymbol{r}_\infty$（$r \to \infty$）にとる．

解答 この場合，(5.31) で定義されるポテンシャルエネルギーは

$$U(\boldsymbol{r}) = -\int_{\boldsymbol{r}_\infty}^{\boldsymbol{r}} \boldsymbol{F}(\boldsymbol{r})\cdot d\boldsymbol{r} = \int_{\boldsymbol{r}_\infty}^{\boldsymbol{r}} G\frac{mM}{r^3}\boldsymbol{r}\cdot d\boldsymbol{r} \tag{5.34}$$

である．ここで，$\boldsymbol{r}$ と $d\boldsymbol{r}$ のなす角を θ とおくと，$d\boldsymbol{r}$ による r の変化は $dr = |d\boldsymbol{r}|\cos\theta$ であるから，$\boldsymbol{r}\cdot d\boldsymbol{r} = r\,|d\boldsymbol{r}|\cos\theta = rdr$ となる．これを (5.34) に代入すると，$U(\boldsymbol{r})$ は r のみに依存し，積分経路にもよらなくなる．すなわち

$$U(\boldsymbol{r}) = U(r) = \int_{\infty}^{r} G\frac{mM}{r^2}dr = -GMm\frac{1}{r} \tag{5.35}$$

となる．なお，基準点を原点から距離 r_0 の点にとると，(5.35) は

$$U(r) = GMm\left(\frac{1}{r_0} - \frac{1}{r}\right)$$

となる．

練習問題

問題 5.16 鉛直上向きに z 軸を選び，水平面内に x, y 軸をとる．点 $\mathrm{P}(x_0, y_0, z_0)$ を基準点にとるとき，点 $\mathrm{P}(x, y, z)$ にある質量 m の質点の重力 $-mg\boldsymbol{k}$ によるポテンシャルエネルギーを求めよ．

問題 5.17 ばね定数 k のばねの先端が，自然長の位置から x だけ伸びた位置 P にある．自然長の位置を基準点としたとき，このばねによる P におけるポテンシャルエネルギーを求めよ．

例題 5.7 ポテンシャルエネルギーから保存力を導く

ポテンシャルエネルギーを保存力の線積分によって定義した (5.31) から，保存力 $\boldsymbol{F}$ の直交座標成分 (F_x, F_y, F_z) が，次のように，ポテンシャルエネルギー $U(x, y, z)$ の，各直交座標による偏導関数で与えられることを導け．

$$F_x = -\frac{\partial U}{\partial x}, \qquad F_y = -\frac{\partial U}{\partial y}, \qquad F_z = -\frac{\partial U}{\partial z} \tag{5.36}$$

解答 x 軸方向に隣接した 2 点 $(x + \Delta x, y, z)$, (x, y, z) のポテンシャルエネルギーの差 ΔU は，(5.31) から

$$\Delta U = U(x + \Delta x, y, z) - U(x, y, z) = -\int_x^{x+\Delta x} F_x(x, y, z)dx \approx -\Delta x\, F_x(x, yz)$$

となる．ここで，両辺を Δx で割って，$\Delta x \to 0$ の極限をとると

$$-\frac{\partial U(x, y, z)}{\partial x} = -\lim_{\Delta x \to 0} \frac{U(x + \Delta x, y, z) - U(x, y, z)}{\Delta x} = F_x(x, y, z) \tag{5.37}$$

が得られる．y, z 成分も同様に得られる．

偏微分と偏導関数

(5.37) のように，1 つの成分（たとえば x 成分）のみに着目し，他の成分は一定として微分操作を行うことを**偏微分**するといい，その極限値を**偏導関数**という．

勾配

$\boldsymbol{F} = F_x\boldsymbol{i} + F_y\boldsymbol{j} + F_z\boldsymbol{k}$ なので，(5.36) は，まとめて次のようにも書かれる．

$$\boldsymbol{F}(x, y, z) = -\operatorname{grad} U(x, y, z) \tag{5.38}$$

ここで，grad は次のようなベクトル微分演算子であり，$\operatorname{grad} U$ を U の**勾配**という．

$$\operatorname{grad} = \boldsymbol{i}\frac{\partial}{\partial x} + \boldsymbol{j}\frac{\partial}{\partial y} + \boldsymbol{k}\frac{\partial}{\partial z}$$

$\operatorname{grad} U$ は，$U(x, y, z)$ が最も大きく変化する向きを向いたベクトルである．

練習問題

問題 5.18 ある 1 次元の力 $F(x)$ に対するポテンシャルエネルギー $U(x)$ が

$$U(x) = ax^2 - bx$$

で与えられるとする．ここに，a, b は，それぞれ $\mathrm{J \cdot m^{-2}}$ および $\mathrm{J \cdot m^{-1}}$ の単位をもつ定数である．

(1) $F(x)$ を求めよ．

(2) この力がゼロとなる位置 x [m] を求めよ．

5.2.5　力学的エネルギー保存の法則

(5.26) は，質点に仕事がされると，そのなされた仕事に等しいだけ質点の運動エネルギーが増加することを表しており，力の性質に関係なく成り立つエネルギーの定理である．しかし，質点に働く力が保存力である場合は，(5.26) の右辺の仕事は，始点 $\boldsymbol{r}_1$ と終点 $\boldsymbol{r}_2$ だけで決まり 2 点のポテンシャルエネルギーの差で与えられるため，(5.26) は

$$\frac{1}{2}mv^2(\boldsymbol{r}_2) - \frac{1}{2}mv^2(\boldsymbol{r}_1) = U(\boldsymbol{r}_1) - U(\boldsymbol{r}_2) \tag{5.39}$$

となる．ここで，$\boldsymbol{r}_1$, $\boldsymbol{r}_2$ はともに任意であるから，(5.39) は，任意の点 $\boldsymbol{r}$ において

$$\frac{1}{2}mv^2(\boldsymbol{r}) + U(\boldsymbol{r}) = \text{一定} \tag{5.40}$$

と書ける．この式の左辺は，運動エネルギーとポテンシャルエネルギーの和であるが，これを**力学的エネルギー**という．(5.40) は，運動方程式を 1 度積分した (5.26) において，とくに力 $\boldsymbol{F}$ が保存力の場合にあたるもので，

『保存力だけの作用を受けて運動している質点の運動エネルギーとポテンシャルエネルギーの和は常に一定である』

ことを表しており，これを**力学的エネルギー保存の法則**という．

例題 5.8　力学的エネルギー保存の法則

糸の長さが l，おもりの質量が m である単振り子がある．この単振り子を，糸が水平になるまでもち上げ，静かに手を離した．おもりが最下点を通過するときの速さを求めよ．

解答　働く力は重力と糸の張力のみであり，重力は保存力，張力は運動方向に常に垂直で仕事をしないので，力学的エネルギー保存の法則が成り立つ．

まず，手を離した直後の力学的エネルギー E は，最下点を位置エネルギー U の基準にとると，$U = mgl$ であり，運動エネルギーは $K = 0$（∵ 速さ 0）であるから

$$E = K + U = mgl \tag{5.41}$$

一方，最下点における速さを v とおくと，最下点における運動エネルギーは $K = (1/2)mv^2$，位置エネルギーは $U = 0$ なので，そのときの力学的エネルギーは

$$E = K + U = \frac{1}{2}mv^2 \tag{5.42}$$

である．力学的エネルギー保存則より，(5.41) と (5.42) は等しいので，求める速さは

$$v = \sqrt{2gl}$$

練習問題

問題 5.19　糸の長さが l，おもりの質量が m である単振り子が鉛直面内で振動している．糸と鉛直線がなす角度が θ であるとき，おもりの速さは $v = l(d\theta/dt)$ である．この単振り子の運動について次の問に答えよ．

(1) 力学的エネルギーの保存則を書け．

(2) 力学的エネルギーの保存則を変形して，単振り子の運動方程式

$$\frac{d^2\theta}{dt^2} = -\frac{g}{l}\sin\theta$$

を導け．

問題 5.20　地上付近で，重力の作用の下で鉛直方向に運動している質点の，時刻 $t = 0$ における高さと速さが z_0 および v_0 であるとき，時刻 t における質点の高さ $z(t)$ は次式で与えられることを，力学的エネルギー保存の法則を変形して導け．

$$z(t) = z_0 \pm v_0 t - \frac{1}{2}gt^2$$

問題 5.21　質量 6.0 kg の物体 A が，滑車を介して軽いひもで 3.0 kg の物体 B とつながれている．いま，A を静止の状態から静かに放して，ちょうど 2.5 m 落下した時点での A の速さを，力学的エネルギーの保存則を使って求めよ．

5.2.6 安定平衡点とその近傍での微小振動

平衡点近傍での質点の運動は，ポテンシャルエネルギー曲線を解析することで理解できる．いま，保存力 $\boldsymbol{F}$ の作用を受けて，滑らかな曲線上に束縛されて運動している質点を考えよう．曲線上に原点をとり，曲線に沿って座標 s をとると，位置 s におけるポテンシャルエネルギーは $U(s)$ と表される．質点が，$s = s_0$ で安定なつり合いの状態にあるためには，この $U(s)$ が $s = s_0$ で極小値をとることが必要である．すなわち，$U(s)$ の極小点では

$$\left(\frac{dU}{ds}\right)_{s=s_0} = 0, \qquad \left(\frac{d^2U}{dx^2}\right)_{s=s_0} \equiv k > 0 \tag{5.43}$$

となる．第1式は $s = s_0$ で $U - s$ 曲線の傾きが0であって，$\boldsymbol{F}$ の接線成分が0であることを，また第2式は $U - s$ 曲線が上に開いていることを表している．

$U(s)$ を $s = s_0$ のまわりでテーラー展開すると

$$U(s) = U(s_0) + \left(\frac{dU}{ds}\right)_{s=s_0}(s - s_0) + \frac{1}{2}\left(\frac{d^2U}{ds^2}\right)_{s=s_0}(s - s_0)^2 + \cdots \tag{5.44}$$

となるが，(5.44) で3次以上の高次の項を無視し，(5.43) を代入すると

$$U(s) = U(s_0) + \frac{1}{2}k(s - s_0)^2 \tag{5.45}$$

が得られる．したがって，$s = s_0$ の近傍では質点に働く力は

$$F_s = -\frac{dU}{ds} = -k(s - s_0) \tag{5.46}$$

となり，質点の運動方程式は，$s = s_0$ のまわりの単振動の方程式

$$m\frac{d^2(s - s_0)}{dt^2} = -k(s - s_0) \tag{5.47}$$

となる．

例題 5.9 安定点のまわりの微小振動

質量 m の質点のポテンシャルエネルギー $U(x)$ が,

$$U(x) = k(1 - \cos x)$$

で与えられるとき，原点 $(x = 0)$ のまわりで行う，質点の微小振動の周期を求めよ．ただし k は正の定数である．

解答 まず

$$\frac{dU}{dx} = k \sin x, \qquad \frac{d^2U}{dx^2} = k \cos x$$

であり，$x = 0$ において，$dU/dt = 0$, $d^2U/dt^2 > 0$ なので，原点は安定平衡点である．

$U(x)$ を $x = 0$ のまわりでテーラー展開すると

$$U(x) = U(0) + \left(\frac{dU}{dx}\right)_{x=0} x + \frac{1}{2}\left(\frac{d^2U}{dx^2}\right)_{x=0} x^2 + \cdots = \frac{1}{2}kx^2 + \cdots$$

であるので，微小振動として x^2 より高次の項は無視すると，この質点に働く力は

$$F = -\frac{dU}{dx} = -kx$$

である．よって，運動方程式は

$$m\frac{dx}{dt} = -kx$$

であり，これは，角振動数 $\omega = \sqrt{k/m}$ の単振動を表すから，求める周期は

$$T = \frac{2\pi}{\omega} = 2\pi\sqrt{\frac{m}{k}}$$

である．

練習問題

問題 5.22 質量 m の質点のポテンシャルエネルギー $U(x)$ が，次式で与えられるとき，安定点のまわりで行う，質点の微小振動の周期を求めよ．ただし，A, β, a, b は定数である．

(1) $U(x) = -Axe^{-\beta x}$

(2) $U(x) = \dfrac{a}{x^2} - \dfrac{b}{x}$

第5章演習問題

[1] （A, B を2辺とする平行四辺形の面積） 2つのベクトル $\boldsymbol{A}$, $\boldsymbol{B}$ を隣り合う2辺とする平行四辺形の面積 S は

$$S = \sqrt{|\boldsymbol{A}|^2|\boldsymbol{B}|^2 - (\boldsymbol{A}\cdot\boldsymbol{B})^2}$$

で与えられることを示せ．

[2] （運動エネルギーと力） 直線運動している質点がある．この質点の運動について，横軸に質点の位置座標 x をとり，縦軸にその位置における運動エネルギーをとってグラフ描くとき，位置 x におけるグラフの接線の勾配は何を表すか．

[3] （仕事率） 物体が力 $\boldsymbol{F}(\boldsymbol{r})$ の作用を受けて速度 $\boldsymbol{v}(\boldsymbol{r})$ で運動している．物体が位置 $\boldsymbol{r}$ にあるとき，$\boldsymbol{F}(\boldsymbol{r})$ が物体に単位時間あたりにする仕事（仕事率）を求めよ．

[4] （斜面を滑降するブロックになされる仕事） 傾斜角 $\pi/6$ の粗い斜面上を，地上から高さ 2.0 m の位置から，質量 10 kg のブロックを斜面に沿って初速 $5.0\,\mathrm{m\cdot s^{-1}}$ で滑り降ろした．斜面と物体との間の運動摩擦係数 μ' は 0.30 である．ブロックが重力によってなされた仕事および摩擦力によってなされた仕事を求めよ．また，斜面の下端に到達する直前のブロックの速さはいくらか．

[5] （保存力） 力 $\boldsymbol{F}(\boldsymbol{r})$ が保存力であれば，各成分の座標による偏微分について，次の関係が成り立つことを証明せよ．

$$\frac{\partial F_y}{\partial x} = \frac{\partial F_x}{\partial y}, \qquad \frac{\partial F_z}{\partial y} = \frac{\partial F_y}{\partial z}, \qquad \frac{\partial F_x}{\partial z} = \frac{\partial F_z}{\partial x}$$

[6] （保存力か？，非保存力か？） 質点が1つの平面内で力 $\boldsymbol{F}(\boldsymbol{r})$ の作用を受けて運動している．質点の座標を (x, y) として，力 $\boldsymbol{F}(\boldsymbol{r})$ の成分 F_x, F_y が以下のように与えられているとき，これらの力は保存力であるか，非保存力であるか．保存力ならばそのポテンシャルエネルギーを求めよ．ただし，k, k' は定数である．

(1) $F_x(x,y) = -\dfrac{ky}{\sqrt{x^2+y^2}}, \quad F_y(x,y) = \dfrac{kx}{\sqrt{x^2+y^2}}$

(2) $F_x(x,y) = k'xy, \quad F_y(x,y) = \dfrac{k'x^2}{2}$

[7]（球の表面を滑る物体） 図のように，固定された半径 a の滑らかな球の頂上 A に小物体をそっと置いたところ，小物体は静かに滑りはじめた．

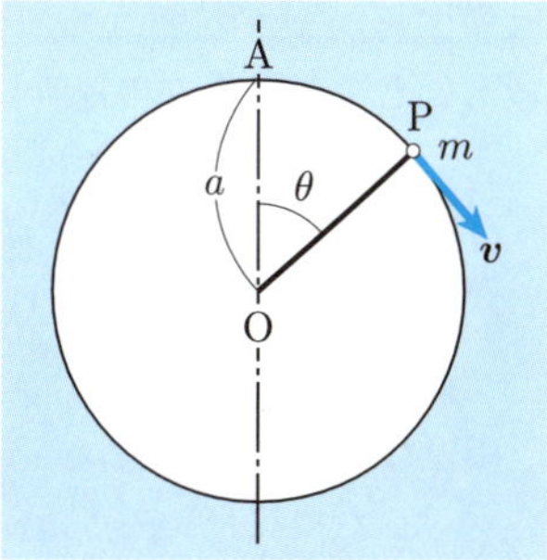

(1) 天頂角が θ の位置まで滑り降りたときに，球面か小物体に及ぼす垂直抗力を求めよ．

(2) 小物体は，球面を滑り降りてちょうど天頂角が θ_0 になったところで，球面から離れた．θ_0 を求めよ．

[8]（スキーヤーに摩擦力がする仕事） 例題 5.2 で，スキーと斜面との間の運動摩擦係数 μ' が一定であるとすると，摩擦力がスキーヤーにする仕事は，A と B の水平距離のみに依存し，雪山の斜面の形にはよらないことを証明せよ．ただし，スキーヤーは斜面から離れることなく滑降するものとする．

[9]（ばねに蓄えられたポテンシャルエネルギー） 鉛直に吊るしたばねに 50 g のおもりを付けたら，ばねは 10 cm 伸びた．

(1) このとき重力がした仕事はいくらか．

(2) 次に，手でおもりを引き下げて，ばねをさらに 10 cm 伸ばした．このばねに蓄えられたポテンシャルエネルギーはいくらか．

(3) 次に，手をおもりから離したところ，おもりは上下に振動を繰り返した．この振動の振幅と周期はいくらか．

[10]（ばねによる発射台） 図のような，ばねの上に板を付けた小球の発射装置が鉛直に置かれている．板の上に質量 m の小球を静かにのせたところ，ばねは自然長から d だけ下がったところで小球に働く力はつり合った．この状態から小球を下に押し下げて，ばねをさらに $3d$ だけ縮めた後，静かに放したところ小球は上昇していき，やがて板から離れた．板とばねの質量は無視できるものとして，以下の問に答えよ．

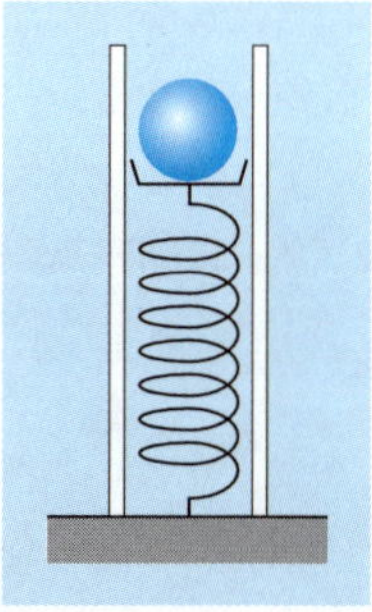

(1) 板から離れるときの小球の速度を求めよ．

(2) 小球が板から離れた後，ばねはどれだけ伸びるか．

[11]（支点の真下に釘が固定されている単振り子） 図のように，長さ l の単振り子の糸の支点 O から真下に h だけ下がった点 P に釘が固定されている．いま，糸が鉛直

となす角が φ の位置から質量 m のおもりを静かに放したとき，おもりの運動について，以下の問に答えよ．ただし，釘の太さは無視する．

(1) $h = l/2, \varphi = \pi/2$ のとき，釘で糸の上半分の運動が止められた後の，おもりはどのような運動をするか．

(2) $l/2 < h < l$ のとき，糸が釘のまわりを回り続けるためには，φ, l, h の間にはどのような関係がなければならないか．

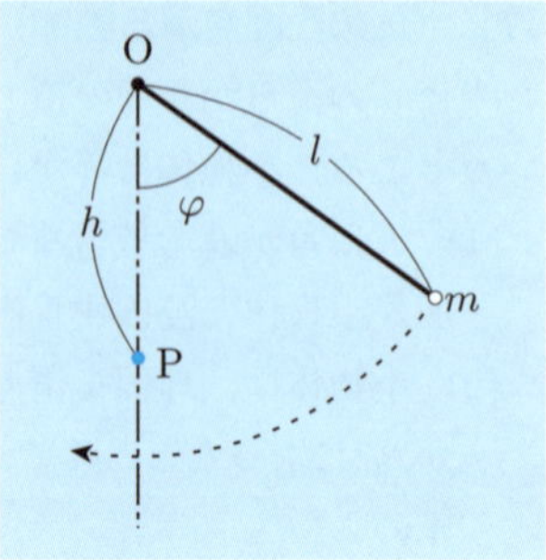

[12]　（第2宇宙速度）　あるロケットを地上から鉛直上向きに打ち上げたところ，地上からの高度が 200 km に達したところで燃料を使い果たして推進力を失った．このときのロケットの速さを v_0 とするとき，ロケットがそのまま地球の引力圏から脱出するため必要な v_0 の最小値はいくらか．ただし，万有引力定数を $6.8 \times 10^{-11}\,\mathrm{m^3 \cdot kg^{-1} \cdot s^{-2}}$，地球の半径を $6.4 \times 10^6\,\mathrm{m}$，地球の質量を $6.0 \times 10^{24}\,\mathrm{kg}$ とし，空気の抵抗は無視できるものとする．

この v_0 は，地表において物体が地球の引力圏から脱出できる最小の速さとみなせるので，第1宇宙速度（人工衛星が落下しないで地球すれすれに回ることができる速さ）に対して，**第2宇宙速度**と呼ばれる．

[13]　（微小振動）　図のように，自然長 l，ばね定数 k の2本のばねを，質量 m のおもりをはさんで直列に連結し，それぞれのばねを $l(1+r)$（$0 < r \ll 1$）の長さに伸ばして両端を固定する．いま，おもりを水平面内で，ばねの方向と垂直に微小振動（横振動）させる．

(1) 中心の位置からの変位を $x(t)$ として，このときのおもりの運動方程式を立てよ．

(2) 振動の振幅が小さいとして，おもりの微小振動の周期を求めよ．

(3) 2本のばねを自然長のまま連結した場合のおもりの運動方程式を求めよ．

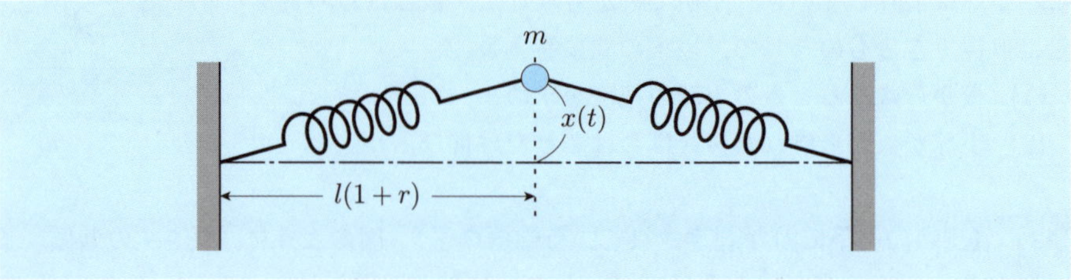

第6章
角運動量と回転運動

この章では，“角運動量と力のモーメントの関係式” および，運動方程式の第3の変形である “角運動量保存の法則” を用いて，質点の回転運動を解析する．

6.1　力のモーメントと角運動量

6.1.1　ベクトルのベクトル積

ベクトル積の定義

2つのベクトル $\boldsymbol{A}$, $\boldsymbol{B}$ が与えられ，その間の角を θ とするとき，$\boldsymbol{A}$ と $\boldsymbol{B}$ の**ベクトル積**（または**外積**）は，図6.1のように，$AB\sin\theta$ の大きさをもち，$\boldsymbol{A}$ と $\boldsymbol{B}$ を含む平面の法線方向のベクトルとして定義され，$\boldsymbol{A}\times\boldsymbol{B}$ と表される．ただし，平面には表と裏があるため，法線の向きも2通りある．そこで，$\boldsymbol{A}\times\boldsymbol{B}$ の向きは，$\boldsymbol{A}$ を $180°$ 以内の角度だけ回転させて $\boldsymbol{B}$ の向きに重ねるとき，右ねじが進む向きにとる．

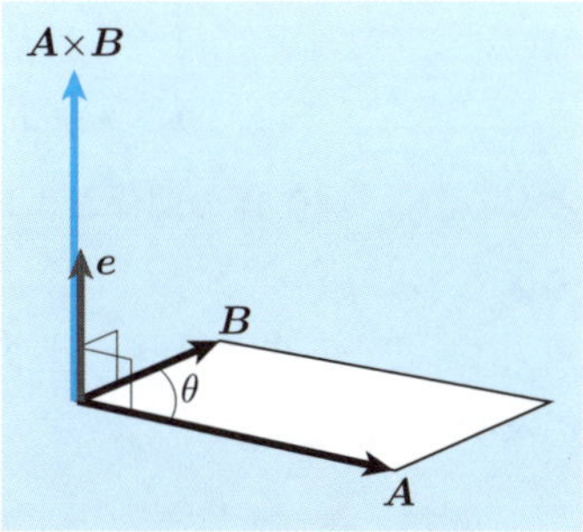

図6.1　ベクトル積

したがって，この右ねじが進む向きをもつ単位ベクトルを $\boldsymbol{e}$ とすると，$\boldsymbol{A}$ と $\boldsymbol{B}$ のベクトル積は，

$$\boldsymbol{A}\times\boldsymbol{B} = (AB\sin\theta)\,\boldsymbol{e} \tag{6.1}$$

で表される．

ベクトル積の性質

ベクトル積は，その定義から明らかなように，掛ける順序を入れ替えると

$$\boldsymbol{B}\times\boldsymbol{A} = -\boldsymbol{A}\times\boldsymbol{B} \tag{6.2}$$

となり符号が変わる．したがって，ベクトル積では**交換則**は成り立たない．

また，$\boldsymbol{A}$ と $\boldsymbol{B}$ が互いに平行な場合は，$\theta=0$ であるため

$$\boldsymbol{A}\times\boldsymbol{B} = \boldsymbol{0} \quad (\boldsymbol{A}\parallel\boldsymbol{B})$$

である．とくに，同じベクトル同士の外積は常に $\boldsymbol{0}$ になる．すなわち，任意のベクト

ル $\boldsymbol{A}$ について

$$\boldsymbol{A} \times \boldsymbol{A} = \boldsymbol{0} \tag{6.3}$$

となる．

一方，**分配則**はベクトル積についても成り立つ．すなわち，$\boldsymbol{A}$, $\boldsymbol{B}$, $\boldsymbol{C}$ を任意のベクトルとすると

$$\boldsymbol{A} \times (\boldsymbol{B} + \boldsymbol{C}) = \boldsymbol{A} \times \boldsymbol{B} + \boldsymbol{A} \times \boldsymbol{C} \quad \text{（分配則）} \tag{6.4}$$

が成り立つ．

ベクトル積の成分表示

基本ベクトル相互のベクトル積を，上のベクトル積の定義から求めると

$$\begin{aligned} &\boldsymbol{i} \times \boldsymbol{j} = \boldsymbol{k}, \qquad \boldsymbol{j} \times \boldsymbol{k} = \boldsymbol{i}, \qquad \boldsymbol{k} \times \boldsymbol{i} = \boldsymbol{j} \\ &\boldsymbol{i} \times \boldsymbol{i} = \boldsymbol{j} \times \boldsymbol{j} = \boldsymbol{k} \times \boldsymbol{k} = \boldsymbol{0} \end{aligned} \tag{6.5}$$

となる．この (6.5) の関係および，(6.2) と (6.4) を用いると，たとえば，2つのベクトル

$$\boldsymbol{A} = A_x\boldsymbol{i} + A_y\boldsymbol{j} + A_z\boldsymbol{k}, \qquad \boldsymbol{B} = B_x\boldsymbol{i} + B_y\boldsymbol{j} + B_z\boldsymbol{k}$$

のベクトル積は

$$\begin{aligned} &\boldsymbol{A} \times \boldsymbol{B} \\ &= (A_yB_z - A_zB_y)\,\boldsymbol{i} + (A_zB_x - A_xB_z)\boldsymbol{j} + (A_xB_y - A_yB_x)\boldsymbol{k} \end{aligned} \tag{6.6}$$

のように表される．これは，行列式の記法を使って

$$\boldsymbol{A} \times \boldsymbol{B} = \begin{vmatrix} \boldsymbol{i} & \boldsymbol{j} & \boldsymbol{k} \\ A_x & A_y & A_z \\ B_x & B_y & B_z \end{vmatrix} \tag{6.7}$$

のように書き換えることができる．

ベクトル積の時間微分

2つのベクトル $\boldsymbol{A}$, $\boldsymbol{B}$ がそれぞれ時間 t の関数であるとき

$$\frac{d}{dt}(\boldsymbol{A} \times \boldsymbol{B}) = \frac{d\boldsymbol{A}}{dt} \times \boldsymbol{B} + \boldsymbol{A} \times \frac{d\boldsymbol{B}}{dt} \tag{6.8}$$

が成り立つ．

例題 6.1　ベクトルのスカラー 3 重積

3 つのベクトルの積をベクトルの **3 重積**といい，とくに

$$(\boldsymbol{A} \times \boldsymbol{B}) \cdot \boldsymbol{C} \tag{6.9}$$

の形の 3 重積は，演算結果がスカラーになるので**スカラー 3 重積**と呼ばれる．(6.9) を各ベクトルの成分を用いて表せ．

解答　(6.9) は $\boldsymbol{A} \times \boldsymbol{B}$ と $\boldsymbol{C}$ のスカラー積であるから，(6.6) と (5.11) を使うと

$$\begin{aligned}(\boldsymbol{A} \times \boldsymbol{B}) \cdot \boldsymbol{C} &= (\boldsymbol{A} \times \boldsymbol{B})_x C_x + (\boldsymbol{A} \times \boldsymbol{B})_y C_y + (\boldsymbol{A} \times \boldsymbol{B})_z C_z \\ &= (A_y B_z - A_z B_y) C_x + (A_z B_x - A_x B_z) C_y + (A_x B_y - A_y B_x) C_z \end{aligned} \tag{6.10}$$

となる．

別解　行列式で表したベクトル積の式 (6.7) を使うと，

$$\begin{aligned}(\boldsymbol{A} \times \boldsymbol{B}) \cdot \boldsymbol{C} &= \begin{vmatrix} A_y & A_z \\ B_y & B_z \end{vmatrix} C_x + \begin{vmatrix} A_z & A_x \\ B_z & B_x \end{vmatrix} C_y + \begin{vmatrix} A_x & A_y \\ B_x & B_y \end{vmatrix} C_z \\ &= \begin{vmatrix} A_x & A_y & A_z \\ B_x & B_y & B_z \\ C_x & C_y & C_z \end{vmatrix} \end{aligned}$$

これは，展開すれば (6.10) の最後の式と一致する．

補足　①　行列式の性質から

$$(\boldsymbol{A} \times \boldsymbol{B}) \cdot \boldsymbol{C} = (\boldsymbol{B} \times \boldsymbol{C}) \cdot \boldsymbol{A} = (\boldsymbol{C} \times \boldsymbol{A}) \cdot \boldsymbol{B} \tag{6.11}$$

②　$\boldsymbol{A}, \boldsymbol{B}, \boldsymbol{C}$ の中のどれか 2 つが平行であれば

$$(\boldsymbol{A} \times \boldsymbol{B}) \cdot \boldsymbol{C} = 0$$

③　$\boldsymbol{A}, \boldsymbol{B}, \boldsymbol{C}$ がつくる平行六面体の体積 V は

$$V = |(\boldsymbol{A} \times \boldsymbol{B}) \cdot \boldsymbol{C}|$$

練習問題

問題 6.1　2 つのベクトル

$$\boldsymbol{A} = 3\boldsymbol{i} + 4\boldsymbol{j} + 5\boldsymbol{k}, \qquad \boldsymbol{B} = 4\boldsymbol{i} + 2\boldsymbol{j} + 3\boldsymbol{k}$$

について，次の量を計算せよ．

(1)　$\boldsymbol{A} \cdot \boldsymbol{B}$

(2)　$\boldsymbol{A} \times \boldsymbol{B}$

6.1.2 力のモーメント

ベクトルのモーメント

点 P の位置ベクトル $\boldsymbol{r}$ と，P に付随したベクトル量 $\boldsymbol{A}(\boldsymbol{r})$ とのベクトル積

$$\boldsymbol{N} = \boldsymbol{r} \times \boldsymbol{A}(\boldsymbol{r}) \tag{6.12}$$

を，原点 O に関する $\boldsymbol{A}(\boldsymbol{r})$ の**モーメント**という．したがって，モーメント $\boldsymbol{N}$ は位置ベクトル $\boldsymbol{r}$ をベクトル $\boldsymbol{A}$ に重ねる向きに右ねじを回すとき，ねじの進む向きのベクトルである．

図 6.2 のように，原点 O から $\boldsymbol{A}$ またはその延長線上に下した垂線の長さを l とすると，モーメントの大きさ N は

$$N = lA \tag{6.13}$$

となる．この l のことを**モーメントの腕の長さ**という．

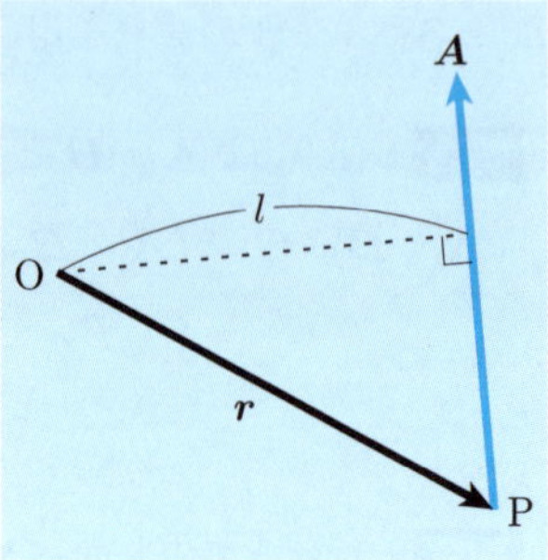

図 6.2 ベクトル $\boldsymbol{A}$ のモーメント

力のモーメント（トルク）

(6.12) で，$\boldsymbol{A}(\boldsymbol{r})$ が質点 P に作用する力 $\boldsymbol{F}(\boldsymbol{r})$ である場合

$$\boldsymbol{N} = \boldsymbol{r} \times \boldsymbol{F}(\boldsymbol{r}) \tag{6.14}$$

を，原点 O に関する**力のモーメント**という．力のモーメントは**トルク**とも呼ばれ，質点 P を O のまわりに回転させる能力を表す量である．

運動量のモーメント（角運動量）

$\boldsymbol{A}(\boldsymbol{r})$ が質点P の運動量 $\boldsymbol{p} = m\boldsymbol{v}$ であるとき，$\boldsymbol{p}$ のモーメント

$$\boldsymbol{L} = \boldsymbol{r} \times \boldsymbol{p} = \boldsymbol{r} \times (m\boldsymbol{v}) \tag{6.15}$$

を，原点 O に関する質点 P の**角運動量**という．

質点 P の運動に伴って位置ベクトル $\boldsymbol{r}$ が通過する面積 $\boldsymbol{S}$ の変化率 $d\boldsymbol{S}/dt$ のことを原点 O に関する質点 P の**面積速度**という．面積速度と角運動量 $\boldsymbol{L}$ との間には

$$\frac{d\boldsymbol{S}}{dt} = \frac{1}{2}\boldsymbol{r} \times \boldsymbol{v} = \frac{1}{2m}\boldsymbol{L} \tag{6.16}$$

の関係がある．

例題 6.2 平面運動する質点の角運動量

平面運動する質点（質量 m）の，原点に関する角運動量の大きさ l は，平面極座標で表すと

$$l = \left| mr^2 \frac{d\theta}{dt} \right| \tag{6.17}$$

となることを示せ．

解答 質点が運動する平面内に x, y 軸をとり，面に垂直に z 軸をとると，質点の位置ベクトル $\boldsymbol{r}$ および速度 $\boldsymbol{v}$ は，それぞれ

$$\boldsymbol{r} = x\,\boldsymbol{i} + y\,\boldsymbol{j} = r\cos\theta\,\boldsymbol{i} + r\sin\theta\,\boldsymbol{j}$$

$$\boldsymbol{v} = v_x\,\boldsymbol{i} + v_y\,\boldsymbol{j} = \left(\frac{dr}{dt}\cos\theta - r\frac{d\theta}{dt}\sin\theta\right)\boldsymbol{i} + \left(\frac{dr}{dt}\sin\theta + r\frac{d\theta}{dt}\cos\theta\right)\boldsymbol{j}$$

となる．したがって，(6.15) より，質点の角運動量 $\boldsymbol{l}$ の各成分は

$$\begin{aligned}
l_x &= m(\boldsymbol{r} \times \boldsymbol{v})_x = 0 \\
l_y &= m(\boldsymbol{r} \times \boldsymbol{v})_y = 0 \\
l_z &= m(\boldsymbol{r} \times \boldsymbol{v})_z = m(xv_y - yv_x) \\
&= mr\left\{\cos\theta\left(\frac{dr}{dt}\sin\theta + r\frac{d\theta}{dt}\cos\theta\right) - \sin\theta\left(\frac{dr}{dt}\cos\theta - r\frac{d\theta}{dt}\sin\theta\right)\right\} \\
&= mr^2\frac{d\theta}{dt}
\end{aligned}$$

となる．よって

$$l = |l_z| = \left| mr^2 \frac{d\theta}{dt} \right|$$

練習問題

問題 6.2 質点が等速度運動している場合，任意の点に関する質点の角運動量は一定となることを証明せよ．

問題 6.3 公転運動している地球の，太陽のまわりの角運動量を求めよ．ただし，地球の公転軌道は半径 1.50×10^8 km の円であり，地球の質量は 6.0×10^{24} kg であるとする．

6.2 角運動量保存の法則

6.2.1 運動方程式の第3の変形

回転運動の運動方程式

運動方程式の最後の変形は角運動量積分と呼ばれる．運動方程式を運動量 $\boldsymbol{p}$ で表した (5.1) の両辺に，左側から位置ベクトル $\boldsymbol{r}$ を掛けてベクトル積をつくると

$$\boldsymbol{r}\times\frac{d\boldsymbol{p}}{dt}=\boldsymbol{r}\times\boldsymbol{F}=\boldsymbol{N} \tag{6.18}$$

となる．ここで，角運動量の時間微分を考えると

$$\frac{d\boldsymbol{L}}{dt}=\frac{d}{dt}(\boldsymbol{r}\times\boldsymbol{p})=\frac{d\boldsymbol{r}}{dt}\times\boldsymbol{p}+\boldsymbol{r}\times\frac{d\boldsymbol{p}}{dt}=\boldsymbol{r}\times\frac{d\boldsymbol{p}}{dt}$$
$$\left(\because\quad \frac{d\boldsymbol{r}}{dt}\times\boldsymbol{p}=m\frac{d\boldsymbol{r}}{dt}\times\frac{d\boldsymbol{r}}{dt}=\boldsymbol{0}\right)$$

であるから，(6.18) の左辺は角運動量 $\boldsymbol{L}$ の時間微分に等しい．すなわち

$$\frac{d\boldsymbol{L}}{dt}=\boldsymbol{r}\times\boldsymbol{F}=\boldsymbol{N} \tag{6.19}$$

と書ける．これは**回転運動の運動方程式**であって，

> 『ある時刻における質点の，任意の点 O に関する角運動量 $\boldsymbol{L}$ の時間変化率は，その時刻に質点に作用する力の O に関するモーメントに等しい』

ことを表している．

角運動量保存の法則と中心力

質点に作用する力の作用線が，常に1点 O を通るとき，そのような力 $\boldsymbol{F}$ を**中心力**といい，この定点 O を**力の中心**という．中心力は

$$\boldsymbol{F}(\boldsymbol{r})=f(\boldsymbol{r})\frac{\boldsymbol{r}}{r} \tag{6.20}$$

と書ける．ここで，$f(\boldsymbol{r})$ は $\boldsymbol{r}$ と t で決まるスカラー量である．力の中心 O に関するモーメントは恒等的に $\boldsymbol{0}$ であるから

$$\frac{d\boldsymbol{L}}{dt}=\boldsymbol{0}\qquad\therefore\quad \boldsymbol{L}=一定 \tag{6.21}$$

となる．したがって，質点に働く力が中心力である場合，質点の O に関する角運動量 $\boldsymbol{L}$ は保存される．このことを**角運動量保存の法則**という．

例題 6.3 角運動量保存の法則と中心力

平面運動する質点について，以下の問に答えよ．

(1) ある点 O に関する質点の角運動量 $\boldsymbol{L}$ が一定であるとき，この質点の加速度 $\boldsymbol{a}$ は必ず定点 O を向くことを示せ．

(2) 逆に質点の加速度 $\boldsymbol{a}$ が定点 O の方向を向くとき，質点の O のまわりの角運動量 $\boldsymbol{L}$ は一定であることを示せ．

解答 (1) $\boldsymbol{L} =$ 一定 なら，$\boldsymbol{F} = m\boldsymbol{a}$ を用いると

$$\frac{d\boldsymbol{L}}{dt} = \boldsymbol{r} \times \boldsymbol{F} = m\boldsymbol{r} \times \boldsymbol{a} = \boldsymbol{0}$$

となる．ゆえに，加速度 $\boldsymbol{a}$ は位置ベクトル $\boldsymbol{r}$ と平行であり，原点へ向かうか，または原点から質点へ向かうベクトルである．

(2) 加速度 $\boldsymbol{a}$ が常に定点 O の方向を向くときは，$\boldsymbol{F} = m\boldsymbol{a}$ より，質点に働いている力も常に定点 O の方向を向く中心力である．すなわち

$$\boldsymbol{F}(\boldsymbol{r}) = f(\boldsymbol{r})\frac{\boldsymbol{r}}{r}$$

と表され，$\boldsymbol{F}$ と $\boldsymbol{r}$ は平行である．よって

$$\frac{d\boldsymbol{L}}{dt} = \boldsymbol{r} \times \boldsymbol{F} = \frac{f(\boldsymbol{r})}{r}\boldsymbol{r} \times \boldsymbol{r} = \boldsymbol{0}$$

となり，角運動量 $\boldsymbol{L}$ が一定であることが示される．

練習問題

問題 6.4 xy-平面を運動している質量 m の質点の位置ベクトルが，$\boldsymbol{r} = a\,\boldsymbol{i} + bt\,\boldsymbol{j}$ で与えられているとき，この質点の時刻 t における角運動量を求めよ．

問題 6.5 図 4.1 に示すように，質量 m の質点が初速 v_0 で地上から角度 θ で打ち上げられる．この質点が次の位置にあるときの，原点のまわりの角運動量を求めよ．

(1) 原点　(2) 軌道の最高点　(3) 地面に落ちる直前

問題 6.6 滑らかで水平な台上の 1 点 O に長さ l の軽い糸の 1 端を固定し，他端に質量 m の質点を取り付けて，O のまわりを一定の角速度 ω_0 で回転させる．いま，O から $(2/3)l$ だけ離れた点 P に細い釘を垂直に刺したところ，質点は P のまわりを等速円運動しはじめた．このときの質点の角速度はいくらか．

6.3 惑星の運動

6.3.1 ケプラーの 3 法則

今日の太陽系のモデルは，17 世紀前半にケプラーによってその基礎がつくられた．彼は，オランダの天文学者チコ・ブラーエが肉眼で見える 777 個の星について行った精密な天体観測の大量なデータを解析し，次の 3 つの法則を発見した．

ケプラーの 3 法則：
(1) すべての惑星は太陽を 1 つの焦点とする楕円軌道を運動する．
(2) 太陽と惑星を結ぶ線分が一定時間に掃く面積は等しい．
(3) 惑星の軌道運動の周期の 2 乗は，楕円軌道の長半径の 3 乗に比例する．

惑星の楕円軌道

惑星の公転軌道は，図 6.3 のような楕円であって，太陽は，楕円の 2 つの焦点（F_1，F_2）の一方に位置する．図では，太陽は F_1 に位置している．楕円の形を特徴付ける**離心率** ε および**半直弦** l は，長半径 a，短半径 b を使って

$$\varepsilon = \frac{\sqrt{a^2 - b^2}}{a}, \qquad l = \frac{b^2}{a} \tag{6.22}$$

のように表される．

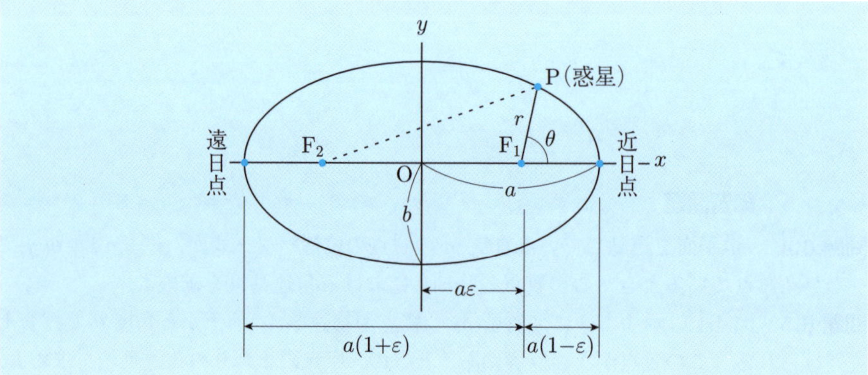

図 6.3 惑星の楕円軌道

例題 6.4　ケプラーの第 3 法則

太陽系の惑星の軌道は，水星を除くと離心率 ε が非常に小さく，ほぼ円とみなすことができる．そこで，惑星は円軌道上を一定の速さで運動しているとして，ケプラーの第 3 法則（周期の法則）を導け．

解答　右図のように，質量 m の惑星が半径 r の円軌道上を一定の速さ v で運動しているとする．このとき，惑星に働く向心力は太陽の万有引力であるから，太陽の質量を M，万有引力定数を G とすると，惑星の運動方程式は

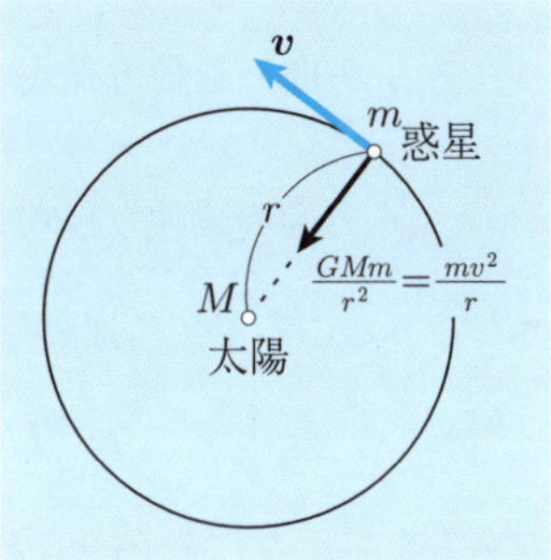

$$m\frac{v^2}{r} = G\frac{Mm}{r^2} \qquad (6.23)$$

となる．ここで，惑星の速さ v は，公転の周期 T と半径 r を用いて

$$v = \frac{2\pi r}{T} \qquad (6.24)$$

と表せる．そこで，(6.24) を (6.23) に代入すると

$$T^2 = \left(\frac{4\pi^2}{GM}\right) r^3 \equiv K r^3 \qquad (6.25)$$

が得られる．ここで，比例係数 K には惑星の質量 m が含まれていない．したがって，(6.25) は太陽を回るすべての惑星に対して成り立ち，第 3 法則が導かれる．

練習問題

問題 6.7　惑星が太陽に最も接近した軌道上の点を**近日点**，最も遠ざかった点を**遠日点**といい，それぞれ太陽からの距離は $a(1-\varepsilon)$ および $a(1+\varepsilon)$ である（図 6.3）．近日点における惑星の速さを v_1 とすると，遠日点における惑星の速さはいくらか．

6.3.2　惑星の運動

中心力場における運動方程式

(6.20) のような中心力が働いている場合の質点の運動は，角運動量 $\boldsymbol{L}$ が保存するため，$\boldsymbol{L}$ に垂直な平面内の 2 次元運動である．したがって，その運動方程式は 2 次元極座標を用いて表すと，(2.13) より

$$r\text{ 方向の運動方程式：}\quad m\left\{\frac{d^2r}{dt^2}-r\left(\frac{d\theta}{dt}\right)^2\right\}=F_r=f(r) \tag{6.26}$$

$$\theta\text{ 方向の運動方程式：}\quad m\left\{\frac{1}{r}\frac{d}{dt}\left(r^2\frac{d\theta}{dt}\right)\right\}=0 \tag{6.27}$$

となる．ところで，角運動量の大きさ L は，

$$L=mrv_\theta=mr^2\left(\frac{d\theta}{dt}\right)=\text{一定} \tag{6.28}$$

であるから，これを (6.26) に代入すると

$$m\frac{d^2r}{dt^2}=f(r)+\frac{L^2}{mr^3} \tag{6.29}$$

となる．すなわち，3 次元中心力場での運動は，1 次元の運動方程式に還元される（(6.27) は，角運動量保存の式 (6.28) と同じである）．

惑星運動の有効ポテンシャル

中心力が万有引力である場合，(6.29) は

$$m\frac{d^2r}{dt^2}=-\frac{GMm}{r^2}+\frac{L^2}{mr^3} \tag{6.30}$$

となる．したがって，惑星の運動は，有効力

$$F_{\text{eff}}(r)=-\frac{GMm}{r^2}+\frac{L^2}{mr^3} \tag{6.31}$$

の下での 1 次元運動に還元される．この $F_{\text{eff}}(r)$ は保存力であるから

$$F_{\text{eff}}(r)=-\frac{\partial U_{\text{eff}}}{\partial r}$$

より，**有効ポテンシャル**が

$$U_{\text{eff}}=-\frac{GMm}{r}+\frac{L^2}{2mr^2} \tag{6.32}$$

と定義される．また，この有効ポテンシャルを用いて表すと力学的エネルギーの保存の式は

$$E=\frac{1}{2}m\left(\frac{dr}{dt}\right)^2+U_{\text{eff}}=\text{一定} \tag{6.33}$$

となる．(6.32) の右辺の $L^2/(2mr^2)$ は質点が回転することによって生じる有効ポテンシャルであって，**遠心力ポテンシャル**と呼ばれる．

したがって，惑星の時々刻々の運動は，角運動量保存の式 (6.28) と力学的エネルギー保存の式 (6.33) を，それぞれもう一度時間で積分することによって求められる．

惑星の軌道と円錐曲線

惑星の軌道は，次の例題 6.5 で求めるように

$$l = \frac{L^2}{GMm^2} \tag{6.34}$$

$$\varepsilon = \sqrt{1 + \frac{2L^2E}{G^2M^2m^3}} \tag{6.35}$$

とおくと

$$r = \frac{l}{1 + \varepsilon\cos\theta} \tag{6.36}$$

と書ける．ただし，θ は $\theta = 0$ のとき r が長軸上にくるようにとる．(6.36) は，数学でいわゆる**円錐曲線**と呼ばれるものであって，ε の値によってそれぞれ次のような曲線になる．

(1)　$\varepsilon = 0$　：円

(2)　$0 < \varepsilon < 1$：楕円

(3)　$\varepsilon = 1$　：放物線

(4)　$\varepsilon > 1$　：双曲線

すなわち，惑星も円軌道，楕円軌道，放物線軌道，双曲線軌道のいずれかの軌道を描き，それは (6.35) の ε の値によって決まる．

例題 6.5　惑星の軌道

太陽の万有引力の下で運動している惑星について，力学的エネルギー保存の式 (6.33) と，角運動量保存の式 (6.28) を解いて，2 次元極座標で表した惑星の軌道の方程式

$$r = \frac{l}{1 + \varepsilon \cos\theta} \tag{6.37}$$

を導き，半直弦 l および離心率 ε を求めよ．

解答　まず，力学的エネルギー保存の式 (6.30) を

$$\frac{dr}{dt} = \pm\sqrt{\frac{2E}{m} + \frac{2GM}{r} - \frac{L^2}{m^2r^2}} \tag{6.38}$$

のように書き直す．ここで，(6.28) を変形して，$dt = (mr^2/L)d\theta$ とし，これを使って，dt を $d\theta$ で書き直すと，(6.38) は

$$\frac{dr}{d\theta} = \pm\frac{mr^2}{L}\sqrt{\frac{2E}{m} + \frac{2GM}{r} - \frac{L^2}{m^2r^2}} \tag{6.39}$$

となる．さらに，計算を簡単にするために

$$r = \frac{1}{u} \qquad \therefore \quad dr = -\frac{du}{u^2}$$

とおいて変数変換を行うと，(6.39) は

$$\begin{aligned}
\frac{du}{d\theta} &= \mp\frac{m}{L}\sqrt{\frac{2E}{m} + 2GMu - \frac{L^2}{m^2}u^2} \\
&= \mp\sqrt{\frac{2Em}{L^2} + \frac{2GMm^2}{L^2}u - u^2} \\
&= \mp\sqrt{\frac{2Em}{L^2} + \frac{G^2M^2m^4}{L^4} - \left(u - \frac{GMm^2}{L^2}\right)^2} \quad \text{（複号同順）}
\end{aligned}$$

となる．これを

$$\mp\frac{du}{\sqrt{2Em/L^2 + G^2M^2m^4/L^4 - (u - GMm^2/L^2)^2}} = d\theta \tag{6.40}$$

と書き直して，両辺を積分すると，α を積分定数として

$$\cos^{-1}\frac{u - GMm^2/L^2}{\sqrt{2Em/L^2 + G^2M^2m^4/L^4}} = \theta + \alpha \tag{6.41}$$

を得る．(6.40) の左辺の積分では，積分公式

$$\int \frac{dx}{\sqrt{a^2 - x^2}} = \cos^{-1}\frac{x}{a}$$

を用いている．(6.41) は書き直すと

$$u = \frac{GMm^2}{L^2} + \sqrt{\frac{2Em}{L^2} + \frac{G^2M^2m^4}{L^4}}\cos(\theta + \alpha)$$

となる．ここで，変数 u を元の変数 r に戻すと

$$r = \frac{L^2/GMm^2}{1 + \sqrt{1 + 2EL^2/G^2M^2m^3}\cos(\theta + \alpha)} \tag{6.42}$$

となる．ここで，α は，$\theta = 0$ のとき r が長軸上にくるよう選ぶと $\alpha = 0$ になる．(6.42) は惑星の軌道を表す方程式であって，これは

$$l \equiv \frac{L^2}{GMm^2},$$

$$\varepsilon \equiv \sqrt{1 + \frac{2EL^2}{G^2M^2m^3}}$$

とおくと

$$r = \frac{l}{1 + \varepsilon\cos\theta}$$

となり，(6.37) が求められる．

例題 6.6 極座標による楕円軌道の方程式

楕円軌道を与える 2 次元極座標の方程式

$$r = \frac{l}{1 + \varepsilon \cos\theta} \tag{6.43}$$

を，長半径を a，短半径を b とする直交座標による方程式

$$\frac{x^2}{a^2} + \frac{y^2}{b^2} = 1 \tag{6.44}$$

から導き，半直弦 l および離心率 ε を a と b で表せ．

解答 図 6.3 を参照する．

(6.44) で表される楕円は，2 つの焦点 F_1, F_2 からの距離の和が一定で $2a$ になる点の軌跡である．そこで，直交座標における 2 つの焦点の座標を $(\sigma, 0)$, $(-\sigma, 0)$ とすると，たとえば，点の位置が $(0, b)$ のときより

$$2a = 2\sqrt{\sigma^2 + b^2}$$
$$\therefore \quad \sigma = \sqrt{a^2 - b^2} \equiv \varepsilon a$$

これより，離心率 ε が

$$\varepsilon = \frac{\sqrt{a^2 - b^2}}{a}$$

と求められる．

次に，F_1 を新しく座標の原点に選び，軌道上の点 P の極座標を (r, θ) とすると

$$\mathrm{F_1P} + \mathrm{F_2P} = 2a$$
$$\therefore \quad r + \sqrt{r^2 + 4\varepsilon^2 a^2 + 4\varepsilon a r \cos\theta} = 2a$$

これを解くと

$$r = \frac{a(1 - \varepsilon^2)}{1 + \varepsilon \cos\theta} \equiv \frac{l}{1 + \varepsilon \cos\theta}$$

となり，2 次元極座標を用いた楕円の方程式が導かれる．これより，半直弦 l は

$$l = \frac{b^2}{a}$$

と得られる．

練習問題

問題 6.8 月は地球の中心から 3.84×10^8 m の遠方にあって，地球のまわりの円軌道上を 27.3 日かけて一定の速さで 1 周している．この月の運動について以下の問に答えよ．

(1) 月の軌道速度を求めよ．

(2) 月は短い時間 Δt の間に，地球に向かってどれだけの距離を落ちるか．

(3) 月の地球に落下する加速度の大きさを求め，地上における重力加速度の大きさ（$9.81\,\mathrm{m \cdot s^{-2}}$）と比べよ．

問題 6.9 地球と月を結ぶ直線上のどの点に物体を置けば，物体に働く万有引力の合力が 0 となるか．ただし，太陽やその他の惑星からの影響は無視する．

問題 6.10 地球は太陽のまわりを 1 年で 1 周している．地球のこの公転運動の面積速度を求めよ．ただし，地球の公転軌道は，半径が 1.5×10^{11} m の円とする．

問題 6.11 質点が中心力を受けて運動している場合，その運動は力の中心 O を含む平面内で起こり，その平面は質点のはじめの位置と速度で決まることを示せ．

問題 6.12 **静止衛星**とは惑星の赤道上方の同一地点にとどまっている衛星のことである．そのように衛星がある高さで同一地点にとどまっているためには，衛星は惑星を回る円軌道上を惑星の自転の角速度と同じ角速度で同じ向きに回るだけでなく，その軌道運動による遠心力が惑星の重力とつり合っていなければならない．地球の静止衛星は赤道の上空で地上からいくらの高さにあるか．ただし，地球の平均半径は 6.37×10^6 m である．

第 6 章演習問題

[1] (力のモーメント) 図のような正三角形 ABC の辺 AB, AC に沿ってそれぞれ力 $\boldsymbol{F}_1$ および $\boldsymbol{F}_2$ が作用している．いま，BC に沿って力 $\boldsymbol{F}_3$ を加え，各頂点から対辺に下した 3 本の垂線の交点 O のまわりの 3 つの力のモーメントの和が $\boldsymbol{0}$ になるようにしたい．この加える第 3 の力 $\boldsymbol{F}_3$ を求めよ．

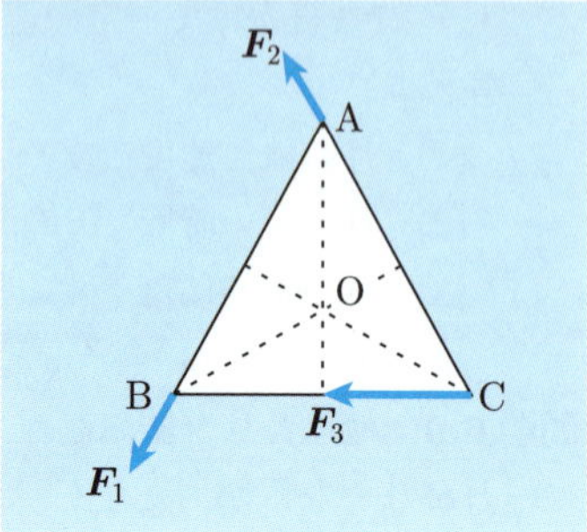

[2] (ベクトル積) 次のベクトルに関する恒等式を証明せよ．

(1) $\boldsymbol{A} \times (\boldsymbol{B} \times \boldsymbol{C}) = \boldsymbol{B}(\boldsymbol{A} \cdot \boldsymbol{C}) - \boldsymbol{C}(\boldsymbol{A} \cdot \boldsymbol{B})$

(2) $(\boldsymbol{A} \times \boldsymbol{B})^2 + (\boldsymbol{A} \cdot \boldsymbol{B})^2 = |\boldsymbol{A}|^2 |\boldsymbol{B}|^2$

(3) $(\boldsymbol{A} + \boldsymbol{B}) \times (\boldsymbol{A} - \boldsymbol{B}) = 2(\boldsymbol{B} \times \boldsymbol{A})$

(4) $(\boldsymbol{A} \times \boldsymbol{B}) \cdot (\boldsymbol{C} \times \boldsymbol{D}) = (\boldsymbol{A} \cdot \boldsymbol{C})(\boldsymbol{B} \cdot \boldsymbol{D}) - (\boldsymbol{A} \cdot \boldsymbol{D})(\boldsymbol{B} \cdot \boldsymbol{C})$

[3] (ベクトルの分解) 任意のベクトル $\boldsymbol{A}$ は，$\boldsymbol{e}$ を単位ベクトルとするとき

$$\boldsymbol{A} = \boldsymbol{e}(\boldsymbol{e} \cdot \boldsymbol{A}) - \boldsymbol{e} \times (\boldsymbol{e} \times \boldsymbol{A})$$

のように，$\boldsymbol{e}$ と平行な成分と垂直な成分に分解できることを証明せよ．

[4] (滑らかな水平板上の円運動) 図のように，摩擦のない水平な台上に質量 m の小円盤が置かれている．円盤には糸が取り付けられており，糸の端は台に開けられた孔 O を通して台の下にしゃがんでいる実験者 B の手にもたれている．実験者 A は台上の円盤に速度を与えて O のまわりを円運動させるが，そのためには，B は円運動に必要な向心力に見合う力で糸を下に引っ張っていなければならない．この小円盤の運動について以下の問に答えよ．

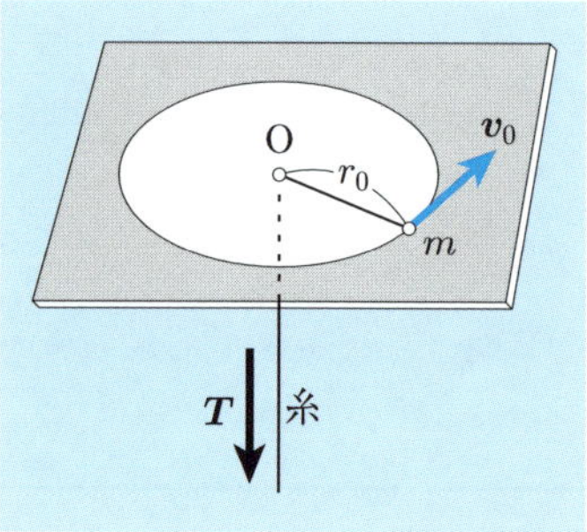

I. はじめ A は円盤を速さ v_0 で半径 r_0 の円運動をさせた．

(1) このときの円盤の角運動量を求めよ．

(2) B が糸を引っ張る力を求めよ．

II. 次に B は糸をゆっくり下方へ引き，円軌道の半径を $r_0/2$ まで減少させた．

(3) 半径 $r_0/2$ の円運動をする円盤の速さを求めよ．

(4) このときの糸の張力を求めよ．

(5) 円運動の半径を r_0 から $r_0/2$ に減少させるにあたって，B が円盤になした仕事はいくらか．

[5] （摩擦のある水平板上の円運動） ［4］において，円盤と台の間に摩擦があり，その運動摩擦係数を μ' である場合を考える．こんどは台の下で糸を固定して，O と円盤との距離を r_0 にした上で，A は円盤に糸と垂直方向の初速 v_0 を与えて円運動をさせた．しかし，円盤の速さは摩擦のために減少していき，やがて静止した．A が円盤に初速を与えてから円盤が静止するまでの時間を求めよ．

[6] （楕円振動の軌道） xy-平面内を，原点 O からの距離 r に比例し，原点を向いた力 $\boldsymbol{F}(\boldsymbol{r}) = -k\boldsymbol{r}$ を受けて運動する質量 m の質点 P がある．いま，$t = 0$ において P は x 軸上の点 $\mathrm{A}(a, 0)$ から $+y$ 方向に初速 v_0 で放出された．この質点の軌道の方程式を導け．この運動は**楕円振動**と呼ばれる．

[7] （楕円振動の角運動量） ［6］の楕円振動において，質点の原点 O のまわりの角運動量を求めよ．

[8] （直交座標による楕円軌道の方程式） 楕円軌道の極座標による方程式 (6.37) から，直交座標による方程式

$$\frac{x^2}{a^2} + \frac{y^2}{b^2} = 1$$

を導き，長径 a および短径 b を，半直弦 l と離心率 ε を用いて表せ．ただし，$0 < \varepsilon < 1$ とする．

[9] （水星の近日点と遠日点の軌道速度） 水星は他の惑星に比べて離心率が大きい ($\varepsilon = 0.2056$)．そのため公転軌道は円からずれていて，近日点と遠日点における太陽からの距離は，それぞれ $4.60 \times 10^{10}\,\mathrm{m}$ および $6.99 \times 10^{10}\,\mathrm{m}$ である．水星の遠日点における軌道速度が $3.88 \times 10^{4}\,\mathrm{m \cdot s^{-1}}$ であるとき，近日点における軌道速度はいくらか．

[10] （ハレー彗星の遠日点） ハレー彗星は，太陽を1つの焦点とした細長い楕円軌道を描きながら，公転周期75.6年で太陽を回っており，太陽には 8.8×10^{10} m まで接近することがわかっている．次の問に答えよ．ただし，万有引力定数を $G = 6.67 \times 10^{-11}\,\mathrm{Nm \cdot kg^{-2}}$，太陽の質量を $M = 1.99 \times 10^{30}$ kg，1年は 3.16×10^{7} 秒とする．

(1) ハレー彗星の楕円軌道の長半径 a を求めよ．

(2) 長半径 a と短半径 b との比（b/a）はいくらか．

(3) ハレー彗星が太陽から最も遠ざかった位置（遠日点）までの太陽からの距離はいくらか．

第7章

振　　動

質点がその平衡位置を中心に行う往復運動を総称して“振動”という．このような振動では，質点に平衡位置に向けて復元力が働いている．最も簡単な単振動では，変位に比例した線形復元力だけが働き，振動は無期限に続く．しかし，現実の振動ではエネルギーを散逸させる減衰力が存在するため，振動は減衰する（減衰振動）．このエネルギー損失は質点に正の仕事をする外力を加えることによって，補償することができる（強制振動）．この章では，これら減衰振動や強制振動の他，2 つの振動系が連結したときの連成振動，支点と質点の距離のような振動数を決めるパラメータを周期的に変化させるパラメータ励振などについて学ぶ．

7.1 減衰振動

7.1.1 速度に比例する抵抗力

減衰振動の運動方程式

減衰力の典型的な例は，物体が流体中を運動する場合に受ける速度に比例した抵抗力である．質量 m の質点が x 軸に沿って原点を中心に振動する場合を考え，質点には，変位 x に比例した復元力 $-kx$ の他に，速度 v に比例する抵抗力 $-\gamma v$ が働いているものとすると，この 1 次元振動の運動方程式は

$$m\frac{d^2x}{dt^2} = -kx - \gamma\frac{dx}{dt} \tag{7.1}$$

となる．(7.1) の最後の項は減衰項と呼ばれ，γ を**減衰振動係数**という．ここで

$$\omega_0 \equiv \sqrt{\frac{k}{m}}, \qquad \tau \equiv \frac{2m}{\gamma} \tag{7.2}$$

とすると，1 次元振動の運動方程式 (7.1) は

$$\frac{d^2x}{dt^2} + \frac{2}{\tau}\frac{dx}{dt} + \omega_0^2 x = 0 \tag{7.3}$$

となる．(7.3) において，d^2x/dt^2, dx/dt, x の各項はすべて x の 1 次の項（線形同次）なので，この微分方程式は **2 階線形同次常微分方程式**と呼ばれる．

例題 7.1　単振動の方程式の解

4 章では，単振動の方程式

$$\frac{d^2x}{dt^2} = -\omega^2 x \tag{4.22}$$

を，数学的に解くことをしないで，先に一般解を与えて，それがもとの微分方程式を満たすことを確かめるにとどめた．ここでは，(4.22) の解として

$$x(t) = \exp(\lambda t) \tag{7.4}$$

の形に想定し，これを (4.22) に代入して λ の 2 つの値を決め，(4.22) の一般解 (4.23) を導いてみよ．

解答　(7.4) を (4.22) に代入すると

$$\lambda^2 \exp(\lambda t) = -\omega^2 \exp(\lambda t)$$

が得られる．ここで，$\exp(\lambda t)$ は常に正であり 0 になることはないので

$$\lambda^2 = -\omega^2 \qquad \therefore \quad \lambda = \pm i\omega$$

でなければならない．これより，λ の 2 つの値が決まり，それに対応して (4.22) の 2 つの独立な基本解 $x(t) = \exp(i\omega t)$, $x(t) = \exp(-i\omega t)$ が得られる．

(4.22) の一般解は，これらの基本解の重ね合わせで与えられ

$$x(t) = C_1 \exp(i\omega t) + C_2 \exp(-i\omega t) \tag{7.5}$$

となる．ただし C_1, C_2 は任意定数である．ところで，**オイラーの公式**

$$\exp(i\theta) = \cos\theta + i\sin\theta$$

を用いると，(7.5) は

$$\begin{aligned} x(t) &= (C_1 + C_2)\cos\omega t + i(C_1 - C_2)\sin\omega t \\ &= a\cos\omega t + b\sin\omega t \end{aligned} \tag{7.6}$$

となる．ここで (7.6) は実数の方程式になるはずだから，任意定数 a, b は実数である必要がある．ちなみに，このとき C_1, C_2 は次のような複素数になる．

$$C_1 = \frac{a - ib}{2}, \qquad C_2 = \frac{a + ib}{2} \tag{7.7}$$

ここで三角関数の加法定理を用い，$A \equiv \sqrt{a^2 + b^2}$ とおくと，(7.6) は

$$x(t) = A\cos(\omega t + \alpha) \quad \text{ただし} \quad \cos\alpha = \frac{a}{A}, \quad \sin\alpha = -\frac{b}{A} \tag{7.8}$$

と書くことができる．すなわち，(4.22) の一般解 (4.23) が導かれる．

練習問題

問題 7.1　(7.6) から (7.8) を導け．

減衰振動の方程式の解

減衰振動の運動方程式 (7.3) の解は，例題 7.1 の単振動の場合と同様に

$$x(t) = \exp(\lambda t) \tag{7.4}$$

と置いて求めることができる．(7.4) を (7.3) に代入すると

$$\lambda^2 + \frac{2\lambda}{\tau} + \omega_0^2 = 0 \tag{7.9}$$

となる．この λ の 2 次方程式の解は

$$\lambda_\pm = -\frac{1}{\tau} \pm \sqrt{\frac{1}{\tau^2} - \omega_0^2} \quad (\text{復号同順}) \tag{7.10}$$

であり，根号内が正なら 2 実数解，負なら互いに共役な 2 虚数解，0 なら重解になる．したがって，運動方程式 (7.3) の解は，以下の 3 つの場合に分類される．

減衰振動　($\omega_0 > 1/\tau$：抵抗が小さい場合)

この場合，(7.10) の根号内は負になるので，$\omega \equiv \sqrt{\omega_0^2 - 1/\tau^2}$ とおくと，$\lambda_\pm$ に対応した独立な基本解は

$$\exp(\lambda_+ t) = \exp\left(-\frac{1}{\tau}t\right)\exp(i\omega t) \tag{7.11}$$

$$\exp(\lambda_- t) = \exp\left(-\frac{1}{\tau}t\right)\exp(-i\omega t) \tag{7.12}$$

の 2 つになり，一般解は，これらの線形結合によって次のように与えられる．

$$x(t) = \exp\left(-\frac{1}{\tau}t\right)\{A\exp(i\omega t) + B\exp(-i\omega t)\} \quad (A,\ B \text{ は任意定数}) \tag{7.13}$$

過減衰　($\omega_0 < 1/\tau$：抵抗が大きい場合)

この場合，(7.10) の根号内は正になるので，一般解は次のように与えられる．

$$x(t) = \exp\left(-\frac{1}{\tau}t\right)\{A\exp(\omega' t) + B\exp(-\omega' t)\}, \quad \omega' \equiv \sqrt{\frac{1}{\tau^2} - \omega_0^2} \tag{7.14}$$

臨界減衰（臨界制動）　($\omega_0 = 1/\tau$)

この場合，基本解 (7.11), (7.12) は同一の式になるので，もう 1 つ別な独立解を探す必要がある（例題 7.2）．その結果，一般解は以下のようになる．

$$x(t) = (At + B)\exp\left(-\frac{1}{\tau}t\right) \tag{7.15}$$

例題 7.2　減衰振動

運動方程式 (7.3) に従って1次元減衰振動をしている質点がある．抵抗力の効果は小さく，$\omega_0 > 1/\tau$ が満たされている．

(1) 初期条件：$x(0) = x_0,\ v(0) = 0$ を満たす解を求めよ．

(2) 抵抗力を次第に大きくしたとき，$1/\tau \to \omega_0$ の極限では解はどうなるか．

解答 (1) $\omega_0 > 1/\tau$ なので，(7.3) の一般解 (7.13) は，指数関数をオイラーの公式を用いて三角関数に変換し，A, B に代えて新たな定数 a, θ を導入すると

$$x(t) = \exp\left(-\frac{1}{\tau}t\right)\{(A+B)\cos\omega t + i(A-B)\sin\omega t\}$$

$$= a\exp\left(-\frac{1}{\tau}t\right)\cos(\omega t + \theta) \tag{7.16}$$

$$v(t) = \frac{dx}{dt} = -a\exp\left(-\frac{1}{\tau}t\right)\left\{\frac{1}{\tau}\cos(\omega t+\theta) + \omega\sin(\omega t+\theta)\right\}$$

となる．ここで，初期条件を当てはめると

$$x_0 = a\cos\theta, \qquad v_0 = -a\left(\frac{1}{\tau}\cos\theta + \omega\sin\theta\right) = 0$$

となる．これより a, θ を求めると

$$a = \frac{\omega_0 x_0}{\omega}, \qquad \tan\theta = -\frac{1}{\tau\omega}$$

となる．これを (7.16) に代入すると，求める解は

$$x(t) = x_0\exp\left(-\frac{1}{\tau}t\right)\left(\cos\omega t + \frac{1}{\tau\omega}\sin\omega t\right) \tag{7.17}$$

(2) $1/\tau \to \omega_0$ という極限をとると，$\omega \to 0$ となるので，$\sin\omega t \approx \omega t$ と置くことができる．したがって，$1/\tau \to \omega_0$ の極限での (7.17) は，次のようになる．

$$x(t) = x_0\exp(-\omega_0 t)(1 + \omega_0 t) \tag{7.18}$$

練習問題

問題 7.2 減衰振動の運動方程式に現れる減衰振動係数 γ の SI 単位は何か．

問題 7.3 長さ 1.0 m の振り子を鉛直方向から 15.5° 傾けた状態から静かに放したところ，摩擦のため 1000 秒後には振り子の振幅は 5.5° まで減少した．(7.2) で定義される τ の値を求めよ．

減衰振動・過減衰・臨界制動の典型的な振る舞い

図 7.1 に減衰振動，過減衰，臨界制動の典型的な振る舞いを示しておく．

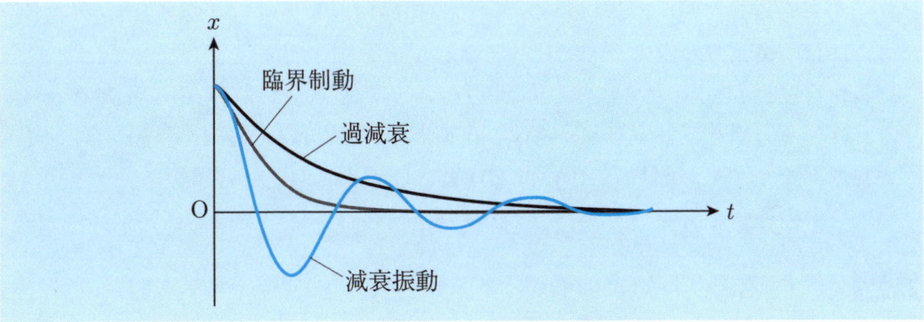

図 7.1 減衰振動，過減衰，臨界制動

図 7.1 を見ると，減衰振動は，振幅が指数関数に従って減少してゆく様子がわかる．臨界制動は，最も早く平衡点に収束する．減衰振動は様々な場所に現れるが，たとえば，車などのサスペンションに用いられているダンパ（減衰器）は，このような理論をもとに設計されている．

7.1.2 速度に逆向きの一定の摩擦力

図 4.4 に示す水平ばね振り子において，水平面が粗く物体と面との間に運動摩擦力が働く場合を考える．このばね振り子では，復元力 $-kx$ の他に一定の運動摩擦力 $\mu' mg$ が働く．しかし，摩擦力は運動する向きと逆向きに働くため，ばねが縮む過程と伸びる過程とでは向きが逆になる．したがって，運動方程式は

$$\text{縮む向き：} \quad m\frac{d^2x}{dt^2} = -kx + \mu' mg \tag{7.19}$$

$$\text{伸びる向き：} \quad m\frac{d^2x}{dt^2} = -kx - \mu' mg \tag{7.20}$$

となる．次の例題 7.3 でこの水平ばね振り子の振る舞いを調べてみよう．

例題 7.3　動摩擦力が働く水平ばね振り子

図 4.5 のような，水平な床上に置かれている一端が壁に固定された水平ばね振り子を考える．ただし，床は粗く，ばねの他端に取り付けられた質量 m の物体は，ばねの復元力の他に，床から一定の力 $\mu' mg$（摩擦力）を受けている．いま，ばねが自然長 l_0 のときの物体の位置を原点 O にとり，ばねに沿って x 軸をとって，伸びる方向を正とすると，物体の運動方程式は，ばねが縮む過程と，伸びる過程で異なり，それぞれ (7.19), (7.20) と書ける．この運動方程式に従う水平ばね振り子の運動を説明せよ．

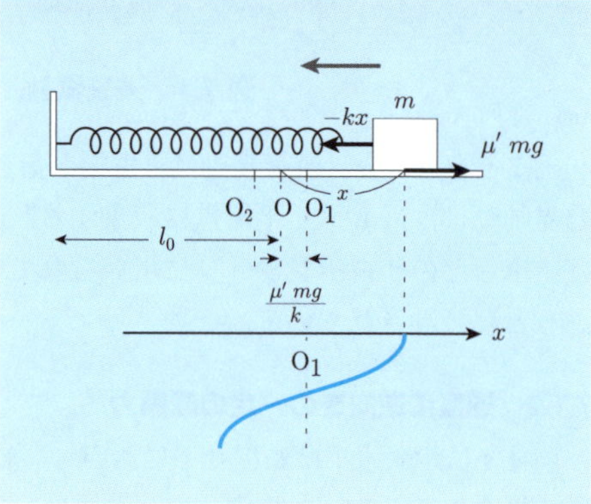

解答　まず，右図のように，ばねが縮む過程を考えよう．この場合の運動は，運動方程式 (7.19) に従う．いま，(7.19) の解を

$$x(t) = x_0 \cos(\omega t + \alpha) + y_0$$

とおき，(7.19) に代入すると，

$$\omega = \sqrt{\frac{k}{m}}, \qquad y_0 = \frac{\mu' mg}{k}$$

が得られる．したがって，物体は原点 O ではなく，O の右側に y_0 だけずれた O_1 を中心に単振動の半周期を運動する．

ばねが伸びる過程では，(7.20) の解は

$$x(t) = x_0 \cos(\omega t + \alpha) - y_0$$

となり，こんどは O の左側に y_0 だけずれた点 O_2 を中心に単振動の半周期を運動する．

したがって，粗い水平面上のばね振り子の振動は，振動の半周期ごとに，新しい単振動の中心を，O_1 から O_2 へ，O_2 から O_1 へと交互に変えながら，振動の中心が変わるごとに，振幅は減少するという，一種の減衰振動である．この振動は，物体が O_1 と O_2 の間で静止した時点で終了する．

練習問題

問題 7.4　例題 7.3 において，静止摩擦係数はどのように仮定されているか．

7.2 強制振動

7.2.1 周期的に変化する強制力

強制振動の運動方程式

復元力と減衰力（抵抗力）の他に，周期的に変化する強制力 $F_0 \cos \Omega t$ が働く場合を考える．この場合，x 軸に沿って原点を中心に振動する質量 m の質点の運動方程式は

$$m\frac{d^2x}{dt^2} = -kx - \gamma\frac{dx}{dt} + F_0 \cos \Omega t \tag{7.21}$$

となる．ここで

$$\omega = \sqrt{\frac{k}{m}}, \qquad \tau = \frac{2m}{\gamma}, \qquad f_0 = \frac{F_0}{m} \tag{7.22}$$

とおくと，(7.21) は

$$\frac{d^2x}{dt^2} + \frac{2}{\tau}\frac{dx}{dt} + \omega^2 x = f_0 \cos \Omega t \tag{7.23}$$

となる．これは **2 階線形非同次微分方程式**であって，その一般解は，任意定数を含まない特殊解に，右辺を 0 とおいた線形同次方程式の一般解（2 つの任意定数を含む）を加えたものである．

減衰力のない場合の強制振動

減衰力がない場合，運動方程式 (7.23) は

$$\frac{d^2x}{dt^2} + \omega^2 x = f_0 \cos \Omega t \tag{7.24}$$

になる．(7.24) の解は

(1) $\Omega \neq \omega$ のとき：

$$x(t) = a\cos(\omega t + \theta) + \frac{f_0}{\omega^2 - \Omega^2}\cos \Omega t \tag{7.25}$$

(2) $\Omega = \omega$ のとき：

$$x(t) = a\cos(\omega t + \theta) - \frac{f_0 t}{2\omega}\cos \omega t \tag{7.26}$$

となる（例題 7.4）．

例題 7.4 減衰力が無視できる強制振動

減衰力を無視すると強制振動の運動方程式は (7.24) と書ける．この非同次線形微分方程式を解いて，その一般解 (7.25) および (7.26) を求めよ．

解答 (7.24) の一般解は，右辺を 0 とおいた同次方程式

$$\frac{d^2x}{dt^2} + \omega^2 x = 0 \tag{7.27}$$

の一般解 $x_1(t)$ と，非同次方程式 (7.24) の 1 つの特殊解 $x_2(t)$ との和

$$x(t) = x_1(t) + x_2(t) \tag{7.28}$$

となる．(7.27) は単振動の方程式であるから，$x_1(t)$ は

$$x_1(t) = a\cos(\omega t + \theta) \tag{7.29}$$

である．

一方，(7.24) の特殊解を得るために，$x_2(t) = b\exp(i\Omega t)$ とおいて (7.24) に代入し，両辺の実数部分を等しいとおくと

$$\omega^2 b - \Omega^2 b = f_0$$

を得る．ここでまず，$\Omega \neq \omega$ のときは，これより b が求まって，特殊解 $x_2(t)$ は

$$x_2(t) = \frac{f_0}{\omega^2 - \Omega^2}\cos\Omega t$$

となるので，(7.24) の一般解 (7.25)

$$x(t) = x_1(t) + x_2(t) = a\cos(\omega t + \theta) + \frac{f_0}{\omega^2 - \Omega^2}\cos\Omega t$$

が得られる．

また，$\Omega = \omega$ のときは，$x_2(t) = ct\exp(i\omega t)$ とおいて代入し，両辺の実数部分を等しいとおくと，$c = f_0/2\omega$ が得られる．したがって，特殊解 $x_2(t)$ は

$$x_2(t) = -\frac{f_0 t}{2\omega}\cos\omega t$$

となり，(7.26) が導かれる．

$$x(t) = x_1(t) + x_2(t) = a\cos(\omega t + \theta) - \frac{f_0 t}{2\omega}\cos\omega t$$

練習問題

問題 7.5 (7.25) の振動において，強制振動の 1 周期あたりに吸収されるエネルギーを求めよ．

減衰力のある場合の強制振動

減衰力を含む (7.23) の解 $x(t)$ も，(7.24) の場合と同様に，右辺を 0 とおいた同次方程式の一般解 $x_1(t)$ と，非同次方程式 (7.24) の 1 つの特殊解 $x_2(t)$ との和で与えられるが（例題 7.4 参照），減衰力が比較的弱い $1/\tau < \omega$ の場合は

$$x(t) = a\exp\left(-\frac{t}{\tau}\right)\cos\left(\sqrt{\omega^2 - \left(\frac{1}{\tau}\right)^2}\,t + \theta\right) + \frac{f_0}{\sqrt{(\omega^2-\Omega^2)^2 + 4(1/\tau)^2\Omega^2}}\cos(\Omega t - \phi) \tag{7.30}$$

となる．ここで，a と θ は任意定数である．また，ϕ は位相の遅れであり

$$\phi = \tan^{-1}\left\{\frac{2(1/\tau)\Omega}{\omega^2-\Omega^2}\right\} \tag{7.31}$$

で与えられる．(7.30) の第 1 項は振り子の**固有振動**，第 2 項は**強制振動**に対応し，(7.23) の一般解は，これら 2 つの振動の合成になる．しかし十分に時間が経過した後では，固有振動は $\exp(-t/\tau)$ の項のため消え，強制振動だけが残る．

共振（共鳴）

強制振動の振幅を b とおくと，b は (7.30) より外力の振幅 f_0 に比例する．また，b は，外力の角振動数 Ω にも依存し，$\sqrt{2}/\tau < \omega$ の場合，図 7.2 に示すように

$$\Omega = \sqrt{\omega^2 - 2\left(\frac{1}{\tau}\right)^2} \equiv \omega_{\mathrm{R}} \tag{7.32}$$

で最大になる．このように，強制振動の振幅 b が $\Omega \to \omega_{\mathrm{R}}$ で著しく大きくなる現象を**共振**または**共鳴**という．また，図 7.2 の曲線を**共振曲線**という．

共振曲線において，高さが $1/\sqrt{2}$（エネルギーが半分）における幅を**半値幅**というが，それを $\Delta\omega$ としたとき

$$Q \equiv \frac{\omega_{\mathrm{R}}}{\Delta\omega}$$

を ***Q* 値**という．定義からわかるように，Q 値は共振曲線の鋭さを表す．とくに，$1/\tau \ll \omega$ の場合，$\omega_{\mathrm{R}} \approx \omega$, $\Delta\omega \approx 2/\tau$ になり，Q 値は次式で与えられる．

$$Q = \frac{\omega\tau}{2}$$

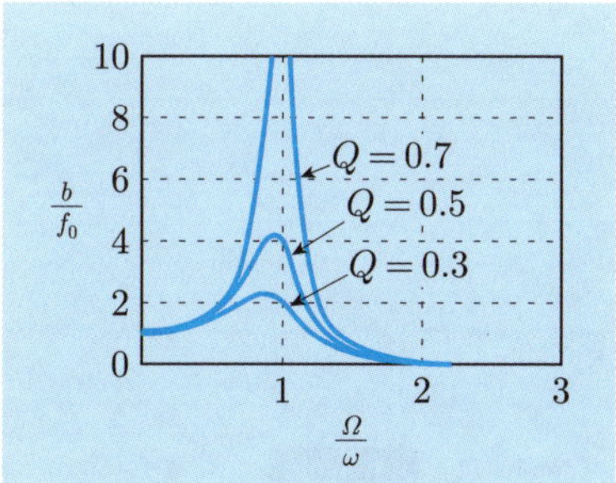

図 7.2　共振曲線

例題 7.5 強制振動におけるエネルギーの吸収

復元力 $-kx$，減衰力 $-(2/\tau)dx/dt$ の他に強制力 $F_0\cos\Omega t$ を受けて強制振動している質量 m の質点が，単位時間に外力を通して吸収するエネルギーを求めよ．

解答 微小時間 Δt 内に，外力が質点にする仕事 ΔW は，$f_0 = F_0/m$ とおくと

$$\Delta W = mf_0\cos\Omega t \times \Delta x = mf_0\cos\Omega t\,\frac{dx}{dt}\Delta t$$

である．ここで，$x(t)$ として，減衰する固有振動を無視して，(7.30) の第2項だけを考えると

$$\frac{dx}{dt} = -\frac{\Omega f_0}{\sqrt{(\omega^2 - 4\Omega^2)^2 + 4(1/\tau)^2\Omega^2}}\ \sin(\Omega t - \phi)$$

であるから

$$\Delta W = -\frac{m\Omega f_0^2}{\sqrt{(\omega^2 - 4\Omega^2)^2 + 4(1/\tau)^2\Omega^2}}\ \cos\Omega t\sin(\Omega t - \phi)\Delta t$$

したがって，単位時間あたりに外力がする仕事 $P(\omega)$ は，これを1周期 $T = 2\pi/\Omega$ について平均すると

$$\begin{aligned} P(\Omega) &= -\frac{m\Omega f_0^2}{\sqrt{(\omega^2 - 4\Omega^2)^2 + 4(1/\tau)^2\Omega^2}}\frac{1}{T}\int_0^T \cos\Omega t\sin(\Omega t - \phi)dt \\ &= \frac{1}{2}\frac{m\Omega f_0^2}{\sqrt{(\omega^2 - 4\Omega^2)^2 + 4(1/\tau)^2\Omega^2}}\sin\phi \end{aligned}$$

ここで，位相の遅れ ϕ に (7.31) を代入すると

$$P(\Omega) = \frac{1}{\tau}\frac{m\Omega^2 f_0^2}{(\omega^2 - 4\Omega^2)^2 + 4(1/\tau)^2\Omega^2}$$

が得られる．すなわち，この系は外力を通して単位時間にこれだけのエネルギーを吸収する．

練習問題

問題 7.6 例題 7.5 において，復元力の定数 k を変化させていったとき，最も大きなエネルギーを吸収するのは，k がいくらのときか．

7.2.2 パラメータ励振

パラメータ励振

たとえば単振り子の糸の長さ l のような，系の振動数を決めるパラメータを周期的に変化させると，系の振動が次第に成長することがある．この現象を**パラメータ励振**という．ブランコをこぐ場合は，足を屈伸させて，この l にあたる支点と重心との間の距離を周期的に変化させることによって，パラメータ励振を起こす．

糸の長さが変化する単振り子

図 4.5 のような単振り子について，支点 O のまわりの角運動量の変化を考えると，一般に，それは力のモーメントに等しいので

$$\frac{d}{dt}\left(ml^2\frac{d\theta}{dt}\right) = -mgl\sin\theta$$

であり，糸の長さ l が一定の場合は (4.20) を得る．しかし，l が変化する場合は

$$l\frac{d^2\theta}{dt^2} + 2\frac{dl}{dt}\cdot\frac{d\theta}{dt} = -g\sin\theta \tag{7.33}$$

となる．ここで，$x = l\theta$ とおくと，$d^2x/dt^2 = ld^2\theta/dt^2 + 2(dl/dt)(d\theta/dt) + \theta d^2l/dt^2$ であり，また微小振動（$\sin\theta \approx \theta$）を考えると，(7.33) は

$$\frac{d^2x}{dt^2} + \frac{1}{l}\left(g - \frac{d^2l}{dt^2}\right)x = 0 \tag{7.34}$$

となる．この両辺に mdx/dt を掛けて整理し，$l(t)$ の平均値を l_0 とおくと

$$\frac{d}{dt}\left[\frac{1}{2}m\left(\frac{dx}{dt}\right)^2 + \frac{1}{2}m\omega_0^2x^2\right] = \frac{m}{l_0}\frac{d^2l}{dt^2}\cdot x\frac{dx}{dt} = \frac{m}{2l_0}\frac{d^2l}{dt^2}\cdot\frac{dx^2}{dt} \tag{7.35}$$

となる．ここで，$\omega_0 = \sqrt{g/l}$ である．

(7.35) の左辺は振り子の力学的エネルギー E の時間変化を表しているので，1 周期の間に増加する振り子のエネルギー $\varDelta E$ は，(7.35) の右辺を 1 周期にわたって積分すればよく

$$\varDelta E = \frac{m}{2l_0}\int_0^{2\pi/\omega}\frac{d^2l}{dt^2}\cdot\frac{dx^2}{dt}dt \tag{7.36}$$

と求まる．ただし，ω（ω_0 からはわずかにずれる）は単振り子の角振動数である．

単振り子がパラメータ励振するには，(7.36) の積分が正でなければならないが，そのためには，d^2l/dt^2 と dx^2/dt が常に同符号であればよい．ここで，$x \propto \sin\omega t$ と考えると，$dx^2/dt \propto \sin(2\omega t)$ であるから，$d^2l/dt^2 \propto \sin(2\omega t)$ ならばよい．すなわち，l を角振動数 2ω で周期的に変化させれば励振が起こる．

例題 7.6 ブランコのパラメータ励振

男の子が長さ l のブランコをこいでいる．彼はブランコが両端にきたとき距離 a だけかがみ，最下点にくると立ち上がって直立の状態になる．このように，ブランコの支点と子供の重心との距離が，最下点と両端の位置とで交互に変わると，その都度ブランコにエネルギーが与えられ，ブランコの振れの角度が大きくなる．彼が 1 回こぐごとにブランコの運動エネルギーは何倍ずつ増大するか．

解答 いま，最下点の男の子の速度を v_0 とすると，この瞬間のひもの張力は

$$T_1 = mg + \frac{mv_0^2}{l}$$

である．このとき，子供が立ち上がると，子供の重心は距離 a だけ支点に近づくため，ブランコは張力 T_1 によって

$$W_1 = T_1 a = a\left(mg + \frac{mv_0^2}{l}\right)$$

だけ仕事がなされる．一方，両端（振れの角度：θ_0）では，ひもの張力 T_2 は

$$T_2 = mg\cos\theta_0$$

であり，ここでは，子供はかがんで，ひもの距離を a だけもとに戻す．このときのブランコがなされる仕事は

$$W_2 = -T_2 a = -amg\cos\theta_0$$

である．よって，1 往復する間にブランコになされる仕事 W は

$$W = 2(W_1 + W_2) = 2a\left\{mg(1-\cos\theta_0) + \frac{mv_0^2}{l}\right\}$$

である．これは，$mv_0^2/2 = mgl(1-\cos\theta_0)$ の関係を用いると

$$W = 2a\left\{\frac{mv_0^2}{2l} + \frac{mv_0^2}{l}\right\} = \frac{6a}{l}\cdot\left(\frac{1}{2}mv_0^2\right)$$

となる．したがって，ブランコには 1 往復する間に，最下点を通過する時点でもっていた力学的エネルギー $mv_0^2/2$ の（$6a/l$）倍のエネルギーが付与される．

練習問題

問題 7.7 上の例題で，立ち上がるタイミングとかがむタイミングを逆にした．このときどのようなことが起きるか．

7.3 連成振動

連結振り子

図 7.3 のように質量 m_1, m_2 の 2 つの小球 P_1, P_2 をばねで引っ張って振動させる振り子を**連結振り子**という．両側のばねのばね定数を k_1 と k_2，中央のばねのそれを K とし，P_1 と P_2 がつり合いの位置にあるときは，3 つのばねはともに自然長 l にあるものとする．

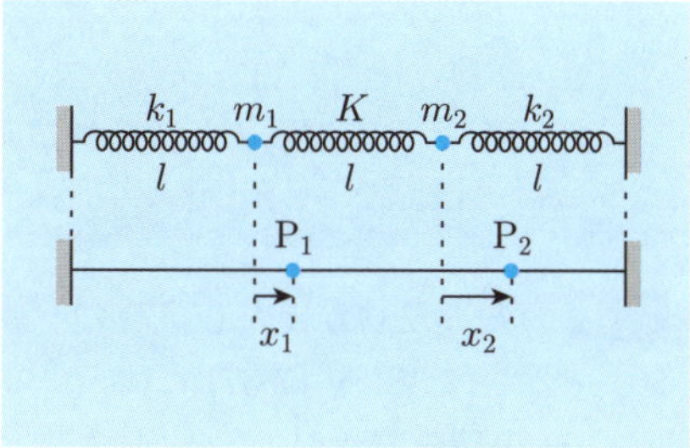

図 7.3　連成振動

運動方程式

P_1 と P_2 の平衡位置からの変位をそれぞれ x_1, x_2 とし，正の変位を図のようにとると，P_1 は左から弾力 $-k_1x_1$，右から $-K(x_1-x_2)$ を，また，P_2 は左から $K(x_1-x_2)$，右から $-k_2x_2$ を受ける．したがって，P_1, P_2 の運動方程式は

$$
\begin{aligned}
m_1\frac{d^2x_1}{dt^2} &= -k_1x_1 - K(x_1-x_2) \\
m_2\frac{d^2x_2}{dt^2} &= -k_2x_2 + K(x_1-x_2)
\end{aligned}
\tag{7.37}
$$

である．連結振り子の運動は，連立微分方程式を解いて得られる．

対称な連結振り子

連結振り子が左右対称で，$m_1 = m_2 = m$, $k_1 = k_2 = k$ である場合は，(7.37) の解は

$$
\begin{aligned}
x_1(t) &= A_1\sin(\omega_1t+\phi_1) + A_2\sin(\omega_2t+\phi_2) \\
x_2(t) &= A_1\sin(\omega_1t+\phi_1) - A_2\sin(\omega_2t+\phi_2)
\end{aligned}
\tag{7.38}
$$

$$
\left(\omega_1 = \sqrt{\frac{k}{m}},\quad \omega_2 = \sqrt{\frac{k+2K}{m}}\right)
$$

となる．ただし，A_1 と ϕ_1 および A_2 と ϕ_2 は積分定数である．このように，P_1 と P_2 は，2 つの単振動の合成振動を行う．この 2 つの単振動のことを，**振動系の基準振動**（**振動のノーマルモード**）という．

例題 7.7　連成振動

図 7.3 の連結振り子で，$m_1 = m_2 = m$, $k_1 = k_2 = k$ である場合を考える．いま $t = 0$ において，右側の小球 P_2 を平衡位置に，左側の小球 P_1 を右へ a だけ引っ張った状態から静かに手を離した．

(1) 運動方程式 (7.37) を解いて，その後の P_1 と P_2 の運動を求めよ．

(2) 2つの基準振動の角振動数がわずかに異なる場合について，P_1 と P_2 の振動にみられる特徴を述べよ．

解答 (1) 運動方程式 (7.37) の一般解は (7.38) である．(7.38) の導出は簡単であるし，また (7.38) を (7.37) に代入することによって容易に確かめることもできる．

(7.38) の積分定数 A_1 と ϕ_1 および A_2 と ϕ_2 は，初期条件

$$x_1(0) = a, \qquad x_2(0) = 0, \qquad \left.\frac{dx_1}{dt}\right|_{t=0} = \left.\frac{dx_2}{dt}\right|_{t=0} = 0$$

を (7.38) とそれを時間 t で微分した式に入れて求められ

$$A_1 = A_2 = \frac{a}{2}, \qquad \phi_1 = \phi_2 = \frac{\pi}{2}$$

と得られる．よって P_1 と P_2 の運動は

$$x_1(t) = \frac{a}{2}(\cos\omega_1 t + \cos\omega_2 t) = a\cos\frac{\omega_2 - \omega_1}{2}t \cdot \cos\frac{\omega_1 + \omega_2}{2}t$$
$$x_2(t) = \frac{a}{2}(\cos\omega_1 t - \cos\omega_2 t) = a\sin\frac{\omega_2 - \omega_1}{2}t \cdot \sin\frac{\omega_1 + \omega_2}{2}t$$

となる．

(2) これからわかるように，ω_1 と ω_2 の差が小さい場合は，P_1 と P_2 はともに同じ角振動数 $(\omega_1 + \omega_2)/2$ で単振動するが，その振幅は非常にゆるやかに，$2\pi/(\omega_2 - \omega_1)$ の周期で変化する（右図）．

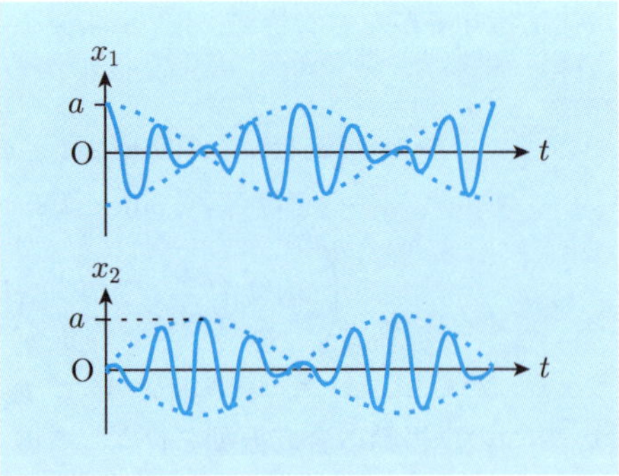

練習問題

問題 7.8 運動方程式 (7.37) において $m_1 = m_2 = m$, $k_1 = k_2 = k$ とおいて，(7.38) を導出せよ．

第 7 章演習問題

[1]（斜面上のばね振り子） 傾斜角 θ の滑らかな斜面上に，自然長 l，ばね定数 k の軽いばねの上端を固定し，下端に質量 m のおもりを付けて，最大傾斜線に沿って振動させる．このばね振り子の振動数を求めよ．

[2]（ばねで支えられた板の振動） 右図 (a) のように，ばね定数 k の軽いばねを床に鉛直に立て，その上端に質量 M の小さな板が水平に取り付けられている．いま，板より h の高さの点から質量 m の軟らかい粘土を静かに落としたところ，粘土は台にくっ付いたまま一緒に動き出した．板はもとの位置よりも最大どれだけ下がるか．

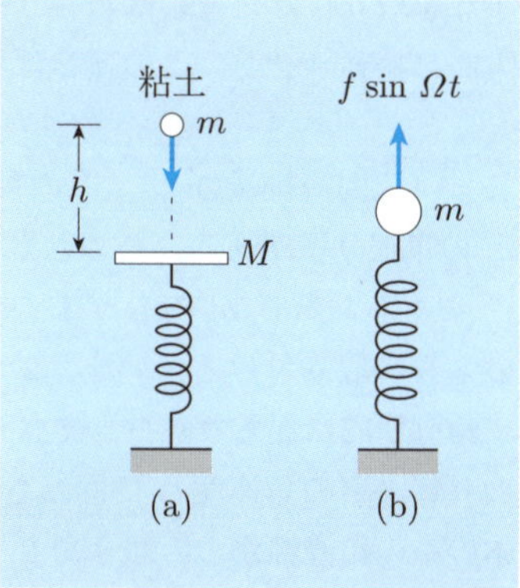

[3]（抵抗力が無視できるばね振り子の強制振動） 上図 (b) のように，床に鉛直に立てられたばね（ばね定数 k）の上端に質量 m の物体が取り付けられている．いま，物体に上下方向に振動する力 $f(t) = f_0 \sin \Omega t$ を加えたところ，物体はやがて振動数 Ω で振動をはじめた．この物体の振動の振幅を求めよ．

[4]（減衰振動の山と山の間隔） 質量 m の質点が，復元力 $-kx$ と速度に比例する抵抗力 $-\gamma v$ を受けて減衰振動をしている．この減衰振動の周期（隣り合う山から山までの時間間隔）は時間とともにどのように変化するか．ただし，抵抗力は小さく $\omega_0 \equiv \sqrt{k/m} > \gamma/(2m)$ の関係が満たされている．

[5]（減衰振動の隣り合う山の振幅の比） [4] の減衰振動で，隣り合う山の振幅の比はどのように変化するか．

[6]（粗い水平面上の水平ばね振り子） 粗い水平な床上に，一端が固定され，他端に質量 m の物体が取り付けられている水平ばね振り子がある．いま，物体を引っ張って，ばねの長さを自然長 l_0 から 0.10 m 引き伸ばした状態で，静かに放したところ，ばね振り子は 1 秒間に 3 回振動した後，ばねが l_0 より 0.02 m だけ伸びた位置で物体は静止した．床と物体との間の運動摩擦係数を求めよ．

[7] (抵抗力を通して逃げるエネルギー) 質量 m のおもりに，ばねの復元力 $-kx$ と速度に比例する抵抗力 $-\gamma v$ が同時に働くばね振り子がある．このばね振り子のおもりに外から周期的に力 $f\cos\Omega t$ を加えて強制的に振動させるとき，抵抗力を通して単位時間あたりに熱となって逃げるエネルギーを求めよ．

[8] (連結ばね振り子) ばね定数 k の軽いばねの両端に，質量 m_1 と m_2 の2つの小球を取り付けた連結ばね振り子を水平で滑らかなテーブルの上に置き，ばねと平行方向に振動させた．この連結ばね振り子の振動数を求めよ．

[9] (二重円錐振り子) 糸の長さ l，おもりの質量 m の単振り子がある．このおもりに，同じ糸の長さ l，おもりの質量 m のもう1つの単振り子を，右図のように取り付ける．いま，2つのおもりを常に同一鉛直面内に保ちながら，支点Oを通る鉛直線のまわりに一定の角速度 ω で回転させる．このときの2本の糸の鉛直線からの傾き角 θ_1, θ_2 を求めよ．ただし，θ_1, θ_2 はともに小さく，$\sin\theta_1 = \theta_1, \sin\theta_2 = \theta_2$ として計算してよい．

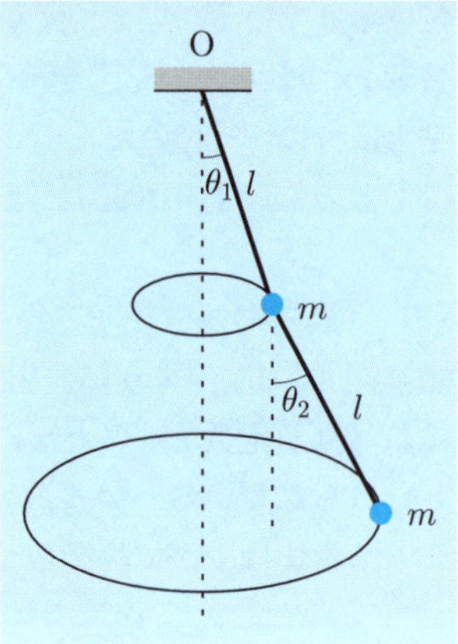

第8章
非慣性系と慣性力

これまで運動を論ずるときには，必ず，ニュートンの運動の第 1 法則と第 2 法則が適用できる慣性座標系によるものだけを扱ってきた．しかし，それでは不便である．慣性系に対して加速度運動している非慣性座標系で運動を論じることができないだろうか．

ここでは，慣性座標系に対して，座標軸を平行に保ったまま加速度運動する**加速度並進座標系**と，固定軸のまわりを一定の角速度で回転する**等速回転座標系**について学ぶ

8.1　加速度並進座標系

8.1.1　座標変換

並進運動系への座標変換

図 8.1 のように，慣性系（K 座標系）に対し，軸を平行に保って並進運動する K′ 座標系を考える．このとき，ある質点 P の位置が，K 系では $\boldsymbol{r} = (x,\ y,\ z)$，K′ 系では $\boldsymbol{r}' = (x',\ y',\ z')$ と表されるとし，また，K 系の原点 O から見た K′ 系の原点 O′ の位置を $\boldsymbol{r}_0 = (x_0,\ y_0,\ z_0)$ とすると

$$\boldsymbol{r} = \boldsymbol{r}_0 + \boldsymbol{r}' \tag{8.1}$$

という関係がある．これが並進座標系への座標変換である．

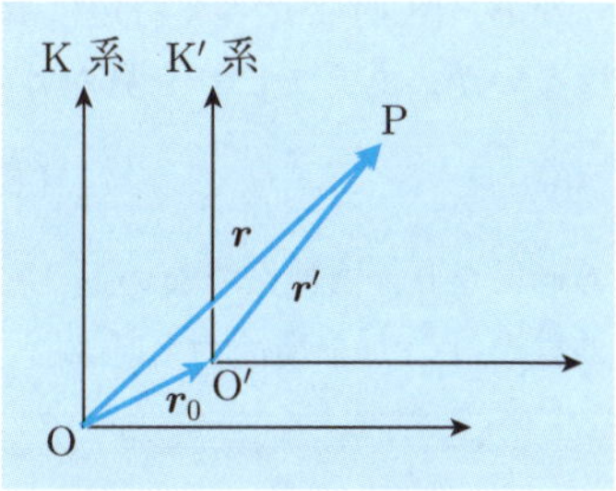

図 8.1　並進座標系

さらに，K 系に対する K′ 系の並進速度および加速度をそれぞれ $\boldsymbol{v}_0$, $\boldsymbol{a}_0$ とし，K′ 系において観測される質点の運動の速度および加速度をそれぞれ $\boldsymbol{v}'$, $\boldsymbol{a}'$ とすると，K 系における質点の速度 $\boldsymbol{v}$，加速度 $\boldsymbol{a}$ は，(8.1) からそれぞれ

$$\boldsymbol{v} = \boldsymbol{v}_0 + \boldsymbol{v}' \tag{8.2}$$

$$\boldsymbol{a} = \boldsymbol{a}_0 + \boldsymbol{a}' \tag{8.3}$$

であることがわかる．

例題 8.1　加速度並進座標系における運動方程式

慣性座標系（K 系）に対して加速度 $\boldsymbol{a}_0$ で並進運動している加速度並進座標系（K′ 系）における，質量 m の質点の加速度と質点に働く力との間の関係，すなわち K′ 系での運動方程式を導け．

解答　慣性系（K 系）では，力 $\boldsymbol{F}$ の作用を受けた質量 m の質点はニュートンの運動方程式

$$m\boldsymbol{a} = \boldsymbol{F} \tag{8.4}$$

で決まる．いま，K 系に対する K′ 系の加速度を $\boldsymbol{a}_0$, K′ 系で見た質点の加速度を $\boldsymbol{a}'$ とすると，(8.3) より

$$\boldsymbol{a} = \boldsymbol{a}_0 + \boldsymbol{a}'$$

となる．これを (8.4) に入れると，K′ 系における運動方程式は

$$m\boldsymbol{a}' = \boldsymbol{F} - m\boldsymbol{a}_0 \equiv \boldsymbol{F} + \boldsymbol{F}_{\mathrm{i}} \tag{8.5}$$

となる．

なお，(8.4) と比べて右辺に余分の項 $\boldsymbol{F}_{\mathrm{i}} = -m\boldsymbol{a}_0$ が現れる．この $\boldsymbol{F}_{\mathrm{i}}$ は実在の力ではないが，あえてこれを**見かけの力**とみなすと，(8.5) は

$$(\text{質量}) \times (\text{加速度}) = (\text{力})$$

の形になり，慣性系でない K′ 系でも運動の第 2 法則を成り立たせることができる．この見かけの力を**慣性力**と呼ぶ．

練習問題

問題 8.1　一定の加速度 a で鉛直に上昇しているエレベータの中で，おもりの質量 m，糸の長さ l の単振り子を小さい振幅で振らせた．その周期 T を求めよ．

問題 8.2　一定の加速度 a で電車が発車したところ，電車の床に置かれていた物体が滑り出した．物体と床との間に摩擦はないものとして，時間 t の後に物体の移動した床上の距離を求めよ．

問題 8.3　一定の加速度 a で鉛直に上昇している高層ビルのエレベータの中にいる人が，エレベータに対して相対速度 v_0 でボールを鉛直に投げ上げて受け止めた．投げ上げてから受け止めるまでの時間を t_0 として，エレベータの加速度 a を求めよ．

例題 8.2　振動する座標系

粗い水平な台の上に質量 m の物体が載せてある．物体と台の間の静止摩擦係数は μ である．いま，この台を水平方向に角振動数 ω で単振動させるとき，物体が台とともに運動して滑らないためには，台の単振動の振幅は最大限どこまで許されるか．

解答　台の振動の方向に x 軸をとり，振動の中心を原点 $x=0$ とすると，慣性座標系からみた時刻 t における台の水平位置（x 座標）は

$$x(t) = A\sin(\omega t + \phi)$$

と書ける．ここで ϕ は初期位相である．したがって，慣性座標系では台は加速度

$$a(t) = -\omega^2 A\sin(\omega t + \phi)$$

で振動しており，台上に載っている物体の運動を考えるときは，物体に慣性力 $-ma(t)$ が働くとすれば，台を不動として扱える．

物体が滑らないで台と一体となって運動するためには，慣性力の大きさ $m|a(t)|$ が最大摩擦力 μmg を超えなければよい．すなわち

$$m|a(t)| \leq m\omega^2 A \leq \mu mg$$

これより，物体が滑り出さないために振動の許される最大振幅 A は

$$A = \frac{\mu g}{\omega^2}$$

である．

練習問題

問題 8.4　水平な台の上に質量 m の物体が載っている．いま，台が鉛直方向に角振動数 ω，振幅 A で単振動するとき，物体が台から常に離れないためには，ω と A はどのような条件を満たしていなければならないか．

問題 8.5　加速度 a で水平に進行している電車の中で，天井から吊るした長さ l の単振り子を，進行方向を含む鉛直面内で振らせた．この振り子の周期はいくらか．

8.2　等速回転座標系

慣性座標系に対して回転している座標系もまた，重要な非慣性座標系の 1 つである．このような回転座標系では，前節で扱った加速度並進座標系とは違った種類の慣性力（遠心力とコリオリ力）が現れる．

8.2.1　平面上の回転座標系と遠心力

質点が水平な台上を，1 点 O を中心に等速円運動をしている．すなわち，図 8.2 のように，質量 m の質点が O に一端が固定された長さが r のひもの先端に取り付けられており，O のまわりを一定の速さ v で回転している．この場合，台に固定された座標系が慣性座標系（K 系）であり，質点と共に回転する座標系が非慣性座標系（K′ 系）である．とくに後者は**回転座標系**と呼ばれる．

この場合，慣性系（K 系）と回転座標系（K′ 系）で力の解釈が異なる．

質点の運動に対する K 系の観測者の解釈

慣性系から観測すると，質点はひもの張力 T を受けながら等速円運動を行う．すなわち，動径方向の運動に関して，次の運動方程式が成り立つ．

$$m\left(\frac{v^2}{r}\right) = T \quad (T：ひもの張力) \tag{8.6}$$

質点の運動に対する K′ 系の観測者の解釈

回転座標系から観測すると，質点は静止している．これは，「動径方向について，質点に mv^2/r の大きさの**遠心力**が働き，それがひもの張力 T とつり合っている」と解釈される．すなわち，次の式が成り立つ．

$$T - m\left(\frac{v^2}{r}\right) = 0 \tag{8.7}$$

(8.6) と (8.7) は数学的には等価であるが，K 系と K′ 系の観測者では，ひもの張力 T の役割についての物理的解釈が異なっている．

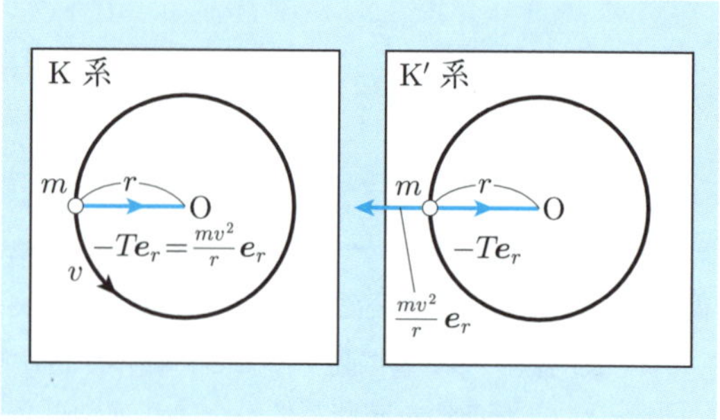

図 8.2　等速円運動と遠心力

8.2.2　回転座標系と速度，加速度

地面のような水平な固定平面と，それに垂直な軸のまわりを回転する回転円板を考え，固定平面に固定された座標系をK系（慣性座標系），回転円板に固定された座標系をK′系（回転座標系）とし，ある質点についてそれぞれの座標系からみた位置座標，速度成分，加速度成分の間の関係を調べる（例題8.3）．

座標変換

図8.3のように，K系は x, y 軸とそれに垂直な z 軸とからなる慣性座標系であり，K′系は x', y' 軸とそれに垂直な z' 軸からなる回転座標系で，z' 軸は z 軸に一致したまま，この軸のまわりを一定の角速度 ω で回る．したがって，図から明らかなように，質点の2組の位置座標の間には，次の関係が成り立つ．

$$\begin{aligned} x &= x'\cos\theta - y'\sin\theta \\ y &= x'\sin\theta + y'\cos\theta \end{aligned} \tag{8.8}$$

これは第1章で学んだ2次元直交座標変換である．ただし

$$\theta = \omega t + \phi \tag{8.9}$$

である．

速度の変換

K系とK′系における速度の間の変換式は，(8.8) の2つの式の両辺をそれぞれ t で微分して得られ

$$v_x = v_{x'}\cos\theta - v_{y'}\sin\theta - \omega(x'\sin\theta + y'\cos\theta) \tag{8.10}$$

$$v_y = v_{x'}\sin\theta + v_{y'}\cos\theta + \omega(x'\cos\theta - y'\sin\theta) \tag{8.11}$$

となる．ただし，$\omega = d\theta/dt$ である．

$$v_x = \frac{dx}{dt}, \qquad v_y = \frac{dy}{dt}$$

はK系からみた速度の成分であり

$$v_{x'} = \frac{dx'}{dt}, \qquad v_{y'} = \frac{dy'}{dt}$$

はK′系からみた速度の成分である．

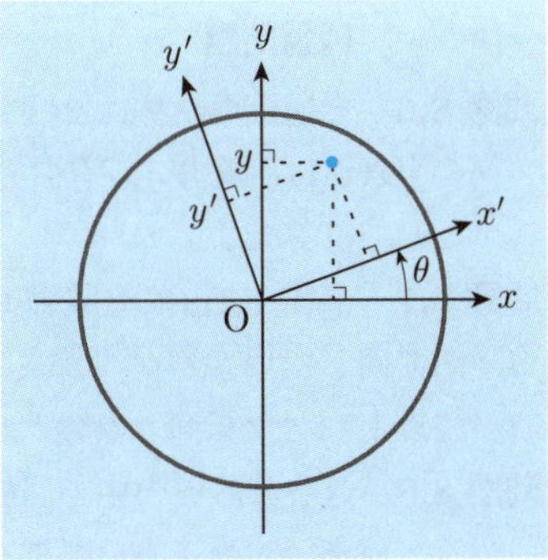

図8.3　座標変換

例題 8.3　2 次元回転座標系での運動方程式

慣性座標系 K 系 $(x,\ y,\ z)$ に対して，その z 軸に z' 軸を一致させたまま一定の角速度 ω で回転する 2 次元回転座標系 K′ 系 $(x',\ y',\ z')$ がある．この K′ 系において成り立つ運動方程式を導け．

解答　(8.10) と (8.11) の両辺をもう一度 t で微分すると，K 系と K′ 系の加速度の成分の間の関係式が求まる．

$$a_x = a_{x'}\cos\theta - a_{y'}\sin\theta - 2(v_{x'}\sin\theta + v_{y'}\cos\theta)\omega - (x'\cos\theta - y'\sin\theta)\omega^2 \tag{8.12}$$

$$a_y = a_{x'}\sin\theta + a_{y'}\cos\theta + 2(v_{x'}\cos\theta - v_{y'}\sin\theta)\omega - (x'\sin\theta + y'\cos\theta)\omega^2 \tag{8.13}$$

ただし，$d^2\theta/dt^2 = 0$ であることを用いた．

ニュートンの運動方程式は慣性座標系でのみ成り立つから

$$ma_x = F_x, \qquad ma_y = F_y \tag{8.14}$$

となる．ここで力 $\boldsymbol{F}$ の K 系と K′ 系の成分の間には直交変換が成り立つから

$$F_{x'} = F_x\cos\theta + F_y\sin\theta \tag{8.15}$$

$$F_{y'} = -F_x\sin\theta + F_y\cos\theta \tag{8.16}$$

となる．この右辺を (8.14) を使って，a_x, a_y を含む式に書き直し，さらに，(8.12) と (8.13) を使うと

$$F_{x'} = ma_{x'} - 2mv_{y'}\omega - mx'\omega^2 \tag{8.17}$$

$$F_{y'} = ma_{y'} + 2mv_{x'}\omega - my'\omega^2 \tag{8.18}$$

となり，回転座標系での運動方程式が得られる．

練習問題

問題 8.6　赤道上の物体は 24 時間で赤道を 1 周する．赤道上にある物体に働く遠心力の大きさは，重力（万有引力）の大きさの何%か．ただし，地球の半径は 6400 km として計算せよ．

問題 8.7　半径 1.2 m の円を描いて，水を半分程度入れたバケツを手に持って鉛直面内で回したい．バケツが真上にきても水がこぼれないためには，1 秒間に最低何回以上バケツを回さなければならないか．

問題 8.8　遠心分離機の中で回転軸から 0.050 m のところに 15 g の試料が置かれている．いま，この遠心分離機を毎秒 55000 回転の速さで回転させるとき，試料に及ぼされる遠心力を求めよ．

8.2.3 回転座標系とコリオリ力

コリオリ力

(8.17), (8.18) は，$\boldsymbol{i}'$ と $\boldsymbol{j}'$ を K′ 系の基本ベクトルとし

$$\boldsymbol{a}' = a_{x'}\boldsymbol{i}' + a_{y'}\boldsymbol{j}', \quad \boldsymbol{F}_1 = 2\omega m(v_{y'}\boldsymbol{i}' - v_{x'}\boldsymbol{j}'), \quad \boldsymbol{F}_2 = m\omega^2(x'\boldsymbol{i}' + y'\boldsymbol{j}')$$

とおくと

$$m\boldsymbol{a}' = \boldsymbol{F} + \boldsymbol{F}_1 + \boldsymbol{F}_2 \tag{8.19}$$

という形をしている．$\boldsymbol{F}_1$ を**コリオリ力**といい，$\boldsymbol{F}_2$ はすでにみた遠心力である．コリオリ力も遠心力も，K′ 系が非慣性系であるために現れる見かけの力である．

地球の自転によるコリオリ力

地球は自転しているため，地球に固定した座標系は回転座標系である．したがって，地表の物体の運動を，地球に固定した座標系からみると，例題 8.3 のように慣性力としては，遠心力の他にコリオリ力が働く．地表での運動は，自転軸に垂直な面内で行われるとは限らないので，自転の角速度を，自転軸の向きを向いた角速度ベクトル $\boldsymbol{\omega}$ によって表すと，地表に対して相対速度 $\boldsymbol{v}'$ で運動する物体に働くコリオリ力 $\boldsymbol{F}_1$ は，結果的には例題 8.3 と同じになり

$$\boldsymbol{F}_1 = -2m\boldsymbol{\omega} \times \boldsymbol{v}' \tag{8.20}$$

となる．実際，例題 8.3 は，この式で $\boldsymbol{\omega} = (0, 0, \omega)$, $\boldsymbol{v}' = (v_{x'}, v_{y'}, 0)$ とした場合に他ならない．

地球の自転の $\boldsymbol{\omega}$ は小さいから，通常の身のまわりの運動についてはコリオリ力を考える必要はない．しかし，コリオリ力の影響が現れる現象もある．たとえば，

(1) 極めて高い地点から物体を自由落下させるときは，下方では速度が大きいので影響が現れ，真下からやや東に偏った地点に落ちる．

(2) ひもの長い単振り子を長時間振らせると，コリオリ力によって，振動面が北半球では 東 → 南 → 西 → 北 の順に（南半球ではその逆に 西 → 南 → 東 → 北 の順に）ゆっくり回転する．その回転の周期は $2\pi/(\omega \sin\phi)$ である（ϕ は緯度）．このような振り子を**フーコーの振り子**という．

例題 8.4　2 次元回転座標系における遠心力とコリオリ力

水平な円板が，中心を通る鉛直軸のまわりに一定に角速度 ω で回転している．この円板の中心 O から動径に沿って，縁に向かって速度 v で小球を転がせるとする．このときの小球の運動を，静止座標系（K 系）と，円板とともに回転する（K′ 系）のそれぞれの立場からみるとどのようにみえるか．定性的に説明せよ．ただし，小球の転がり摩擦は考えないものとする．

解答　静止座標系（K 系）からみれば，小球は水平方向には力を受けていないから，慣性の法則に従って円板の回転とは無関係に等速直線運動をする．実際に，K 系（の上方）に固定されたカメラでこの小球をストロボ撮影すると，図 (a) のように小球の像は直線上に等間隔に並ぶ．

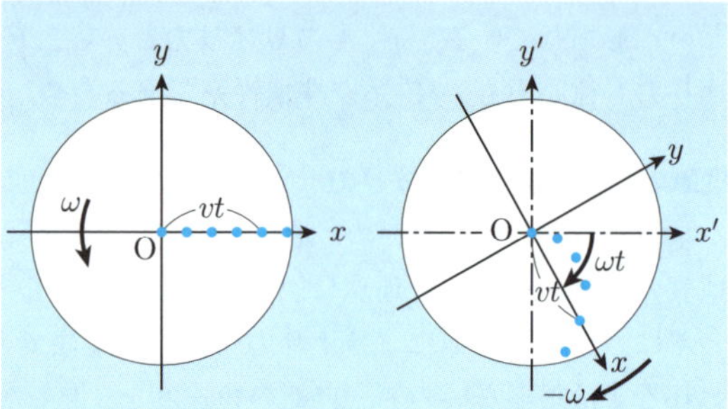

(a) K 系　　(b) K′ 系

一方，この小球の運動を，円板と一緒に回転する回転座標系 K′ 系からみると，小球は円板の中心から遠ざかると同時に，後方へ移動していく．そこで，K′ 系（の上方）にカメラを固定しストロボ撮影すると，小球の像は図 (b) のように，きれいに螺旋曲線上に並ぶ．このことから K′ 系では小球には $x'y'$-面内の慣性力 $\boldsymbol{f}$ が働くことがわかる．$\boldsymbol{f}$ は図 (c) のように動径成分（遠心力）$\boldsymbol{F}_2$ と軌道の接線（したがって速度 $\boldsymbol{v}'$）に垂直な力（コリオリ力）$\boldsymbol{F}_1$ とに分けられる．

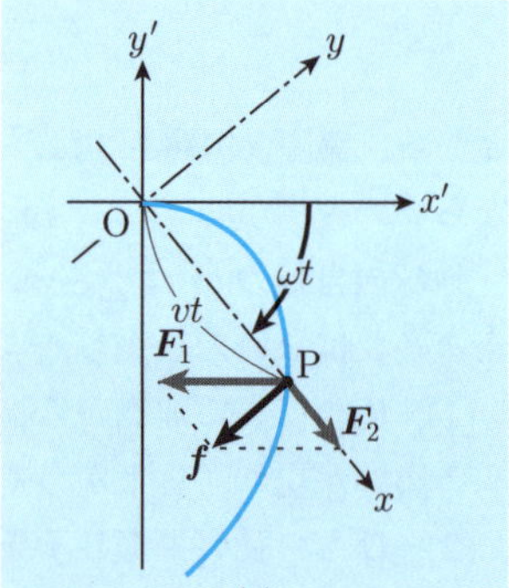

(c)

$$\boldsymbol{f} = \boldsymbol{F}_1 + \boldsymbol{F}_2$$

練習問題

問題 8.9　北緯 30° の場所では，フーコーの振り子の振動面は 1 日で何度回転するか．

第 8 章演習問題

[1]（等加速度運動する電車内でのボールの運動 1） 一定の加速度 $a\ (>0)$ で水平なレールの上を走る電車の中で，床から高さ h のところからボールを静かに落とすと，ボールは床のどの位置に落ちるか．

[2]（等加速度運動する電車内でのボールの運動 2） 一定の加速度 $a\ (>0)$ で水平なレールの上を走る電車の中で，進行方向に向かって初速 v_0 でボールを投げた．電車の中で見るとボールはどのような運動をするか．

[3]（回転するバケツの中の水面の形） バケツに水を入れて，バケツの中心を通る鉛直軸のまわりにぐるぐる回すと，やがて水は角速度 ω で回転するようになる．このとき，バケツの垂直断面をみると，右図のように，水面は周縁が上昇し中央が凹む．この水面の曲線が放物線になることを示せ．

[4]（回転座標系で観測される螺旋曲線） 例題 8.4 において，回転座標系（K′ 系）で観測される小球の螺旋軌道の方程式を求めよ．

[5]（回転円板上に載っている物体が滑らないための条件）
毎秒 1000 回転の速さで回転している水平な円板がある．この円板の回転の中心から 1.80 m だけ離れた位置に載せられている物体が，滑り出さないで，円板と一緒に回るためには，物体と円板との間の静止摩擦係数がいくらより大きくなければならないか．

[6]（支点の振動する単振り子） 長さ l，質量 m の単振り子が支点 O から吊り下がっている．いま，この支点を水平方向（x 軸方向）に O を中心に単振動させ，振り子を x 軸を含む鉛直面内で単振動させるときの，おもりの運動を記述する運動方程式を導け．ただし，時刻 t における支点の位置を $x(t)$ で表すと，その支点の振動は $x(t) = a\sin\omega t$ で与えられるものとする．

第9章
質点系の運動

2 つ以上の質点からなる力学系を**質点系**という．質点系の運動では，質点が相互に及ぼし合う力を考えなければならない．そこで，各質点に作用する力を，その系に属する質点から及ぼされる力（**内力**）と，系の外から及ぼされる力（**外力**）とに分けて考える．

9.1 2 体 問 題

まず，最も簡単な質点系である 2 質点系の運動を考察する．これを **2 体問題**という．

9.1.1 重心座標と相対座標

2 個の質点の運動方程式

質量 m_1 および m_2 の 2 個の質点があり，m_1 が m_2 から受ける力を $\boldsymbol{F}_{12}$，m_2 が m_1 から受ける力を $\boldsymbol{F}_{21}$ とおくと，各質点の運動方程式は

$$m_1 \frac{d^2 \boldsymbol{r}_1}{dt^2} = \boldsymbol{F}_{12} + \boldsymbol{F}_1 \tag{9.1}$$

$$m_2 \frac{d^2 \boldsymbol{r}_2}{dt^2} = \boldsymbol{F}_{21} + \boldsymbol{F}_2 \tag{9.2}$$

ここで，$\boldsymbol{F}_{12}$ および $\boldsymbol{F}_{21}$ は内力であり，作用反作用の法則より $\boldsymbol{F}_{12} = -\boldsymbol{F}_{21}$．また，$\boldsymbol{F}_1$, $\boldsymbol{F}_2$ はそれぞれ質点 m_1, m_2 に働く外力である．

質点系の運動方程式 (1)：2 個の質点の重心座標の運動方程式

(9.1) と (9.2) の和より，重心の運動方程式は以下のように与えられる．

$$M \frac{d^2 \boldsymbol{r}_{\mathrm{G}}}{dt^2} = \boldsymbol{F}_1 + \boldsymbol{F}_2 \tag{9.3}$$

$$M = m_1 + m_2, \quad \boldsymbol{r}_{\mathrm{G}} = \frac{m_1 \boldsymbol{r}_1 + m_2 \boldsymbol{r}_2}{m_1 + m_2} \quad \text{（重心の座標）} \tag{9.4}$$

質点系の運動方程式 (2)：2 個の質点の相対座標の運動方程式

$(9.1) \times m_2 - (9.2) \times m_1$ より，質点 m_2 から見た質点 m_1 の相対運動の運動方程式は，外力がない場合，以下のように与えられる．

$$\mu \frac{d^2 \boldsymbol{r}}{dt^2} = \boldsymbol{F}_{12} \tag{9.5}$$

$$\mu = \frac{m_1 m_2}{m_1 + m_2} \quad \text{（換算質量）}, \quad \boldsymbol{r} = \boldsymbol{r}_1 - \boldsymbol{r}_2 \quad \text{（相対座標）} \tag{9.6}$$

例題 9.1　惑星の運動

第 6 章では，太陽は静止しているものとし，惑星は太陽を焦点とする楕円運動を行うことを述べた．しかし，静止しているのは太陽と惑星の全系の質量中心であって，太陽もまた運動している．そこで，太陽と 1 つの惑星だけに注目し，他の惑星の影響を無視して 2 体問題として惑星の運動を扱い，やはり，惑星は太陽のまわりを楕円軌道を描いて運動していることを示せ．

解答　右図のように，太陽の質量を M，惑星の質量を m，その質量中心を O とし，太陽と惑星との距離を r，O と惑星との距離を r_1 とすると，惑星に働く力の中心は O であるから，O を原点とした動径方向および方位角方向の惑星の運動方程式は

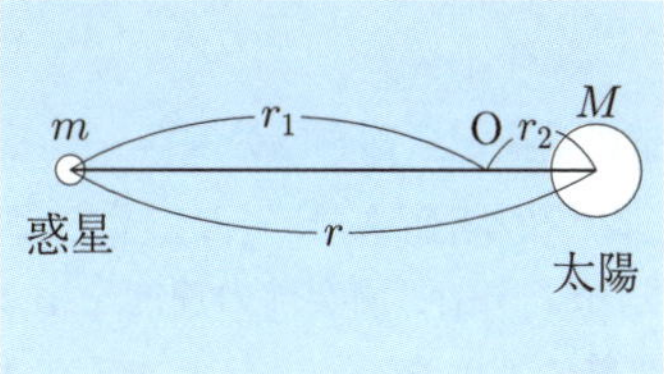

$$m\left\{\frac{d^2r_1}{dt^2} - r_1\left(\frac{d\theta}{dt}\right)^2\right\} = -G\frac{mM}{r^2}$$

$$m\left\{\frac{1}{r_1}\frac{d}{dt}\left(r_1^2\frac{d\theta}{dt}\right)\right\} = 0$$

となる．ここで，$r_1 = \{M/(M+m)\}r$ であるから，これを上の運動方程式に代入すると，r と θ で表した惑星の運動方程式として

$$\mu\left\{\frac{d^2r}{dt^2} - r\left(\frac{d\theta}{dt}\right)^2\right\} = -G\frac{mM}{r^2} \quad \left(\mu = \frac{mM}{m+M}\right)$$

$$r^2\frac{d\theta}{dt} = 一定$$

が得られる．この解は，第 6 章で学んだように，太陽を焦点とする楕円である．

練習問題

問題 9.1　地球の質量を m，太陽の質量を M とするとき，

(1)　この 2 体系の換算質量 μ を求めよ．

(2)　太陽を基準としたとき，地球の運動は質量を m に対してどれだけ補正しなければならないか．$m = 6.0 \times 10^{24}$ kg, $M = 2.0 \times 10^{30}$ kg として計算せよ．

9.1.2　球の衝突

2 球の運動量保存の法則

(9.3) より，2つの球に作用する外力の和が 0 であれば，2 球の全運動量 $\boldsymbol{P}$ は一定に保たれる．すなわち，$\boldsymbol{F}_1 + \boldsymbol{F}_2 = \boldsymbol{0}$ であれば

$$M\frac{d^2\boldsymbol{r}_{\rm G}}{dt^2} = \frac{d}{dt}\left(m_1\frac{d\boldsymbol{r}_1}{dt} + m_2\frac{d\boldsymbol{r}_2}{dt}\right) = \frac{d}{dt}(\boldsymbol{p}_1 + \boldsymbol{p}_2) = \boldsymbol{0}$$

$$\therefore \quad \boldsymbol{P} \equiv \boldsymbol{p}_1 + \boldsymbol{p}_2 = \text{一定} \tag{9.7}$$

球の衝突と全運動量の保存

2つの球を A, B とし，それぞれの質量を $m_{\rm A}, m_{\rm B}$，衝突前の速度を $\boldsymbol{v}_{\rm A}, \boldsymbol{v}_{\rm B}$，衝突後の速度を $\boldsymbol{v}'_{\rm A}, \boldsymbol{v}'_{\rm B}$ とする．A, B の衝突は $\boldsymbol{v}_{\rm A}$ と $\boldsymbol{v}_{\rm B}$（または $\boldsymbol{v}'_{\rm A}$ と $\boldsymbol{v}'_{\rm B}$）で決まる平面内で起こる．そこで，図のように，衝突の瞬間における中心線を x 軸に選び，それに垂直に y 軸をとる．また，x 軸と $\boldsymbol{v}_{\rm A}$ および $\boldsymbol{v}_{\rm B}$ とのなす角を α, β とし，$\boldsymbol{v}'_{\rm A}$ および $\boldsymbol{v}'_{\rm B}$ とのなす角を α', β' とすると，全運動量は保存されるから

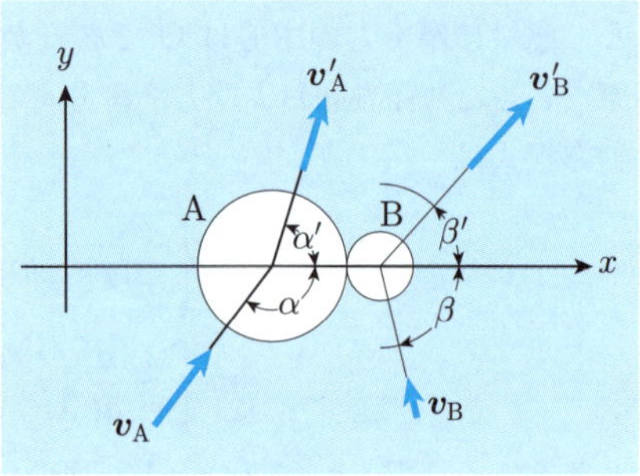

図 9.1

運動量の x 成分：

$$m_{\rm A}v_{\rm A}\cos\alpha + m_{\rm B}v_{\rm B}\cos\beta = m_{\rm A}v'_{\rm A}\cos\alpha' + m_{\rm B}v'_{\rm B}\cos\beta' \tag{9.8}$$

運動量の y 成分：

$$m_{\rm A}v_{\rm A}\sin\alpha + m_{\rm B}v_{\rm B}\sin\beta = m_{\rm A}v'_{\rm A}\sin\alpha' + m_{\rm B}v'_{\rm B}\sin\beta' \tag{9.9}$$

反発係数（跳ね返り係数）

x 方向については**ニュートンの反発の法則**が成り立つ．

$$\frac{v'_{\rm B}\cos\beta' - v'_{\rm A}\cos\alpha'}{v_{\rm B}\cos\beta - v_{\rm A}\cos\alpha} = -e \quad (0 \leq e \leq 1) \tag{9.10}$$

e は**反発係数（跳ね返り係数）**という．また，$e = 1$ の場合を**弾性衝突**，$0 < e < 1$ の場合を**非弾性衝突**，$e = 0$ の場合を**完全非弾性衝突**という．

y 方向については，A も B も力を受けないので，運動量の y 成分はそれぞれ保存される．

例題 9.2　直衝突における運動エネルギーの損失

同じ直線上を運動する 2 球の衝突を**直衝突**という．直衝突では，運動は一直線上で起こる．したがって，質量がそれぞれ $m_{\mathrm{A}}, m_{\mathrm{B}}$ の 2 球 A, B の衝突の前後の速度を $v_{\mathrm{A}}, v'_{\mathrm{A}}$ および $v_{\mathrm{B}}, v'_{\mathrm{B}}$ とすると，運動量保存の式 (9.8), (9.9) は

$$m_{\mathrm{A}}v_{\mathrm{A}} + m_{\mathrm{B}}v_{\mathrm{B}} = m_{\mathrm{A}}v'_{\mathrm{A}} + m_{\mathrm{B}}v'_{\mathrm{B}} \tag{9.11}$$

となり，反発の法則 (9.10) は

$$\frac{v'_{\mathrm{B}} - v'_{\mathrm{A}}}{v_{\mathrm{B}} - v_{\mathrm{A}}} = -e \tag{9.12}$$

となる．この 2 つの式を用いて，衝突の前後における 2 球 A, B の運動エネルギーの変化を求めよ．

解答　(9.13), (9.14) を v'_{A} および v'_{B} について解くと

$$v'_{\mathrm{A}} = v_{\mathrm{A}} + \frac{m_{\mathrm{B}}(1+e)}{m_{\mathrm{A}}+m_{\mathrm{B}}}(v_{\mathrm{B}} - v_{\mathrm{A}})$$
$$v'_{\mathrm{B}} = v_{\mathrm{B}} - \frac{m_{\mathrm{A}}(1+e)}{m_{\mathrm{A}}+m_{\mathrm{B}}}(v_{\mathrm{B}} - v_{\mathrm{A}})$$

したがって，衝突の前後での運動エネルギーの和の変化 ΔK は

$$\begin{aligned}\Delta K &= \frac{1}{2}(m_{\mathrm{A}}v'^2_{\mathrm{A}} + m_{\mathrm{B}}v'^2_{\mathrm{B}}) - \frac{1}{2}(m_{\mathrm{A}}v^2_{\mathrm{A}} + m_{\mathrm{B}}v^2_{\mathrm{B}}) \\ &= -\frac{1}{2}\frac{m_{\mathrm{A}}m_{\mathrm{B}}}{m_{\mathrm{A}}+m_{\mathrm{B}}}(1-e^2)(v_{\mathrm{A}} - v_{\mathrm{B}})^2 \leq 0\end{aligned}$$

となる．これより，$e = 1$（弾性衝突）の場合を除いて，運動エネルギーの和は必ず減少することがわかる．

練習問題

問題 9.2　静止している球に，これと質量が等しく，同じ大きさの別の球が，速さ v でやってきて直衝突した．反発係数が e のとき，衝突後のそれぞれの球の速さを求めよ．

例題 9.3　同じ質量の 2 つの球の弾性衝突

静止している球 B（質量 m）に，同じ質量をもち，大きさも等しい球 A が速度 $\boldsymbol{v}_{\mathrm{A}}$ で弾性衝突した．衝突後の 2 つの球 A，B の速度 $\boldsymbol{v}'_{\mathrm{A}}$, $\boldsymbol{v}'_{\mathrm{B}}$ を求めよ．ただし，衝突後の A の散乱角を θ とする．

解答　まず，衝突では外力は考えなくてよいから，2 つの球の全角運動量は衝突の前後で保存する．すなわち

$$m\boldsymbol{v}_{\mathrm{A}} = m\boldsymbol{v}'_{\mathrm{A}} + m\boldsymbol{v}'_{\mathrm{B}} \qquad \therefore \quad \boldsymbol{v}_{\mathrm{A}} = \boldsymbol{v}'_{\mathrm{A}} + \boldsymbol{v}'_{\mathrm{B}}$$

が成り立つ．これは 3 つのベクトル $\boldsymbol{v}_{\mathrm{A}}$, $\boldsymbol{v}'_{\mathrm{A}}$, $\boldsymbol{v}'_{\mathrm{B}}$ が三角形の 3 辺を成していることを表している．

次に，弾性衝突であることから，運動エネルギーもまた衝突の前後で保存する．

$$\frac{1}{2}mv_{\mathrm{A}}^2 = \frac{1}{2}mv'_{\mathrm{A}} + \frac{1}{2}mv'_{\mathrm{B}}$$

$$\therefore \quad v_{\mathrm{A}}^2 = v'^2_{\mathrm{A}} + v'^2_{\mathrm{B}}$$

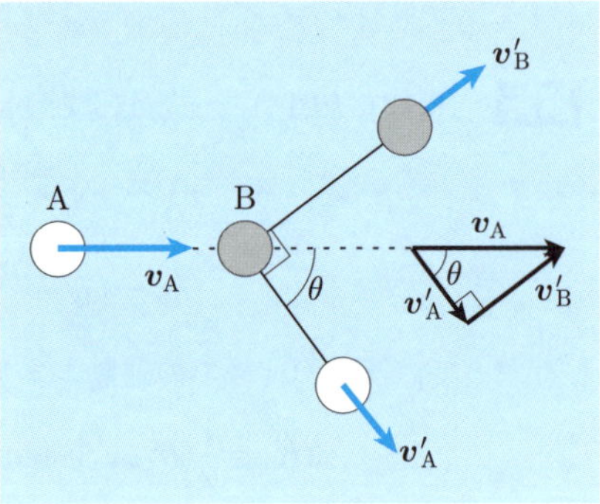

これは三平方の定理を表しており，$\boldsymbol{v}_{\mathrm{A}}$, $\boldsymbol{v}'_{\mathrm{A}}$, $\boldsymbol{v}'_{\mathrm{B}}$ の相対的な関係は，3 つのベクトルがつくる三角形が $\boldsymbol{v}_{\mathrm{A}}$ を斜辺とする直角三角形であることがわかる．したがって，3 つのベクトル $\boldsymbol{v}_{\mathrm{A}}$, $\boldsymbol{v}'_{\mathrm{A}}$, $\boldsymbol{v}'_{\mathrm{B}}$ の関係は図のようになり，球 A の散乱角（B によって起こる進行方向の変化量）を θ とすると，それぞれの大きさ（速さ）は

$$v'_{\mathrm{A}} = v_{\mathrm{A}} \cos\theta, \qquad v'_{\mathrm{B}} = v_{\mathrm{A}} \sin\theta$$

となる．

なお，2 つの球が正面衝突した場合は，2 つの球の速度は衝突によって入れ替わり，球 A が静止し，球 B が球 A の衝突前の速度で動き出す（問題 9.3）．

練習問題

問題 9.3　例題 9.3 において，2 つの球が正面衝突し，球 B が $\boldsymbol{v}_{\mathrm{A}}$ の方向に動き出す「直衝突」の場合について v'_{A}, v'_{B} をそれぞれ求めよ．これは，θ が何度の場合に相当するか．

9.2 質点系と外力

以下 N 個の質点からなる系（質点系）を考える．i 番目の質点の質量を m_i，位置ベクトルを $\boldsymbol{r}_i$，運動量を $\boldsymbol{p}_i$，角運動量を $\boldsymbol{l}_i$，i 番目の質点に作用する外力を $\boldsymbol{F}_i$，系内の j 番目の質点から及ぼされる内力を $\boldsymbol{F}_{ij}$ とする．このとき

$$\text{外力の和：}\quad \sum_{i=1}^{N} \boldsymbol{F}_i \equiv \boldsymbol{F}, \qquad \text{内力の和：}\quad \sum_{i=1}^{N}\sum_{j\neq i} \boldsymbol{F}_{ij} = \boldsymbol{0}$$

9.2.1 質点系の全運動量

i 番目の質点の運動方程式

$$m_i \frac{d^2 \boldsymbol{r}_i}{dt^2} = \frac{d\boldsymbol{p}_i}{dt} = \boldsymbol{F}_i + \sum_{j\neq i} \boldsymbol{F}_{ij} \tag{9.13}$$

N 個の質点系の運動方程式

N 個の質点について (9.13) の辺々を足し合わせる．

$$\sum_{i=1}^{N} \frac{d\boldsymbol{p}_i}{dt} = \sum_{i=1}^{N} \boldsymbol{F}_i + \sum_{i=1}^{N}\sum_{j\neq i} \boldsymbol{F}_{ij}$$

これより

$$\frac{d\boldsymbol{P}}{dt} = \boldsymbol{F} \quad \left(\boldsymbol{P} \equiv \sum_{i=1}^{N} \boldsymbol{p}_i \text{：}\quad \text{質点系の全運動量} \right) \tag{9.14}$$

すなわち

『質点系の全運動量 $\boldsymbol{P}$ の時間変化率は外力の合力 $\boldsymbol{F}$ に等しく，$\boldsymbol{F} = \boldsymbol{0}$ であれば，$\boldsymbol{P}$ は保存される（**質点系の全運動量の保存則**）』

9.2.2 質点系の全角運動量

i 番目の質点の回転の運動方程式

i 番目の質点の角運動量は $\boldsymbol{l}_i = \boldsymbol{r}_i \times \boldsymbol{p}_i$ である．したがって，回転の運動方程式は

$$\frac{d\boldsymbol{l}_i}{dt} = \boldsymbol{r}_i \times \frac{d\boldsymbol{p}_i}{dt} = \boldsymbol{r}_i \times \left(\boldsymbol{F}_i + \sum_{j\neq i} \boldsymbol{F}_{ij} \right) \tag{9.15}$$

$$\because \quad \frac{d\boldsymbol{r}_i}{dt} \times \boldsymbol{p}_i = \boldsymbol{v}_i \times (m_i \boldsymbol{v}_i) = \boldsymbol{0}$$

N 個の質点系の回転の運動方程式

N 個の質点について (9.15) の辺々を足し合わせる．その場合，内力について作用反作用の法則が成り立つため

$$\boldsymbol{r}_i \times \boldsymbol{F}_{ij} + \boldsymbol{r}_j \times \boldsymbol{F}_{ji} = (\boldsymbol{r}_i - \boldsymbol{r}_j) \times \boldsymbol{F}_{ji} = \boldsymbol{0}$$

に注意すると

$$\frac{d\boldsymbol{L}}{dt} = \boldsymbol{N} \tag{9.16}$$

$$\left(\boldsymbol{L} = \sum_{i=1}^{N} \boldsymbol{l}_i:\ \text{全角運動量},\quad \boldsymbol{N} = \sum_{i=1}^{N} \boldsymbol{r}_i \times \boldsymbol{F}_i:\ \text{全外力のモーメント}\right)$$

これは

『質点系の全角運動量 $\boldsymbol{L}$ の時間変化率は外力のモーメントの和 $\boldsymbol{N}$ に等しく，$\boldsymbol{N} = 0$ であれば，$\boldsymbol{L}$ は保存される（**質点系の全角運動量の保存則**）』

9.3 重　心

9.3.1 N 個の質点系の重心 r_{G} の定義

$$\boldsymbol{r}_{\mathrm{G}} = \frac{m_1\boldsymbol{r}_1 + m_2\boldsymbol{r}_2 + \cdots + m_N\boldsymbol{r}_N}{m_1 + m_2 + \cdots + m_N} = \frac{\displaystyle\sum_{i=1}^{N} m_i\boldsymbol{r}_i}{M} \tag{9.17}$$

$$\left(M = \sum_{i=1}^{N} m_i:\ \text{全質量}\right)$$

9.3.2 重心の速度と加速度

重心の速度

$$\boldsymbol{v}_{\mathrm{G}} = \frac{d\boldsymbol{r}_{\mathrm{G}}}{dt} = \frac{1}{M}\sum_{i=1}^{N} m_i \frac{d\boldsymbol{r}_i}{dt} = \frac{1}{M}\sum_{i=1}^{N} \boldsymbol{p}_i = \frac{1}{M}\boldsymbol{P} \tag{9.18}$$

重心の加速度

$$\boldsymbol{a}_{\mathrm{G}} = \frac{d\boldsymbol{v}_{\mathrm{G}}}{dt} = \frac{1}{M}\frac{d\boldsymbol{P}}{dt} = \frac{1}{M}\boldsymbol{F} \tag{9.19}$$

例題 9.4　ロケットの推進速度

宇宙空間においてロケットが燃料を噴射して加速する運動について，以下の問に答えよ．

(1) 速さ V で運動している質量（燃料を含む）M のロケットが，ある短い時間 Δt に質量 Δm の燃料を，ロケットとは逆向きに相対速度 $-v$ で噴射した．ロケットの速さはいくら加速されたか．

(2) 速さ V_1 で運動している質量（燃料も含む）M_1 のロケットが，燃料を相対速度 $-v$ で噴射し続けたところ，質量（燃料を含む）が M_2 に減少した．このときのロケットの速さ V_2 はいくらか．

解答　(1) 噴射された燃料の，静止した座標系における速度は $V - v$ である．噴射前と後では系の運動量は保存されるから

$$MV = (M - \Delta m)(V + \Delta V) + \Delta m(V - v)$$

となる．ここで，Δt を小さいとして，微小量同士の積 $\Delta m \cdot \Delta V$ を無視すると

$$M\Delta V - v\Delta m = 0 \qquad \therefore \quad \Delta V = \frac{\Delta m}{M}v$$

となる．すなわち，ロケットはこれだけ加速される．

(2) (1) において，$\Delta t \to 0$ の極限を考えると

$$\Delta V \to dV, \qquad \Delta m \to dm = -dM$$

であるから，(1) の結果より，

$$dV = -\frac{v}{M}dM \qquad \therefore \quad \int_{V_1}^{V_2} dV = -v\int_{M_1}^{M_2} \frac{1}{M}dM$$

$$\therefore \quad V_2 = V_1 - v\ln\frac{M_2}{M_1}$$

練習問題

問題 9.4　速さ $4.0 \times 10^3\ \mathrm{m \cdot s^{-1}}$ で宇宙空間を運動しているロケットが，エンジンを点火し，$6.0 \times 10^3\ \mathrm{m \cdot s^{-1}}$ の速さで燃料をロケットの運動とは逆向きに噴射し続けた．ロケットの質量がエンジンの点火前の半分に減少したときのロケットの速さはいくらか．

例題 9.5 重心と座標系

(9.17) で定義される重心の位置は，系の中の質量分布だけで決まり，座標系の選び方にはよらないことを示せ．

解答 原点 O に関する重心 G の位置ベクトルを $\boldsymbol{r}_\mathrm{G}$，$i$ 番目の質点 P_i の位置ベクトルを $\boldsymbol{r}_i$ とし，重心 G に関する P_i の位置ベクトルを $\boldsymbol{r}'_i$ とすると，図に見られるように

$$\boldsymbol{r}_i = \boldsymbol{r}_\mathrm{G} + \boldsymbol{r}'_i$$

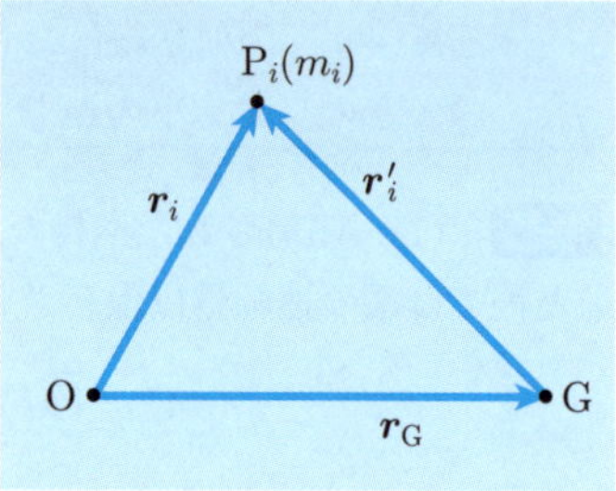

の関係が成り立つ．これを (9.17) に代入すると

$$\boldsymbol{r}_\mathrm{G} = \frac{\displaystyle\sum_{i=1}^{N} m_i \boldsymbol{r}_i}{M} = \frac{M\boldsymbol{r}_\mathrm{G} + \displaystyle\sum_{i=1}^{N} m_i \boldsymbol{r}'_i}{M}$$

となる．これより，重心 G は

$$\sum_{i=1}^{N} m_i \boldsymbol{r}'_i = \boldsymbol{0}$$

を満たす点であって，原点 O の選び方にはよらないことがわかる．

練習問題

問題 9.5 質量が m, $2m$, $4m$ の 3 つの質点が，xy-平面上の直角三角形 ABC の各頂点に置かれている．頂点 A, B, C の座標が次のように与えられるとき，この 3 質点系の重心 G の座標を求めよ．

$$\mathrm{A} : (a,\, 0), \qquad \mathrm{B} : (a+b,\, 0), \qquad \mathrm{C} : (a+b,\, c)$$

問題 9.6 線密度 λ の一様な棒の重心を求めるには，まず棒を長さ Δx の要素に分割し，各要素を質量が $\Delta m = \lambda \Delta x$ の質点とみなして，(9.17) を適用する．このとき (9.17) に現れる和は，$\Delta x \to 0$ の極限をとって積分に置き換えればよい．この方法で，質量 M で長さが L の一様な棒の重心を求めよ（連続体の重心の計算は第 10 章で改めて扱う）．

9.4 質点系のエネルギー

9.4.1 質点系の運動エネルギー

質点系の全運動エネルギーは，各質点の運動エネルギーの和として定義される．

$$T \equiv \sum_{i=1}^{N} \frac{1}{2} m_i \left| \frac{d\boldsymbol{r}_i}{dt} \right|^2 = \sum_{i=1}^{N} \frac{1}{2} m_i |\boldsymbol{v}_i|^2 \tag{9.20}$$

ただし $\boldsymbol{v}_i$ は質点の速度である．ここで，重心の速度を $\boldsymbol{v}_{\mathrm{G}}$，質点の重心を原点とした座標系での速度を $\boldsymbol{v}'_i$ とすると

$$\boldsymbol{v}_i = \boldsymbol{v}_{\mathrm{G}} + \boldsymbol{v}'_i \tag{9.21}$$

これを (9.20) に代入すると

$$T = \frac{1}{2} M v_{\mathrm{G}}^2 + \sum_{i=1}^{N} \frac{1}{2} m_i v'^2_i \tag{9.22}$$

となる．ここで，$\sum_{i=1}^{N} m_i \boldsymbol{v}'_i = \boldsymbol{0}$ を用いた．右辺の第 1 項は**重心の運動エネルギー**，第 2 項は**重心に対する各質点の相対的な運動エネルギーの和**である．

9.4.2 質点系の位置エネルギー

質点に働く外力 $\boldsymbol{F}_i$ も内力 $\boldsymbol{F}_{ij}$ も，ともに保存力であるとする．

i 番目の質点に働く外力 F_i による位置エネルギー $U(r_i)$

$$U_i(\boldsymbol{r}_i) = -\int_{\infty}^{r_i} \boldsymbol{F}_i \cdot d\boldsymbol{r}_i \tag{9.23}$$

i 番目と j 番目の質点間の内力 F_{ij} による位置エネルギー $U_{ij}(|r_i - r_j|)$

$$U_{ij}(|\boldsymbol{r}_i - \boldsymbol{r}_j|) = -\int_{\infty}^{r_i} \boldsymbol{F}_{ij} \cdot d\boldsymbol{r}_i \tag{9.24}$$

質点系の全位置エネルギー

$$U = \sum_{i=1}^{N} U_i(\boldsymbol{r}_i) + \frac{1}{2} \sum_{i=1}^{N} \sum_{j=1}^{N} U_{ij}(|\boldsymbol{r}_i - \boldsymbol{r}_j|) \tag{9.25}$$

$(U_{ii} = U_{jj} = 0)$

例題 9.6 鎖を引き上げる力

図のように，長さ l，質量 m の鎖を水平な床の上に置き，その一端をもって一定の速さ v で鉛直上方に引き上げる．引き上げられた鎖の鉛直部分の長さが h であるとき，

(1) 鎖が床に及ぼす力はいくらか．

(2) そのとき鎖を引き上げようとする力はいくらか．ただし，鎖は完全な非弾性体の環の集まりと考える．

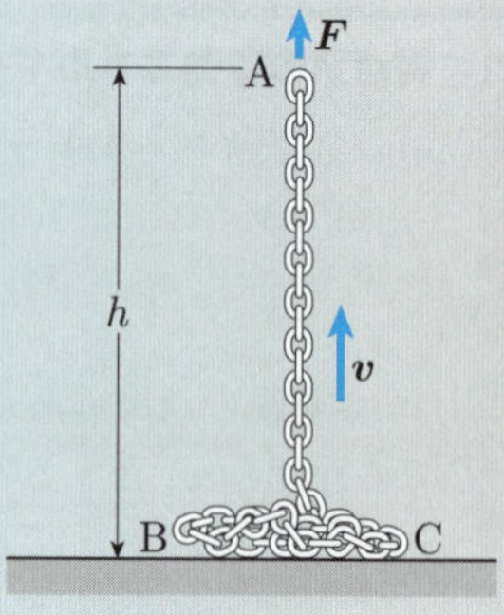

解答 鎖 ABC は全体として質点系と考える．鎖の線密度は m/l であるから，時間 dt の間に鎖の質量が $v(m/l)dt$ だけ床から離れていく．このための鎖の運動量の変化，つまり鎖に与えられる力積は鉛直上向きで $dI \equiv fdt = v^2(m/l)dt$ である．

(1) したがって，鎖が床に及ぼす力は，鎖の BC 部分（実はこの部分は一塊と考える）に働く重力 F_{BC} と f の差であるから

$$F_{\mathrm{BC}} - f = \left(\frac{l-h}{l}\right) mg - \frac{m}{l}v^2$$

(2) 鎖の上端を引き上げる力 F の大きさは，鎖の鉛直部分 AB に働く重力 F_{AB} と f の和に等しい．すなわち

$$\begin{aligned} F &= F_{\mathrm{AB}} + f \\ &= \left(\frac{h}{l}\right) mg + \frac{m}{l}v^2 \end{aligned}$$

練習問題

問題 9.7 例題 9.6 を，力学的エネルギーの変化と仕事との関係から解くと

$$F = \left(\frac{h}{l}\right) mg + \frac{1}{2}\frac{mv^2}{l}$$

となり，正しい答が得られない．その理由を述べよ．

第 9 章演習問題

[1]　(2 体系の運動量の保存)　平坦で摩擦のない氷の上に，質量 150 kg の厚板が置かれており，厚板の上には質量 45 kg の少女が立っていて，はじめ厚板も少女も静止している．この少女が板に対して一定の速度 $1.5\,\mathrm{m \cdot s^{-1}}$ で歩きはじめた．

(1)　この少女の氷の面に対する速度はいくらか．

(2)　このとき氷の面上を滑る厚板の氷の面に対する速度はいくらか．

[2]　(床との衝突)　床から高さ h のところから質量 m のボールを自由落下させた．ボールは床から瞬間的に跳ね返るものとし，床とボールの間の反発係数は e である．

(1)　床との衝突でボールが床に与える力積はいくらか．

(2)　1 回目の跳ね返りでボールはどの高さまで跳ね上がるか．

(3)　1 回目の跳ね返りによって散逸した力学的エネルギーを求めよ．

(4)　ボールは跳ね返りを繰り返し，やがて動かなくなった．この間に散逸したボールの力学的エネルギーの合計はいくらか．

[3]　(本をどこまでずらして積み上げられるか？)　全く同じ本をできるだけずらして積み上げることを考えよう．ただし，上にある本の全体の重心がその下の本の端の真上にあるときは，それらの本は崩れないで積み上げられるものとする．

(1)　全く同じ 3 冊の本をずらして積み上げ，一番上の本が一番下の本に対してできるだけずれるように積み上げるには，どのように積み上げればよいか．

(2)　全く同じ本をずらして積み上げ，一番上の本が一番下の本に対してちょうど 1 冊分だけずれるようにするには，少なくとも何冊の本が必要か．

[4]　(1 直線上に並んだ 3 個の球の逐次衝突)　質量 m_1, m_2, m_3 の 3 つの球 A, B, C が 1 つの直線上にこの順に並んでいる．いま，A に速さ v を与えると，A は B に衝突して B に運動量を与える．この運動量を得た B は，こんどは C に衝突して C に運動量を与える．このとき，B が C に与える運動量はいくらか．ただし，A と B の間および B と C の間の反発係数はそれぞれ e_1 および e_2 である．

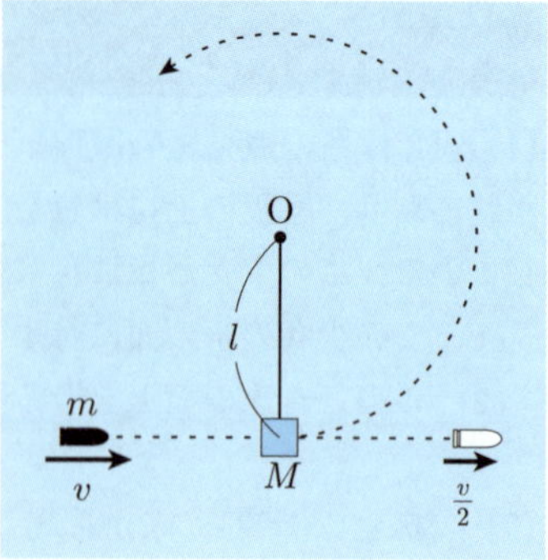

[5] （振り子のおもりを弾丸が貫通する） 図のように，O から長さ l のひもで質量 M のおもりを吊るした振り子がある．いま，静止しているおもりを，質量 m の弾丸が速さ v で水平に貫通し，速さ $v/2$ で飛び出した．このとき，おもりが鉛直面内で半径 l の円を描くためには，少なくとも v はいくらよりも大きくなければならないか．

[6] （原子炉内の中性子と炭素原子核との衝突） 原子炉内で静止している炭素の原子核に中性子が弾性正面衝突する場合について，

(1) この衝突において中性子がもっていた運動エネルギーのどれだけの部分が炭素原子核に転移するか．ただし，炭素の原子核の質量は中性子の質量の 12 倍とする．

(2) はじめ 1.0 MeV（$= 1.6 \times 10^{-13}$ J）の運動エネルギーをもつ中性子が，炭素原子核と弾性正面衝突した後の運動エネルギーはいくらになるか．

[7] （成長する雨滴の落下） 静止した霧の中を，重力によって落下する雨滴は，表面に霧を取り込んで成長しながら運動する．空気の抵抗は無視し，重力加速度の大きさを g として以下の問に答えよ．

(1) 時刻 t における，雨滴の質量が $m(t)$，速度が $v(t)$ であるとして雨滴の運動方程式を求めよ．ただし，$v(t)$ は鉛直下方の向きを正とする．

(2) 雨滴の質量の増加の速さが，雨滴の質量と速度の積に比例するとき（$dm/dt = kmv$），雨滴の加速度 $a(t)$ を速度 $v(t)$ の関数として求めよ．

[8] （ロケットの推力） ロケットの推力とは噴射されたガスがロケットに及ぼす力である．したがって，質量 M のロケットが質量 dM のガスを相対速度 v_e で噴射して，その結果ロケットの速度が dv だけ増大したとすると

$$\text{推力} = M\frac{dv}{dt} = \left| v_e \frac{dM}{dt} \right|$$

となる．サターンロケットの第1段ロケットは，毎秒 1.5×10^4 kg の割合で燃料を速度 $2.6 \times 10^3\ \mathrm{m \cdot s^{-1}}$ で噴射する．このエンジンが生ずる推力を計算せよ．

[9]　(太陽系の位置エネルギー)　太陽系を太陽と水星から海王星までの 8 個の惑星からなっているとしたとき，太陽系の位置エネルギーはどのように書き表されるか．ただし，太陽の質量を M，i 番目の惑星の質量を m_i，太陽の重心を原点にとったときの惑星の位置ベクトルを $\boldsymbol{r}_i$，万有引力定数を G とする．

[10]　(鎖の運動)　例題 9.6 の鎖の運動について，以下の問に答えよ．

(1)　例題 9.6 では鎖の上端を一定の速さで引き上げたが，これを一定の力 F で引き上げた場合，鎖の鉛直部分の AB の長さが h になったときの上端の速さを求めよ．

(2)　一旦引き上げた鎖を鉛直にたらし，その下端がちょうど床に触れるようにし静止状態から静かに放す．鎖が距離 h だけ落下したとき（すなわち鉛直部分の長さが $l-h$ のとき)，床が鎖に及ぼす力を求めよ．ただし，鎖の環は床に達すると瞬間に静止するものとする．

[11]　(質点系の角運動量と力学的エネルギー)　質量 m_{A} と質量 m_{B} の 2 つの質点 A, B が互いに万有引力を及ぼし合って相対距離 r を保ちながら，重心 G のまわりを角速度 ω で等速円運動をしており，G は A と B の運動する平面内で，点 O から距離 h だけ離れた直線上を速度 v_{G} で等速直線運動をしている．

(1)　この質点系の全力学的エネルギー E を求めよ．ただし，万有引力定数は G とする．

(2)　この質点系の，点 O のまわりの全角運動量の大きさ L を求めよ．

第10章
剛体の力学の基礎

われわれの周囲に存在している物体は，気体，液体，固体に大別されるが，いずれも大きさ（体積）があり，質量が連続的に分布している．その中で固体は，気体や液体と違って一定の形(かたち)をもち，またその多くは，運動中でもほとんど変形しない．この章では，このような「硬い」固体の運動を**剛体**というモデルを使って考える．大きさをもつ物体も，細かく分割すればその１つ１つは質点とみなせるから，剛体の力学は，これまでに学んできた質点系の力学が基礎になる．

10.1 剛　体

10.1.1 剛体モデル

物体を小さな直方体に分け，この直方体の体積を限りなく小さくしてみる．ある１つの微小直方体の位置ベクトルを $\boldsymbol{r}$，その場所での物体の密度を $\rho(\boldsymbol{r})$，体積を dV $(= dxdydz)$ とすると，その直方体の質量は $dm = \rho(\boldsymbol{r})dV$ である．この微小直方体を質点とみなすと，物体は無数の質点の集まりと見ることができる．

剛体とは，物体内のどんな２点（２質点）$\boldsymbol{r}_1$, $\boldsymbol{r}_2$ をとっても，その距離 $|\boldsymbol{r}_1 - \boldsymbol{r}_2|$ が一定に保たれている物体である．すなわち剛体は，外から力を加えても熱を加えても，全体の大きさ，形，密度が絶対に変わらない理想化された固体である．

10.1.2 剛体の自由度

質点系の自由度

物体の運動を記述するのに必要な座標の数を**自由度**という．たとえば，３次元空間の中で１個の質点の運動を記述するには，その質点の３つの位置座標，すなわち，x, y, z（直交座標）や r, θ, ϕ（極座標）を決めてやらなければならない．したがって，質点１個の自由度は３であり，独立な N 個の質点からなる系の自由度は $3N$ である．

剛体の自由度

一般に，剛体の位置と向きは，１つの直線上にない剛体内の３点 A, B, C の位置を定めれば決まる．１つの点の位置は３つの座標 x, y, z で定まるから，３点は９つの座標で決まる．しかし，剛体の場合には，A, B, C 相互の距離 AB, BC, CA が不変であるという 3 つの幾何学的条件があるから，9 つの座標のうち独立に変化できる座標の数は $9-3=6$ である．したがって，**剛体の自由度**は 6 である．

10.1.3　剛体の基本的な運動

剛体の運動は，剛体の 1 つの基準点の運動と，そのまわりの回転運動との合成で表される．

並進運動

剛体中のすべての点が等しく変位する運動を**並進運動**という．並進運動では，剛体内のすべての点は，同じ速度，同じ加速度をもち，各々の点は同じ形と大きさの軌道を描く．すなわち，並進運動は剛体の任意の 1 つの点の運動によって決まる．

直線のまわりの回転

剛体のすべての点が同じ 1 本の直線（**回転軸**）のまわりを円運動する運動を，その直線のまわりの回転という．各点の回転軸のまわりの角速度および角加速度は，みな互いに等しい．

点のまわりの回転

剛体内の 1 点の変位が常に 0 であるような運動をその点のまわりの回転といい，その点を**回転の中心**という．点のまわりの回転は，その点を通る 1 本の直線のまわりの回転で表すことができる（**オイラーの定理**）．

10.1.4　剛体の重心

剛体を微小部分に分割し，無数の質点 $dm=\rho(\boldsymbol{r})dV$ の集まりとみなすと，その質量中心は，(9.17) から

$$\boldsymbol{r}_{\mathrm{G}}=\frac{1}{M}\int \boldsymbol{r}\rho(\boldsymbol{r})dV \quad \left(=\frac{1}{V}\int \boldsymbol{r}dV \quad (\rho=\text{一定のとき})\right) \tag{10.1}$$

で与えられる（分割を無限に細かくすることで，和は積分になる）．これを剛体の**重心**という．

例題 10.1　剛体の自由度

(1) アンモニア NH_3 の分子は，図のように，四面体の4つの頂点に4個の原子が配置されている．各原子間の距離が固定されているとすると，アンモニア分子の自由度はいくらか．

(2) 一般に相互の距離が固定された N (≥ 3) 個の質点系の自由度は6であることを証明せよ．

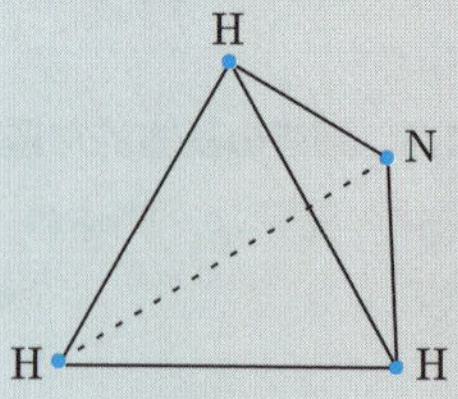

アンモニア分子

解答 (1) アンモニア分子は，3個の水素原子（H）の位置が決まると，残りの窒素原子（N）の位置は，各H原子から距離が固定されているために決まってしまう．すなわち，N原子に残された自由度はない（詳しくは(2)参照）．

ところで，1つのH原子の位置は3つの座標 (x, y, z) で決まるから，3個の水素原子（A, B, Cとする）の位置は，9つの座標 (x_A, y_A, z_A), (x_B, y_B, z_B), (x_C, y_C, z_C) によって定まる．しかし，3個の水素原子の間隔はそれぞれ不変であるので，3つの幾何学的条件

$$(x_A - x_B)^2 + (y_A - y_B)^2 + (z_A - z_B)^2 = \text{一定}$$
$$(x_B - x_C)^2 + (y_B - y_C)^2 + (z_B - z_C)^2 = \text{一定}$$
$$(x_C - x_A)^2 + (y_C - y_A)^2 + (z_C - z_A)^2 = \text{一定}$$

が存在する．この3つの条件式によって，9つの座標のうち独立に変化できる座標の数は $9 - 3 = 6$ になる．したがって，アンモニア分子の自由度は6である．

(2) まず，同一直線上にない3個の質点A, B, Cからなる質点系を考え，A, B, C相互の距離が不変であるとすると，この質点系の自由度は，(1)で示したように $9 - 3 = 6$ である．さてこれに1質点を加えた4質点系を考えると，座標の自由度は3だけ増えるが，A, B, Cからの距離が不変という幾何学的条件も3つ増えるため，自由度は変わらず6になる．さらにこれに1質点を加えても，その位置は，同一直線上にない3質点からの距離で決まるため，幾何学的条件の数が3つ増え，それは座標の自由度の増加を打ち消す．この議論は質点が1つ加わるごとに繰り返すことができるため，質点間の距離が不変である N 個の質点系の自由度は6である．

練習問題

問題 10.1　原子間距離が変わらないとして，水素分子（H_2）のような2原子分子の自由度を求めよ．

例題 10.2　半球の重心

半径 a の密度が一様な半球の重心を求めよ．

解答　図に示すように，球の中心 O を原点にとり，半球の底面に沿って x, y 軸，垂直に z 軸をとる．半球は z 軸に関して軸対称であるから，半球の重心はこの z 軸上にある．いま，半球を，底面から距離 z と $z+dz$ の 2 つの平面で切り取ると，この薄円板の体積 dV および質量 dm は，図から明らかなように

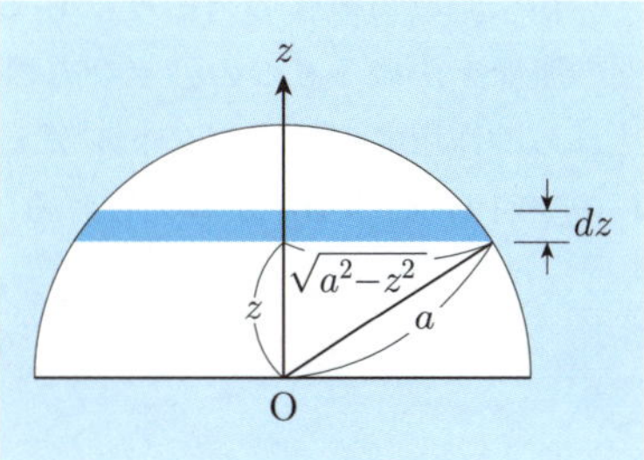

$$dV = \pi(a^2 - z^2)dz$$
$$dm = \rho dV$$
$$= \rho\pi(a^2 - z^2)dz$$

である．そこで，半球を底面に平行な薄い円板にスライスし，各円板をその中心（z 軸上にある）に質量 dm が集中した質点とみなして，半球をそれらの質点の集まりと考えると，半球の重心の z 座標は，(10.1) から

$$z_G = \frac{1}{V}\int z dV = \frac{\int_0^a z \cdot \pi(a^2 - z^2)dz}{\int_0^a \pi(a^2 - z^2)dz} = \frac{\frac{1}{4}\pi a^4}{\frac{2}{3}\pi a^3} = \frac{3}{8}a$$

と求められる．もちろん，重心は z 軸上にあるから，その x, y 座標は $x_G = 0, y_G = 0$ である．

練習問題

問題 10.2　半径 a の，厚さも密度も一様な薄い半円形の板の重心を求めよ．

問題 10.3　半径 a，中心角 θ の扇形をした厚さも密度も一様な薄板の重心を求めよ．

問題 10.4　底面の半径が a，高さが h で密度が一様な直円錐の重心を求めよ．

10.2 剛体の運動方程式

10.2.1 剛体の運動方程式

自由に動ける剛体の自由度は 6 である．したがって，剛体の運動方程式は，その 6 個の座標を決める 6 つの独立な方程式からなる．剛体に複数の力 $\boldsymbol{F}_i$ が作用していて，それらの作用点の位置ベクトルが $\boldsymbol{r}_i$ であるとき，それらの 6 個の方程式としては，9 章の (9.14) と (9.16) が考えられる．

$$\text{運動量の保存則：}\quad \frac{d\boldsymbol{P}}{dt} = \sum_i \boldsymbol{F}_i \tag{10.2}$$

$$\text{角運動量の保存則：}\quad \frac{d\boldsymbol{L}}{dt} = \sum_i \boldsymbol{r}_i \times \boldsymbol{F}_i = \sum_i \boldsymbol{N}_i \tag{10.3}$$

あるいは，重心の位置ベクトル，速度ベクトルをそれぞれ $\boldsymbol{r}_{\mathrm{G}}$, $\boldsymbol{v}_{\mathrm{G}}$ とし，それらに相対的な作用点の位置および速度ベクトル $\boldsymbol{r}'_i$, $\boldsymbol{v}'_i$ を導入すると，剛体の運動は (10.2), (10.3) と同等な 6 個の方程式

$$\text{重心 G の運動並進運動：}\quad M\frac{d^2\boldsymbol{r}_{\mathrm{G}}}{dt} = \sum_i \boldsymbol{F}_i \tag{10.4}$$

$$\text{G のまわりの回転運動：}\quad \frac{d\boldsymbol{L}'}{dt} = \sum_i \boldsymbol{r}'_i \times \boldsymbol{F}_i \tag{10.5}$$

で記述される．ここで，$\boldsymbol{L}'$ は剛体の G のまわりの角運動量である．

10.2.2 剛体に働く力

作用点と作用線

剛体に作用する力 $\boldsymbol{F}$ の効果は，それが作用する点 P の位置によって変わる．この点 P を力 $\boldsymbol{F}$ の**作用点**という．また，P を通って力 $\boldsymbol{F}$ と平行な直線を**作用線**という．

力の移動性の法則

剛体に作用する力は，その大きさと向きを変えずにその作用線上を移動しても，剛体に与える効果は変わらない．

偶力と偶力のモーメント

剛体に，大きさが等しく向きが反対の力 $\boldsymbol{F}$, $-\boldsymbol{F}$ が働き，図 10.1 のように，その作用線が異なるとき，この 1 対の力を**偶力**という．この 2 つの力の作用点をそれぞれ $\boldsymbol{r}_1$, $\boldsymbol{r}_2$ とするとき，この 2 つの力のモーメントの和は

$$\boldsymbol{N} = \boldsymbol{r}_1 \times \boldsymbol{F} + \boldsymbol{r}_2 \times (-\boldsymbol{F}) = (\boldsymbol{r}_1 - \boldsymbol{r}_2) \times \boldsymbol{F} \tag{10.6}$$

である．この $\boldsymbol{N}$ を**偶力のモーメント**という．

偶力のモーメントの大きさ N は，2 本の作用線の間隔を l とすると

$$N = lF \tag{10.7}$$

であって，その向きは，剛体の回転軸に右ねじを置いたとき，右ねじの進む向きである．

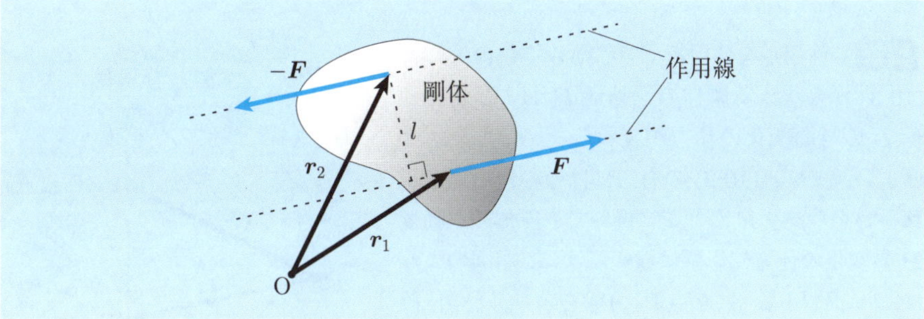

図 10.1 偶力

平行力の中心

剛体に複数の力 $\boldsymbol{F}_i$（$i = 1, 2, \cdots, n$）が作用し，それらのすべての力が平行で同じ向きのとき，任意の原点に関する $\boldsymbol{F}_i$ の位置ベクトルを $\boldsymbol{r}_i$ とすると，これらの力は，作用点を $\boldsymbol{r}_\mathrm{C}$ とする 1 つの力 $\boldsymbol{F}$ と等価である．

$$\boldsymbol{r}_\mathrm{C} = \frac{\displaystyle\sum_{i=1}^{n} F_i \boldsymbol{r}_i}{\displaystyle\sum_{i=1}^{n} F_i}, \qquad \boldsymbol{F} = \sum_{i=1}^{n} \boldsymbol{F}_i \tag{10.8}$$

この作用点 $\boldsymbol{r}_\mathrm{C}$ を**平行力の中心**といい，その位置は平行力の方向によらない．

2 組の等価な外力の組

(10.2), (10.3) から，剛体の運動は，剛体に作用する外力 $\boldsymbol{F}_i$ のベクトル和と $\boldsymbol{F}_i$ の任意の点に関するモーメント $\boldsymbol{r}_i \times \boldsymbol{F}_i$ のベクトル和によって決まる．したがって

$$\sum_{i=1}^{n} \boldsymbol{F}_i = \sum_{j=1}^{n} \boldsymbol{F}'_j \tag{10.9}$$

$$\sum_{i=1}^{n} \boldsymbol{r}_i \times \boldsymbol{F}_i = \sum_{j=1}^{n} \boldsymbol{r}'_j \times \boldsymbol{F}'_j \tag{10.10}$$

を満たす 2 組の外力（$\boldsymbol{F}_1, \boldsymbol{F}_2, \cdots, \boldsymbol{F}_n$）と（$\boldsymbol{F}'_1, \boldsymbol{F}'_2, \cdots, \boldsymbol{F}'_m$）は，剛体に対して等しい効果を与えるため，これらの 2 組の外力は互いに等価である．

例題 10.3　力の移動性の法則

剛体に作用する力は，その大きさと向きを変えずにその作用点を作用線上のどこに移動しても，剛体に与える効果は変わらない．この力の移動性の法則を証明せよ．

解答　作用点を作用線上で移動しても (10.2) と (10.3) から決まる剛体の運動量 $\boldsymbol{P}$ および角運動量 $\boldsymbol{L}$ の時間変化の仕方が変わらないことを示せばよい．まず，(10.2) の右辺には力の作用点が現れないから，力 $\boldsymbol{F}$ がどこに働いても剛体の運動量 $\boldsymbol{P}$ の変化の仕方に影響はない．次に，右図のように，$\boldsymbol{F}$ の作用線上に2点 P_1, P_2 をとり，その位置ベクトルを $\boldsymbol{r}_1$, $\boldsymbol{r}_2$ とすると，$\boldsymbol{r}_1-\boldsymbol{r}_2$ は作用線，すなわち，$\boldsymbol{F}$ に平行であるから $(\boldsymbol{r}_1-\boldsymbol{r}_2)\times\boldsymbol{F}=\boldsymbol{0}$ である．したがって，P_1 に働く力 $\boldsymbol{F}$ の任意の点 O に関するモーメントは

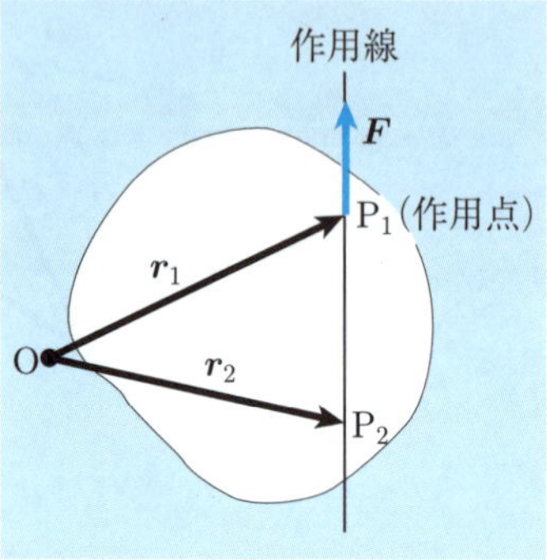

$$
\begin{aligned}
\boldsymbol{N} &= \boldsymbol{r}_1\times\boldsymbol{F} = (\boldsymbol{r}_1-\boldsymbol{r}_2)\times\boldsymbol{F} + \boldsymbol{r}_2\times\boldsymbol{F} \\
&= \boldsymbol{r}_2\times\boldsymbol{F}
\end{aligned}
$$

となり，$\boldsymbol{F}$ が P_2 に働いたときのモーメントに等しい．したがって，これらの2つの力の剛体の角運動量 $\boldsymbol{L}$ の時間変化に対する影響は等しい．よって，剛体に働く力は作用点が作用線上のどこにあっても，剛体に対する効果は等しい．

練習問題

問題 10.5　作用線が交わる2つの力 $\boldsymbol{F}_1$, $\boldsymbol{F}_2$ は，その作用線の交点に作用する1つの力 $\boldsymbol{F}_1+\boldsymbol{F}_2$ と等価であることを示せ．

問題 10.6　平行な2つの力 $\boldsymbol{F}_1$（作用点 P_1），$\boldsymbol{F}_2$（作用点 P_2）の中心は，$\boldsymbol{F}_1$ と $\boldsymbol{F}_2$ の向きが同じであるか逆であるかに従って，線分 $\mathrm{P}_1\mathrm{P}_2$ を2つの力の大きさの逆比に内分または外分する点であることを示せ．

例題 10.4 壁に立てかけたはしご

滑らかな鉛直の壁に，長さ l のはしごが立てかけてある．はしごの質量は M，はしごと床との間の静止摩擦係数が μ であるとき，はしごが滑らないためには，はしごと床とのなす角度 θ はいくらより大きくなければならないか．

解答 剛体のつり合いの条件は，運動方程式 (10.2), (10.3) から明らかなように，剛体に作用する外力の和が 0 であることと，剛体に作用する外力のモーメントの和が 0 であることの 2 つである．

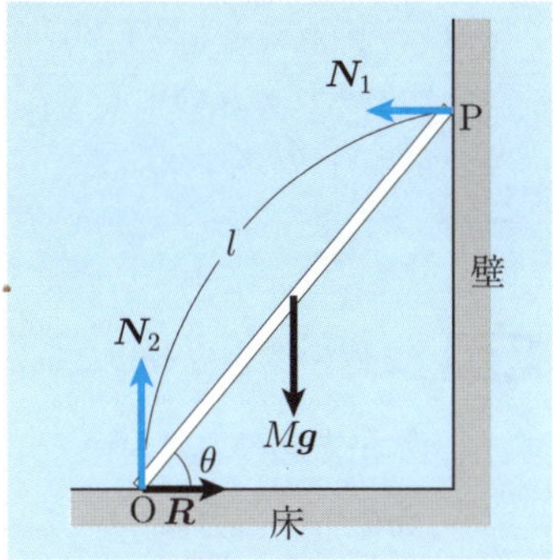

$$\sum_i \boldsymbol{F}_i = \boldsymbol{0}, \qquad \sum_i \boldsymbol{r}_i \times \boldsymbol{F}_i = \boldsymbol{0}$$

はしごに働くすべての外力は，図に示すように，壁との接触点 P で壁から及ぼされる垂直抗力 $\boldsymbol{N}_1$，および床との接触点 O で，床から及ぼされる垂直抗力 $\boldsymbol{N}_2$（注意：$\boldsymbol{N}_1$, $\boldsymbol{N}_2$ は力のモーメントと混同しないこと）と摩擦力 $\boldsymbol{R}$，さらに，はしごの重心に働く重力 $M\boldsymbol{g}$ である．したがって，上のつり合いの条件は

水平方向の力のつり合い： $R - N_1 = 0$

鉛直方向の力のつり合い： $N_2 - Mg = 0$

O のまわりの力のモーメントのつり合い： $N_1 l \sin\theta - \dfrac{1}{2} Mgl \cos\theta = 0$

となる．さらにこれに

$$\text{はしごが滑らない条件：}\quad R < \mu N_2 = \mu Mg$$

が加わる．この 4 つの条件式を整理すると，はしごが滑らないための傾き角 θ に対する条件は

$$\tan\theta > \frac{1}{2\mu}$$

と得られる．この条件は，質量 M や長さ l には依存しない．

練習問題

問題 10.7 上問において，静止摩擦力がはしごと壁の間に働き，はしごと床との間には摩擦力が働かない場合，はしごが滑らない条件について論ぜよ．

例題 10.5 2 つの球のつり合い

図のように，半径が r_1, r_2，質量が m_1, m_2 の一様な球を，長さ l の軽い糸の両端に取り付けて，滑らかな釘に掛けて吊るしたところ，2 つの球は触れ合って静止した．このとき，釘の両側の糸が鉛直線となす角 θ_1, θ_2，糸の張力 T，2 つの球のそれぞれの中心 P_1, P_2 と釘の位置 O との距離 l_1, l_2 を求めよ．

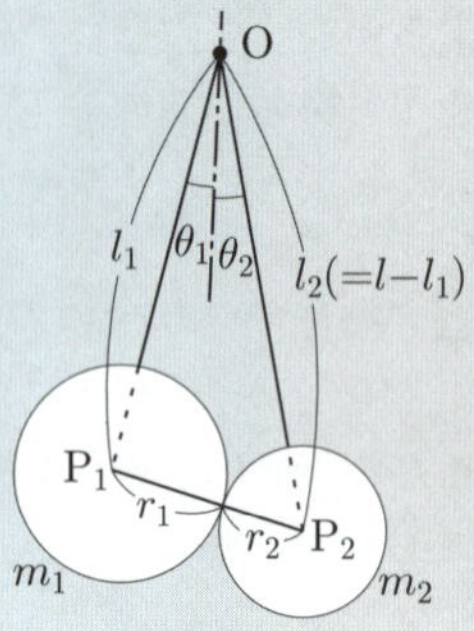

解答 2 個の球を合わせた系に対するつり合いの条件は

水平方向の力について： $T\sin\theta_1 = T\sin\theta_2$

鉛直方向の力について： $T\cos\theta_1 + T\cos\theta_2 = m_1 g + m_2 g$

O のまわりの力のモーメントについて： $m_1 g l_1 \sin\theta_1 = m_2 g l_2 \sin\theta_2$

となる．また，l_1, l_2 と l および r_1, r_2 との間には，その定義から

$$(l_1 - r_1) + (l_2 - r_2) = l$$

の関係が成り立つ．これらの 4 つの式から

$$\theta_1 = \theta_2 \equiv \theta, \qquad T = \frac{(m_1 + m_2)g}{2\cos\theta}$$

$$l_1 = \frac{m_2(l + r_1 + r_2)}{m_1 + m_2}, \qquad l_2 = \frac{m_1(l + r_1 + r_2)}{m_1 + m_2}$$

が得られる．ここで，θ は三角形 OP_1P_2 について，余弦定理を適用すると

$$\cos 2\theta = \frac{l_1^2 + l_2^2 - (r_1 + r_2)^2}{2l_1 l_2}$$

と得られる．これに上の l_1, l_2 を代入して整理すると

$$\cos 2\theta = \frac{(m_1 + m_2)^2 l\,\{l + 2(r_1 + r_2)\}}{2m_1 m_2 (l + r_1 + r_2)^2} - 1$$

と求められる．

練習問題

問題 10.8 上問において，$m_1 = m_2 = m$ のとき，2 つの球の接触面で及ぼし合う垂直抗力の大きさを求めよ．

10.3　重心のまわりの剛体の回転

剛体の運動は，運動方程式が (10.4), (10.5) で表されるように，重心の並進運動と重心のまわりの回転運動の重ね合わせである．したがって，剛体の運動を扱うには，剛体の重心のまわりの角運動量と，剛体に作用する外力のモーメントの関係である (10.5) が重要になる．そこで，(10.5) を確認しておこう．

10.3.1　重心の角運動量と重心のまわりの角運動量

剛体の i 番目の体積要素の質量を m_i とし，その位置ベクトルを

$$\boldsymbol{r}_i = \boldsymbol{r}_{\mathrm{G}} + \boldsymbol{r}'_i \tag{10.11}$$

のように分割する．$\boldsymbol{r}'_i$ は重心から測った位置ベクトルである．剛体の角運動量 $\boldsymbol{L}$ は，全質量を M として

$$\begin{aligned}\boldsymbol{L} = \sum_i \boldsymbol{r}_i \times \left(m_i \frac{d\boldsymbol{r}_i}{dt}\right) &= \boldsymbol{r}_{\mathrm{G}} \times \sum_i m_i \frac{d\boldsymbol{r}_{\mathrm{G}}}{\mathrm{d}t} + \left(\sum_i m_i \boldsymbol{r}'_i\right) \times \frac{d\boldsymbol{r}_{\mathrm{G}}}{dt} \\ &\quad + \boldsymbol{r}_{\mathrm{G}} \times \frac{d}{dt}\left(\sum_i m_i \boldsymbol{r}'_i\right) + \sum_i m_i \left(\boldsymbol{r}'_i \times \frac{d\boldsymbol{r}'_i}{dt}\right) \qquad (10.12) \\ &= \boldsymbol{r}_{\mathrm{G}} \times M \frac{d\boldsymbol{r}_{\mathrm{G}}}{dt} + \sum_i \boldsymbol{r}'_i \times \left(m_i \frac{d\boldsymbol{r}'_i}{dt}\right) \equiv \boldsymbol{L}_{\mathrm{G}} + \boldsymbol{L}'\end{aligned}$$

のように，全質量が重心に集まった場合の角運動量 $\boldsymbol{L}_{\mathrm{G}}$ と，重心のまわりの角運動量 $\boldsymbol{L}'$ の和で表すことができる．

10.3.2　剛体に作用する外力のモーメント

剛体に複数の外力 $\boldsymbol{F}_k$ が作用するとして，k 番目の作用点の位置ベクトルを $\boldsymbol{r}_k = \boldsymbol{r}_{\mathrm{G}} + \boldsymbol{r}'_k$ とすると，外力のモーメントの和 $\boldsymbol{N}$ は

$$\boldsymbol{N} = \boldsymbol{r}_{\mathrm{G}} \times \sum_k \boldsymbol{F}_k + \sum_k \boldsymbol{r}'_k \times \boldsymbol{F}_k \equiv \boldsymbol{N}_{\mathrm{G}} + \boldsymbol{N}' \tag{10.13}$$

となる．$\boldsymbol{N}'$ は重心のまわりの外力のモーメントの和である．$d\boldsymbol{L}/dt = \boldsymbol{N}$ より

$$\frac{d\boldsymbol{L}_{\mathrm{G}}}{dt} + \frac{d\boldsymbol{L}'}{dt} = \boldsymbol{N}_{\mathrm{G}} + \boldsymbol{N}' \tag{10.14}$$

となるが，並進運動の運動方程式を使うと (10.5) が導かれる．

$$\frac{d\boldsymbol{L}'}{dt} = \sum_k \boldsymbol{r}'_k \times \boldsymbol{F}_k = \boldsymbol{N}' \tag{10.5}$$

例題 10.6　剛体の運動エネルギー

剛体の運動エネルギー K を，重心の位置にその全質量 M を集中させたと考えた質点の運動エネルギー K_{G} と，重心に対する相対運動の運動エネルギー K' との和に分離せよ．

解答　剛体を体積要素に分割し，i 番目の要素の質量を m_i とし，その位置ベクトルを

$$\boldsymbol{r}_i = \boldsymbol{r}_{\mathrm{G}} + \boldsymbol{r}'_i$$

とおく．これを用いて運動エネルギー K を表すと

$$\begin{aligned} K &= \frac{1}{2}\sum_i m_i \left|\frac{d\boldsymbol{r}_i}{dt}\right|^2 \\ &= \frac{1}{2}\sum_i m_i \left|\frac{d\boldsymbol{r}_{\mathrm{G}}}{dt} + \frac{d\boldsymbol{r}'_i}{dt}\right|^2 \\ &= \frac{1}{2}\sum_i m_i \left|\frac{d\boldsymbol{r}_{\mathrm{G}}}{dt}\right|^2 + \sum_i m_i \frac{d\boldsymbol{r}_{\mathrm{G}}}{dt}\cdot\frac{d\boldsymbol{r}'_i}{dt} + \frac{1}{2}\sum_i m_i \left|\frac{d\boldsymbol{r}'_i}{dt}\right|^2 \end{aligned}$$

となる．ここで，右辺の第1項および第3項は

$$K_{\mathrm{G}} = \frac{1}{2}M\left|\frac{d\boldsymbol{r}_{\mathrm{G}}}{dt}\right|^2 \quad \left(M = \sum_i m_i\right)$$

$$K' = \frac{1}{2}\sum_i m_i \left|\frac{d\boldsymbol{r}'_i}{dt}\right|^2$$

となり，それぞれ重心の運動エネルギーと重心に対する相対運動の運動エネルギーである．また第2項は

$$\frac{d\boldsymbol{r}_{\mathrm{G}}}{dt}\cdot\frac{d}{dt}\sum_i m_i\boldsymbol{r}'_i = 0 \qquad \because \quad \sum_i m_i \boldsymbol{r}'_i = \boldsymbol{0}$$

である．したがって

$$K = K_{\mathrm{G}} + K'$$

練習問題

問題 10.9　剛体に作用する重力の，重心のまわりのモーメントは0であることを示せ．

第 10 章演習問題

[1]（剛体の平面運動の自由度と回転の瞬間中心） 剛体の平面運動は，剛体の平面に平行な断面の運動で代表される．この代表断面の運動は，その面内の任意の 2 点 A, B を結ぶ線分の運動で定まる．

(1) 剛体の自由な平面運動の自由度は 3 であることを示せ．

(2) 剛体の代表断面内の線分が AB から A′B′ へ変位するとき，この変位は線分 AA′, および BB′ の垂直 2 等分線の交点 O のまわりの角 θ $(= \angle \mathrm{AOA'})$ の回転で実現できることを示せ（このことは，運動中の任意の微小変位についていえるので，剛体の平面運動は，この回転の中心 O のまわりの単一な回転の連続と見ることができる．O は時々刻々と変化するので，この O を**回転の瞬間中心**という）．

[2]（半球の回転の瞬間中心） 半径 a の一様な半球が，底面を上にして滑らかな水平面の上に置かれている．いま，この半球を底面が水平と角 θ をなす状態にして静かに放した．このときの半球の回転の瞬間中心はどこか．

[3]（分割した剛体の質量中心） 剛体 K を任意の 2 つの部分 A と B に分割し，それぞれの重心の位置ベクトルを $\boldsymbol{r}_\mathrm{A}$, $\boldsymbol{r}_\mathrm{B}$，質量を M_A, M_B とする．いま，A, B の代わりに質量 M_A, M_B をそれぞれ $\boldsymbol{r}_\mathrm{A}$ と $\boldsymbol{r}_\mathrm{B}$ に集中させた 2 つの質点からなる系 K′ を考えると，K′ の質量中心は，もとの剛体 K の重心と一致することを示せ．

[4]（薄板の質量中心 1） 図のように，長方形から中心 O と 2 つの頂点 C, D を結んでできる三角形を切り取った形の厚さが一様な薄板がある．この薄板の質量中心 G は MN 上のどこにあるか．

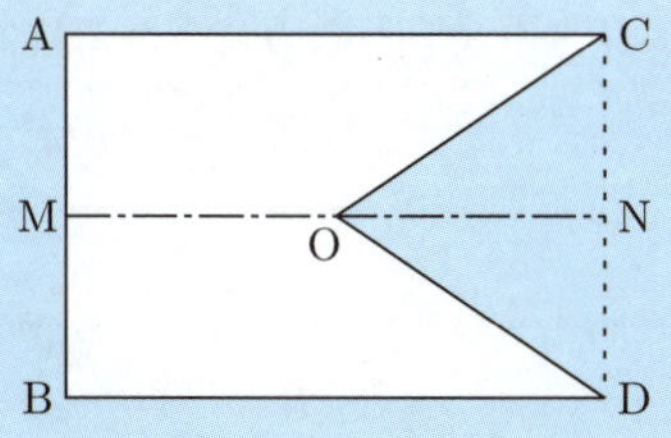

[5]（薄板の質量中心 2） 図のように，厚さが一様な半径 a の円板に，半径 b の円形

の孔が開いている．この孔開き円板の重心の位置を求めよ．ただし，円板の中心 O と孔の中心 P の距離 d と a, b との間には，$d+b<a$ の関係があるものとする．

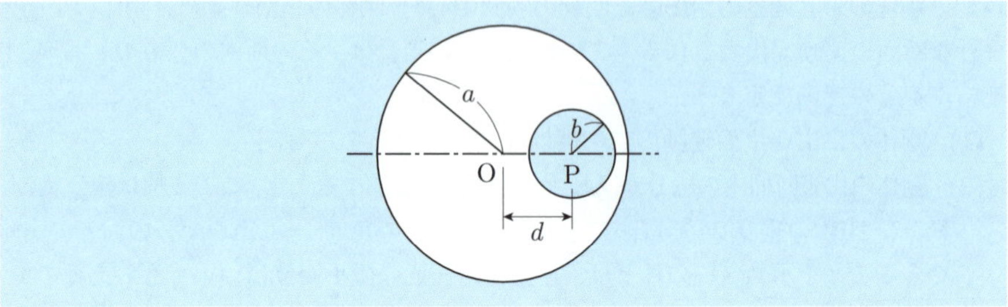

[6]（剛体のつり合い 1） 図のように，長さ l，質量 M の一様な細い棒の一端 A を天井から糸で吊るし，他端 B を力 F で水平に引っ張ったところ，鉛直下方から測って糸と棒はそれぞれ角 θ_1 および θ_2 だけ傾いて静止した．それぞれの傾き角，および糸の張力 T を求めよ．

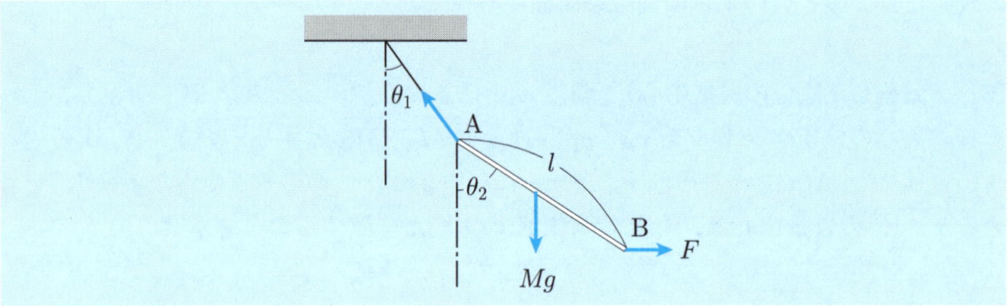

[7]（剛体のつり合い 2） 図に示すように，水平な床に高さ h の段差がある．いま，半径 R，質量 M の円柱にロープを巻き付けて，ロープを水平に引き，円柱を段上にもち上げたい．円柱は段の角で滑らないものとして，円柱をもち上げるのに必要な水平力の最小の大きさ F および点 P で円柱に及ぼされる抗力の大きさ N を求めよ．

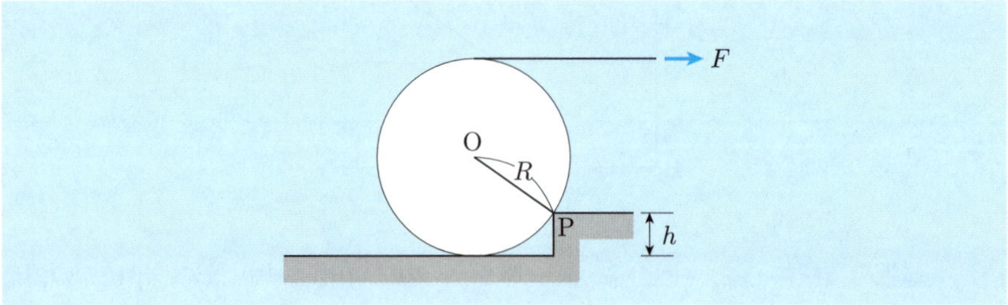

第11章

剛体の平面運動

自由空間における剛体の自由度は 6 であるが，実際には束縛力が働くことによって自由度が小さくなっていることが多い．この章では自由度が 3 である剛体の平面運動を考えることによって，剛体の運動を学ぶ．

11.1 固定軸のまわりの剛体の回転運動

剛体を貫く 1 本の直線が固定されているとき，その直線を**固定軸**という．剛体の固定軸のまわりの運動は，剛体に固定された点 P から固定軸へ下した垂線 OP と，空間に固定された直線（たとえば鉛直線）との角 θ の時間変化のみで表されるので，その自由度は 1 である．

11.1.1 固定軸のまわりの回転の運動方程式

固定軸のまわりの角運動量

固定軸を z 軸に選ぶと，質量 m_i の体積要素 i の角運動量の z 成分は

$$L_{iz} = m_i\left(x_i\frac{dy_i}{dt} - y_i\frac{dx_i}{dt}\right) = m_i(x_iv_{iy} - y_iv_{ix}) \tag{11.1}$$

である．これは 2 次元極座標を使うと

$$L_{iz} = m_ir_i^2\omega(\cos^2\theta_i + \sin^2\theta_i) = m_ir_i^2\omega \tag{11.2}$$

となる．ここで，ω は固定軸のまわりの共通の角速度である．したがって，全角運動量の z 成分は

$$L_z = \sum_i L_{iz} = \left(\sum_i m_ir_i^2\right)\omega \tag{11.3}$$

固定軸のまわりの回転の運動方程式

剛体の固定軸のまわりの回転運動の方程式は，(11.3) より

$$\frac{dL_z}{dt} = \left(\sum_i m_ir_i^2\right)\frac{d\omega}{dt} = N_z \tag{11.4}$$

となる．ここで，N_z は剛体に作用する外力の固定軸に関するモーメントの和である．(11.4) において

$$I_z = \sum_i m_i {r_i}^2 \tag{11.5}$$

とおくとき，この I_z を，剛体の固定軸（z 軸）のまわりの**慣性モーメント**という．(11.5) の r_i^2 は，固定軸から体積要素 i までの距離の 2 乗である．慣性モーメントを用いると，角運動量 (11.3) および運動方程式 (11.4) は

$$L_z = I_z \omega \tag{11.6}$$

$$I_z \frac{d\omega}{dt} = N_z \tag{11.7}$$

となる．角速度 ω は，回転角を θ とすると，その時間導関数で与えられる．

$$\omega = \frac{d\theta}{dt} \tag{11.8}$$

運動エネルギー

i 番目の体積要素の運動エネルギー K_i は

$$K_i = \frac{1}{2} m_i (v_{ix}^2 + v_{iy}^2) = \frac{1}{2} m_i r_i^2 \omega^2 \tag{11.9}$$

である．したがって，固定軸のまわりを回転する剛体の全運動エネルギー K は

$$K = \frac{1}{2} \left(\sum_i m_i r_i^2 \right) \omega^2 = \frac{1}{2} I \omega^2 \tag{11.10}$$

となる．ただし，I は上記固定軸のまわりの慣性モーメントである．運動エネルギーの変化と外力のモーメントとの関係は，運動方程式 (11.7) の両辺に ω を掛けて，t_1 から t_2 まで積分して得られる．すなわち

$$\frac{1}{2} I \omega_2^2 - \frac{1}{2} I \omega_1^2 = \int_{\theta_1}^{\theta_2} N d\theta \tag{11.11}$$

である．ただし，ω_1, ω_2 および θ_1, θ_2 は，それぞれ t_1, t_2 における角速度および回転角である．これより，回転運動における運動エネルギーの増加量は，外力のモーメントのした仕事に等しいことがわかる．したがって，外力が保存力であれば，固定軸のまわりを回転する剛体の力学的エネルギー E は保存する．

$$E = \frac{1}{2} I \omega^2 + U = 一定 \tag{11.12}$$

ただし，U は外力（保存力）によるポテンシャルエネルギーである．

例題 11.1　滑車の運動（アトウッドの装置）

図のように，定滑車に滑らないひもを掛け，ひもの両端におもりを吊るした装置をアトウッドの装置という．これは両端に付けたおもりの質量の差を小さくしていくと，おもりの落下速度をいくらでも小さくすることができるため，重力加速度の大きさを精密に測定する目的でイギリスの物理学者アトウッドによって考案された装置である．いま，2 つのおもりの質量を m_1, m_2 $(m_1 > m_2)$ とし，定滑車の質量を M，半径を R として

(1) 滑車の両側のひもの張力 T_1, T_2（図参照）を求めよ．

(2) ひもの加速度 dv/dt（おもり m_1 の加速度）を求めよ．

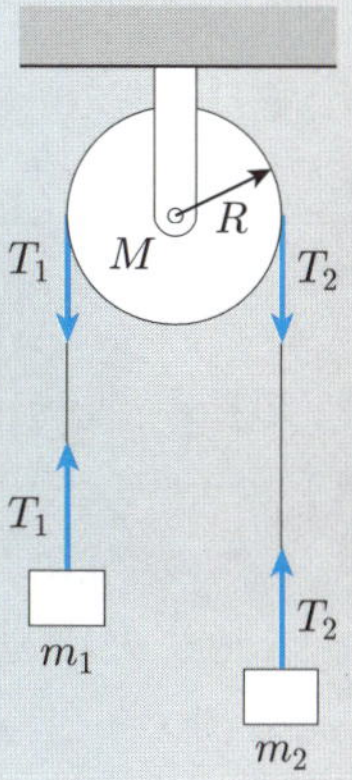

解答　2 つのおもりの運動方程式は

$$m_1 \frac{dv}{dt} = m_1 g - T_1 \tag{11.13}$$

$$m_2 \frac{dv}{dt} = -m_2 g + T_2 \tag{11.14}$$

と書ける．また，滑車の回転の運動方程式は

$$I \frac{d\omega}{dt} = \frac{1}{2} M R^2 \frac{d\omega}{dt} = \frac{1}{2} M R \frac{dv}{dt} = T_1 R - T_2 R \tag{11.15}$$

と表される．ここで，$v = R\omega$ であり，滑車の慣性モーメント I は後述の (11.24) より，$I = MR^2/2$ であることを用いている．

(11.13), (11.14), (11.15) の 3 つの運動方程式を連立して解くと，2 つの張力 T_1, T_2 およびひもの加速度 dv/dt が次のように求められる．

(1) $T_1 = \dfrac{M + 4m_2}{M + 2(m_1 + m_2)} m_1 g, \quad T_2 = \dfrac{M + 4m_1}{M + 2(m_1 + m_2)} m_2 g$

(2) $\dfrac{dv}{dt} = \dfrac{2(m_1 - m_2)}{M + 2(m_1 + m_2)} g$

練習問題

問題 11.1　上問において，最初おもりは静止しており，そのときの重力によるポテンシャルエネルギーを 0 とするとき，時間 t 経過後の力学的エネルギーを計算し，それが保存されることを示せ．

例題 11.2　物理振り子

剛体が，固定された水平軸を支点に振動する装置を，**物理振り子**（または**剛体振り子**あるいは**実体振り子**）という．剛体の質量を M，固定軸のまわりの慣性モーメントを I，軸 O と剛体の重心 G との距離を d とするとき，

(1) 重力のもとでのこの物理振り子の周期を求めよ．

(2) この物理振り子と同じ周期で振動する単振り子の長さ l を，**相当単振り子の長さ**という．l を求めよ．

(3) OG の延長線上で，O から距離 l の点 O′ を**振動の中心**という．すなわち，振動の中心に全質量を集めると，同じ周期で振動する．この剛体を，その O′ を通り上記の水平軸と平行な軸のまわりに振動させるとき，この振動の周期を求めよ．またこのときの振動の中心はどこか．

解答　右図のように，水平軸に垂直で，剛体の質量中心 G を含む断面の運動を考える．面と水平軸の交点を O とし，O と G を結ぶ線分 OG が鉛直線となす角を θ（反時計回りを正）とすると，剛体の位置は θ のみによって定まる．剛体に作用する重力の作用点は G であるから，重力の水平軸 O のまわりのモーメント N は

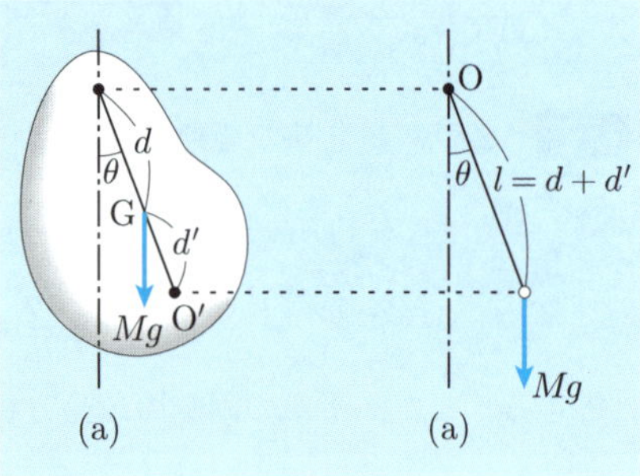

$$N = -Mgd\sin\theta$$

である．そこで，剛体の水平軸 O のまわりの慣性モーメントを I とすると，剛体の運動方程式は，(11.4) から

$$I\frac{d^2\theta}{dt^2} = -Mgd\sin\theta \tag{11.16}$$

となる．

(1)　(11.16) は，θ が小さいとして $\sin\theta = \theta$ とおくと

$$\frac{d^2\theta}{dt^2} = -\left(\frac{Mgd}{I}\right)\theta$$

となり，これは単振動の方程式である．したがって，剛体の振動の周期 T は

$$T = 2\pi\sqrt{\frac{I}{Mgd}} \tag{11.17}$$

である．

(2)　(11.17) 式で表される周期は

$$l \equiv \frac{I}{Md} \quad \left(\equiv \frac{k^2}{d}\right) \tag{11.18}$$

とおくと，長さが l の単振り子の周期と一致する．したがって，この l が**相当単振り子の長さ**である．ここで，右辺の k は，O のまわりの**回転半径**または**慣性半径**と呼ばれ

$$I = Mk^2$$

で定義される．

(3)　後に出てくる**平行軸の定理**(11.19) によれば，固定軸に平行で質量中心 G を通る軸のまわりの慣性モーメントを I_G とすると，固定軸のまわりの慣性モーメントは

$$I = I_\mathrm{G} + Md^2 = M(k_\mathrm{G}^2 + d^2) = Mk^2$$

と書ける．ここで，k_G は G のまわりの回転半径である．いま $\mathrm{GO'} = d'$ とおくと

$$d' = l - d = \frac{k^2}{d} - d \qquad \therefore \quad dd' = k^2 - d^2 = k_\mathrm{G}^2$$

となる．最後の式は d と d' を入れ替えてもかまわないから，この剛体振り子は，O′ を通りもとの固定軸に平行な軸のまわりを振動させると，振動の中心は O となり，O まわりと同じ周期で単振動をする．

練習問題

問題 11.2　物理振り子を，ある点 O を軸として微小振動させたところ，周期は T であった．次いで，この振り子の上下を逆にして，同じく周期 T で振動する点 O′ を探したところ，OO′ の距離は l であった．このとき，重力加速度はいくらであるか（この実験を行うのに便利なように，軸の位置を調節できるようにした装置を，**ケーター（Kater）の可逆振り子**という）．

問題 11.3　質点の 1 次元運動における座標，速度，質量，運動量，運動エネルギー，力，運動方程式に対し，剛体の固定軸のまわりの回転運動における対応する物理量または関係式をそれぞれ示せ．

11.2　慣性モーメント

11.2.1　慣性モーメントに関する 2 つの定理

剛体の固定軸のまわりの慣性モーメントは，その軸の位置や方向が異なると一般に異なる値をとるが，それらの値の間には次に示す 2 つの重要な性質があることが知られている．

平行軸の定理

『任意の軸のまわりの慣性モーメント I は，重心 G を通りこの軸に平行な軸のまわりの慣性モーメントを I_{G} とすると

$$I = I_{\mathrm{G}} + Md^2 \tag{11.19}$$

で与えられる．ただし，M は剛体の質量で，d は 2 本の軸の間の距離である』

これを**平行軸の定理**という．これにより，剛体の重心を通る軸まわりの慣性モーメント I_{G} がわかれば，それに平行な任意の軸のまわりの慣性モーメント I は (11.19) から計算できる．

平板の直交軸の定理

『薄い平面板を考え，その面内に直交する 2 つの軸（x, y 軸）をとり，面に垂直に z 軸をとる．これらの 3 つの軸のまわりの慣性モーメント I_x, I_y, I_z の間には

$$I_z = I_x + I_y \tag{11.20}$$

の関係が成り立つ』

これを**平板の直交軸の定理**という．

11.2.2　質量が連続的に分布する物体の慣性モーメントの計算

質量が連続的に分布する物体の慣性モーメントは，微小部分（質量 dM）の軸までの距離を r，軸のまわりの慣性モーメントを dI として，それを積分すればよい．

$$\begin{aligned} I &= \int dI \\ &= \int r^2 dM \end{aligned} \tag{11.21}$$

例題 11.3 平行軸の定理

慣性モーメントに関する平行軸の定理 (11.19) を証明せよ．

解答 固定軸を z 軸にとり，これに平行で重心 G を通る軸を z' とする．また，これらの軸に垂直で，剛体の体積要素 ΔV_i（位置 P_i）が円運動する平面を考える．右図のように，平面と 2 本の軸との交点を O（原点），O$'$ とし，P_i と O および O$'$ との距離をそれぞれ h_i, h_i' とすると，この体積要素の z 軸のまわりの慣性モーメント ΔI_i は

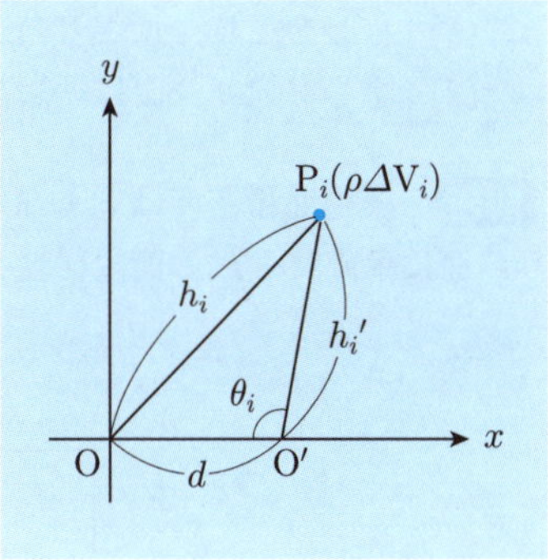

$$
\begin{aligned}
\Delta I_i &= h_i^2(\rho\Delta V_i) \\
&= (d^2 + h'^2_i + 2d\cdot h_i'\cos\theta_i)\rho\Delta V_i
\end{aligned}
$$

である．ここで，ρ は剛体の密度，θ_i は OO$'$ と O$'\mathrm{P}_i$ とのなす角である（図参照）．

したがって，剛体の z 軸のまわりの慣性モーメント I は，これを積分して

$$
I = d^2\int_V \rho dV + \int_V \rho h'^2 dV + 2d\int_V \rho h'\cos\theta dV
$$

と求められるが，右辺の第 2 項は剛体の重心を通る z' のまわりの慣性モーメントであり，また第 3 項は重心の定義から 0 となる．したがって，結局 I は

$$
\begin{aligned}
I &= d^2\int_V \rho dV + \int_V \rho h'^2 dV \\
&= Md^2 + I_{\mathrm{G}}
\end{aligned}
$$

と書き表される．

練習問題

問題 11.4 平面薄板における直交軸の定理 (11.20) を証明せよ．

例題 11.4　慣性モーメントの計算 1（長方形の薄板）

質量が M で，2 辺の長さが a, b の長方形の一様な薄板について，次の慣性モーメントを計算せよ．

(1)　重心を通り，長さ b の辺に平行な軸のまわりの慣性モーメント I_y

(2)　重心を通り，面に垂直な軸のまわりの慣性モーメント I_z

解答　板の面積密度は $\sigma = M/ab$ である．いま，下図のように重心を原点 O にとり，面に垂直に z 軸，面内に長方形の辺に沿って x, y 軸をとる．

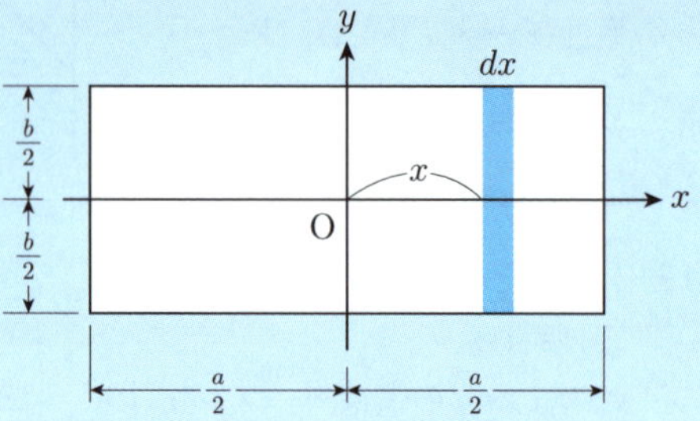

(1)　面内で y 軸に平行な幅 dx の細長い微小部分を考える．この微小部分の質量は

$$dM = \sigma b dx = \left(\frac{M}{ab}\right) b dx = \frac{M}{a} dx$$

である．この部分の y 軸のまわりの慣性モーメント dI_y は $dI_y = x^2(M/a)dx$ であるから，長方形の板の y 軸のまわりの慣性モーメント I_y は，これを積分して

$$I_y = \int_{-a/2}^{a/2} \frac{M}{a} x^2 dx = \frac{M}{12} a^2$$

と得られる．同様にして，x 軸のまわりの慣性モーメント I_x は

$$I_x = \frac{M}{12} b^2 \tag{11.22}$$

(2)　直交軸の定理 (11.20) から，z 軸のまわりの慣性モーメント I_z は

$$I_z = I_x + I_y = \frac{M}{12}(a^2 + b^2) \tag{11.23}$$

例題 11.5 慣性モーメントの計算 2（薄い円板）

半径が a，質量が M の円板について，次の慣性モーメントを計算せよ．

(1) 円板に垂直で，円板の中心を通る軸のまわりの慣性モーメント I_z

(2) この軸に平行で，円板の縁を通る軸のまわりの慣性モーメント I_a

(3) 円板の直径のまわりの慣性モーメント I_x

解答 円板の面密度は $\sigma = M/(\pi a^2)$ である．下図 (a) のように半径 r と $r + dr$ に挟まれた円環の部分を考えると，この部分の面積は $dS = 2\pi r dr$ であるから，質量は

$$dM = \sigma dS = \frac{M}{\pi a^2} \cdot 2\pi r dr = \frac{2M}{a^2} r dr$$

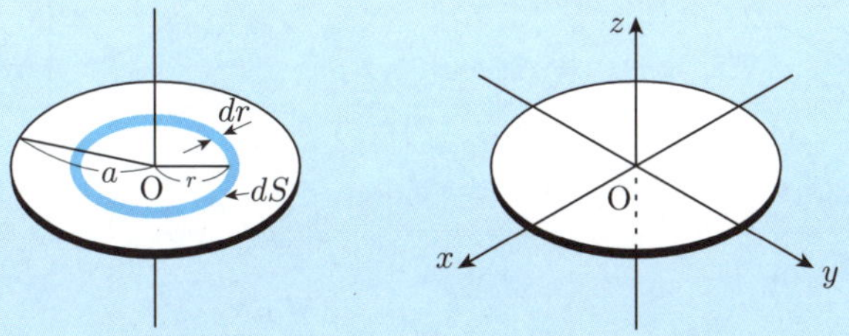

(a) (b)

(1) 図 (b) のように座標軸をとると，円環の z 軸のまわりの慣性モーメント dI_z は

$$dI_z = r^2 dM = \frac{2M}{a^2} r^3 dr$$

よって，これを積分すると，円板の z 軸のまわりの慣性モーメント I_z は

$$I_z = \int_0^a \frac{2M}{a^2} r^3 dr = \frac{1}{2} M a^2 \tag{11.24}$$

(2) 平行軸の定理 (11.19) から

$$I_a = I_z + a^2 M = \frac{3}{2} M a^2 \tag{11.25}$$

(3) 対称性と直交軸の定理 (11.20) から，$I_x = I_y = I_z/2$ となる．よって

$$I_x = \frac{1}{2} I_z = \frac{1}{4} M a^2$$

例題 11.6 慣性モーメントの計算 3（球）

密度が一様な半径 a，質量 M の球の，中心を通る軸のまわりの慣性モーメントを計算せよ．

解答 図のように，球の中心を原点とし，回転軸に沿って z 軸をとる．球を z 軸上の z と $z+dz$ の接近した 2 点を通り，軸に垂直な 2 つの面に挟まれた薄い円板の集まりと考えると，各円板の z 軸のまわりの慣性モーメント dI_z は，例題 11.5 の結果 (11.24) より

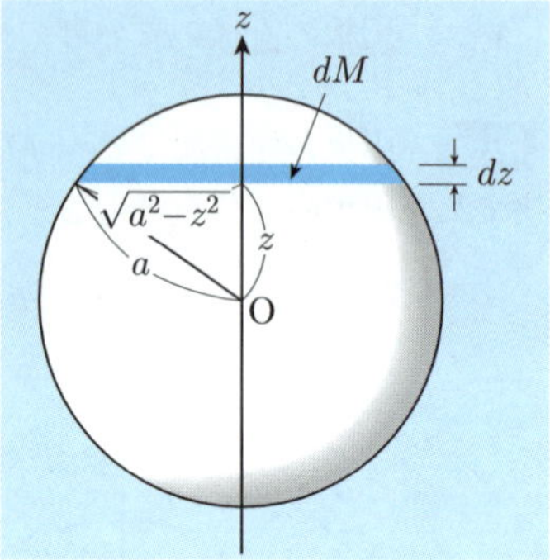

$$dI_z = \frac{1}{2}(a^2 - z^2)dM$$

となる．ただし，$\sqrt{a^2 - z^2}$ は円板の半径である．球の密度は $\rho = 3M/4\pi a^3$ であるから，円板の質量 dM，および z 軸のまわりの慣性モーメント dI_z は

$$dM = \rho\pi(a^2 - z^2)dz = \frac{3M}{4}\frac{a^2 - z^2}{a^3}dz$$

$$dI_z = \frac{3M}{8}\frac{(a^2 - z^2)^2}{a^3}dz$$

となる．よって球の z 軸のまわりの慣性モーメント I_z は

$$I_z = \frac{3M}{8}\int_{-a}^{a}\frac{(a^2 - z^2)^2}{a^3}dz = \frac{2}{5}Ma^2 \qquad (11.26)$$

練習問題

問題 11.5 底面の半径 a，高さ h，質量 M の一様な直円柱について，重心を通り，中心軸に垂直な軸のまわりの慣性モーメントを求めよ．

問題 11.6 高さ h の三角形をした薄板の底辺のまわりの慣性モーメントは

$$I = \frac{1}{6}Mh^2$$

であることを示せ．ただし，M はこの薄板の質量である．

問題 11.7 1 辺の長さが a，質量が M の薄い正三角形の板がある．密度は一様であるとして，この板の重心を通り板に垂直な軸のまわりの慣性モーメントを求めよ．

問題 11.8 図のように，半径 a の円板から，その 1/2 の半径をもつ円形の孔をくり抜いた質量 M の孔開き円板がある．孔はもとの円板の中心 O と円板の外周の両方に接している．この孔開き円板の，点 O を通り板に垂直な軸のまわりの慣性モーメントを求めよ．

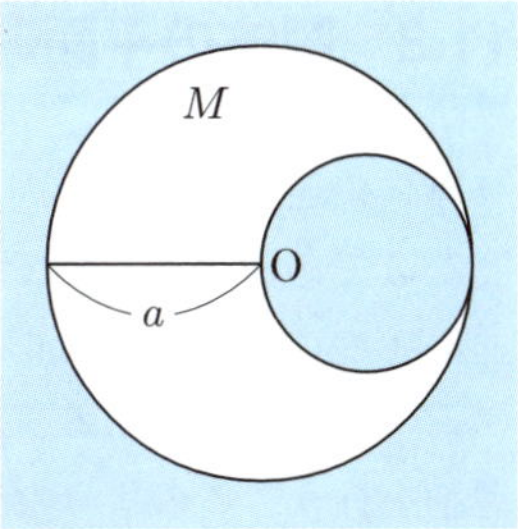

表 11.1 簡単な形の剛体の重心を通る軸のまわりの慣性モーメント

形	サイズ	質量中心を通る軸	$I = Mk_{\mathrm{G}}^2$
棒	長さ：$2a$	棒に垂直	$\frac{1}{3}Ma^2$
長方形板	2 辺：$2a$, ab	板に垂直	$\frac{1}{3}M(a^2+b^2)$
直方体	3 稜：$2a$, $2b$, $2c$	稜 c に平行	$\frac{1}{3}M(a^2+b^2)$
円環	半径：a	円の直径に平行	$\frac{1}{2}Ma^2$
円板	半径：a	面に垂直	$\frac{1}{2}Ma^2$
楕円板	長径：a，短径：b	面に垂直	$\frac{1}{4}M(a^2+b^2)$
円柱	半径：a	円柱軸に平行	$\frac{1}{2}Ma^2$
直円錐体	底面の半径：a，高さ：h	円錐軸に平行	$\frac{3}{10}Ma^2$
球殻	半径：a	直径に平行	$\frac{2}{3}Ma^2$
球	半径：a	直径に平行	$\frac{2}{5}Ma^2$

11.3　剛体の平面運動（軸が並進運動する場合）

剛体の運動のうち，固定軸のまわりの回転運動に次いで自由度が少ないのは，自由度が 3 である平面運動である．この**剛体の平面運動**では，すべての外力が質量中心を通る 1 つの平面（xy-面）内で働き，重心 G は xy-面内でのみ運動し，回転軸は，常にその面に垂直である．すなわち，回転軸の方向は不変であるが，回転軸自身が並進運動を行う．このような剛体の平面運動の典型的なものには，斜面を転がる円柱の運動や，おもちゃのヨーヨーの運動などがある．

11.3.1　剛体の平面運動の運動方程式

運動を記述するための座標は，重心 G の面内の位置座標 $(x_{\mathrm{G}}, y_{\mathrm{G}})$，と回転軸に関する回転角 θ の 3 つである．剛体の質量を M，重心を通る軸のまわりの慣性モーメントを I とすると，重心の並進運動および重心を通る軸のまわりの回転運動の運動方程式は次のようになる．

重心の並進運動の方程式

$$M\frac{d^2x_{\mathrm{G}}}{dt^2} = \sum F_{xi} \tag{11.27}$$

$$M\frac{d^2y_{\mathrm{G}}}{dt^2} = \sum F_{yi} \tag{11.28}$$

軸のまわりの回転の運動方程式

$$I\frac{d\omega}{dt} = I\frac{d^2\theta}{dt^2} = \sum (x'_iF_{yi} - y'_iF_{xi}) \tag{11.29}$$

ただし，(x'_i, y'_i) は i 番目の外力 $\boldsymbol{F}_i$ の作用点の，重心を基準にとったときの位置座標である．

運動量，角運動量，運動エネルギー

$\boldsymbol{v}_{\mathrm{G}}$ を重心の速度，ω を回転の角速度とすると

$$\text{運動量：}\quad \boldsymbol{P} = M\boldsymbol{v}_{\mathrm{G}} \tag{11.30}$$

$$\text{角運動量：}\quad L_z = M(x_{\mathrm{G}}v_{\mathrm{G}y} - y_{\mathrm{G}}v_{\mathrm{G}x}) + I\omega \tag{11.31}$$

$$\text{運動エネルギー：}\quad K = \frac{1}{2}Mv_{\mathrm{G}}^2 + \frac{1}{2}I\omega^2 \tag{11.32}$$

のようになる．

例題 11.7　斜面を転がる円柱

半径 a，質量 M の一様な円柱が，水平面と角 θ をなす粗い斜面を滑ることなく転がり降りるとき，この円柱の並進加速度と回転角加速度を求めよ．

解答　円柱に働く力は，図に示すように，質量中心 O に働く鉛直下向きの重力 Mg と，斜面との接触部分で働く垂直抗力 T および摩擦力 F である．

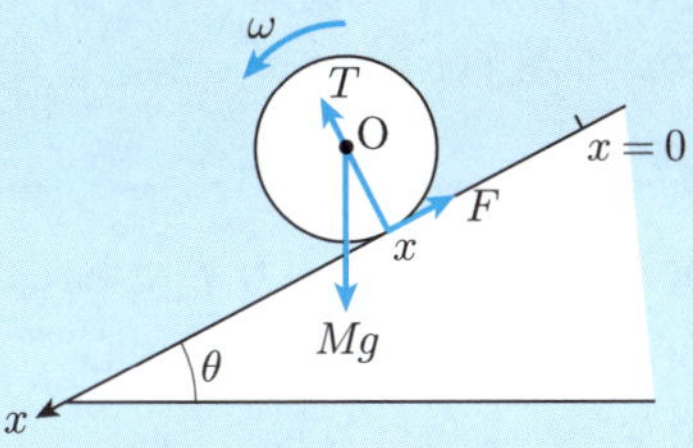

したがって，斜面に平行移動する質量中心の運動方程式は斜面に沿って下向きを正にとると

$$M\frac{dv_x}{dt} = Mg\sin\theta - F \tag{11.33}$$

となる．また，円柱の角速度を ω，中心軸のまわりの慣性モーメントを I とすると，円柱の回転の運動方程式は

$$I\frac{d\omega}{dt} = aF \tag{11.34}$$

と書ける．ここで，$I = Ma^2/2$ とおき，円柱が滑らないで転がるための条件 $v_x = a\omega$ を使って (11.33), (11.34) から F を消去すると，円柱の並進加速度と回転角加速度は

$$\frac{d\omega}{dt} = \frac{2}{3}\frac{g}{a}\sin\theta$$
$$\frac{dv_x}{dt} = \frac{2}{3}g\sin\theta$$

となる．

練習問題

問題 11.9　上の例題で円柱の並進運動と回転運動の運動エネルギーの比を求めよ．

問題 11.10　上の例題を力学的エネルギー保存の法則から解け．

例題 11.8　ヨーヨーの運動

ヨーヨーは，木や陶でできた車輪形のもの 2 枚を向かい合わせて短い軸でつないだもので，その軸にひもを巻き付けておいて，ひもの端をもったまま車輪を放すと，車輪が回転してひもが解けたり軸に巻きついたりして，車輪が上昇したり下降したりするのを楽しむおもちゃである．

下図はこのヨーヨーを単純化したもので，図のように，半径 a，質量 M の円板にひもを巻き付けて，その一端が天井に固定してある．この円板を静かに放したら，円板の重心 G はどのような運動をするか．ただし，ひもの質量は十分軽いものとする．

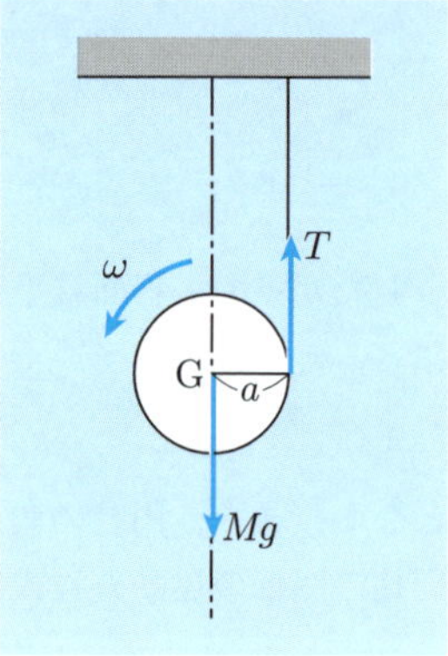

解答　円板に働く力は重力 Mg とひもの張力 T である．はじ張力 T は鉛直方向に向いているので，質量中心 G は水平方向には動き出さない．また G は鉛直方向に運動してもひもは常に鉛直に保たれる．したがって，G の運動は鉛直方向に限られる．ある時刻における G の速度 v を鉛直下方を正にとり，円板の回転角速度を ω とすると，この G の運動方程式および，円板の回転運動の運動方程式は

$$M\frac{dv}{dt} = Mg - T \tag{11.35}$$

$$I\frac{d\omega}{dt} = aT \tag{11.36}$$

である．ここで，$I\ (= Ma^2/2)$ は円板の垂直な軸のまわりの慣性モーメントである．そこで，$v = a\omega$ であることを考慮して，(11.35), (11.36) から T を消去すると

$$\frac{dv}{dt} = \frac{Ma^2}{I + Ma^2}g = \frac{2}{3}g \tag{11.37}$$

が得られる．したがって，円板は鉛直方向に加速度 $(2/3)g$ で等加速度運動をする．また，ひもの張力 T は (11.37) を (11.35) に代入して，次のように得られる．

$$T = Mg - M\left(\frac{2g}{3}\right) = \frac{1}{3}Mg$$

練習問題

問題 11.11　上の例題でヨーヨーが h だけ下がったときの角速度を求めよ．

11.4　剛体の衝撃運動

剛体に衝撃力が作用する場合の運動方程式は，剛体が固定軸をもつ場合には，(11.4) から，平面運動の場合には (11.27), (11.28), (11.29) から導かれる．

11.4.1　固定軸をもつ場合

運動方程式

固定軸に直角な面内の撃力 $\boldsymbol{F}(t)$ を受けて，$\boldsymbol{F}$ のモーメントの向きに剛体の角速度が急に ω_0 から ω に変わったとすると，運動方程式は，(11.4) から

$$I(\omega - \omega_0) = h\int_0^{\Delta t} F(t)dt \tag{11.38}$$

となる．ここに，I は剛体の固定軸のまわりの慣性モーメント，h は $\boldsymbol{F}$ の作用線と軸との垂直距離である．

11.4.2　平面運動の場合

運動方程式

平面運動する剛体が，その平面内の撃力 $\boldsymbol{F}(t)$（$F_x(t), F_y(t)$）を受けて，重心の速度が $\boldsymbol{v}_0$（v_{x0}, v_{y0}）から $\boldsymbol{v}$（v_x, v_y）に，重心のまわりの角速度が ω_0 から ω に急に変わったとすると，運動方程式は，(11.27), (11.28), (11.29) から

$$M(v_x - v_{0x}) = \int_0^{\Delta t} F_x(t)dt \tag{11.39}$$

$$M(v_y - v_{0y}) = \int_0^{\Delta t} F_y(t)dt \tag{11.40}$$

$$I_{\mathrm{G}}(\omega - \omega_0) = h\int_0^{\Delta t} F(t)dt \tag{11.41}$$

となる．ただし，h は重心から $\boldsymbol{F}$ の作用線に下した垂線の長さであり，I_{G} は質量中心のまわりの慣性モーメントである．また，角速度の向きは，$\boldsymbol{F}$ のモーメントの向きを正にとる．

例題 11.9 打撃の中心

図のように，野球のバットを，その重心 G から l_1 だけ離れた位置 O を握って水平に振って，投手の投げたボールを打ち返したところ，手にはほとんどショックを受けなかった．このときボールはバットのどこにあたったか．ボールがあたった位置を P として OP の距離 l_2 を求めよ．ただし，バットの質量を M，点 O のまわりの慣性モーメントを I とする．

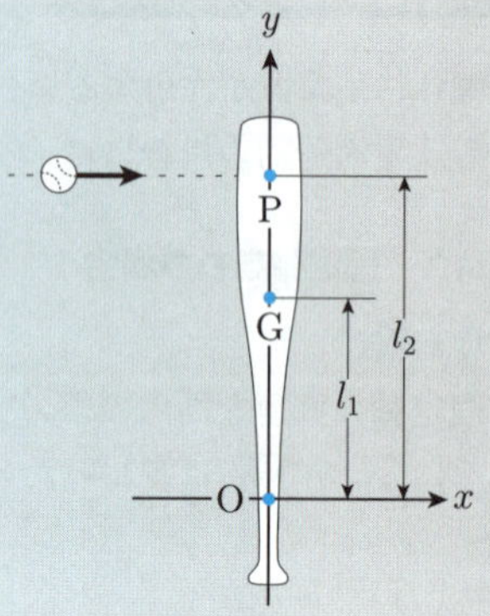

解答 ボールがあたった瞬間にバットがボールから受ける力積を $F\Delta t$ とし，この力積によって，短い時間 Δt にバットの重心 G の x 方向の速度が Δv だけ遅くなり，バットの角速度も $\Delta\omega$ だけ小さくなったとすると，(11.39), (11.41) は

$$M\Delta v = F\Delta t \tag{11.42}$$

$$I\Delta\omega = l_2 F\Delta t \tag{11.43}$$

となる．一方，点 O では衝撃を受けなかったことから，その瞬間は O は静止していたと考えてよい．したがって，重心 G の速度変化 Δv については

$$\Delta v = l_1\Delta\omega \tag{11.44}$$

が成り立つ．(11.42), (11.43), (11.44) から Δv と $\Delta\omega$ を消去すると

$$l_1 l_2 = \frac{I}{M} \qquad \therefore \quad l_2 = \frac{I}{Ml_1}$$

が得られる．したがって，ボールがあたった位置 P は，バットを握った位置 O から距離 $l_2 = I/Ml_1$ の位置である．

このときの点 O を点 P に対する**打撃の中心**という．この O と P の関係は，例題 11.1 で述べた，物理振り子における支点と「振動の中心」との関係と同じである．

練習問題

問題 11.12 上問において，逆にバットの点 P をもってボールを打ち返した．このとき，手に最もショックを感じないためには，ボールをバットのどこにあてればよいか．

第11章演習問題

[1]（慣性モーメント） 次の慣性モーメントを求めよ．

(1) 質量 M，内側の半径 a，外側の半径 b の半球状の器について，回転対称軸のまわりの慣性モーメント．

(2) 質量 M，半径 a の薄い円板について，円板と同一面内にある 1 本の接線のまわりの慣性モーメント．

(3) 質量 M，1 辺 a の立方体の空箱について，4 回対称軸のまわりの慣性モーメント．ただし，箱の材質の厚みは無視する．

[2]（物理振り子） 半径 a，質量 M の一様な円板がある．この円板を，縁の 1 点を支点にしてぶら下げ，円板を含む面内で単振動させるとき，この振動の周期を求めよ．また，この振り子の「相当単振り子の長さ」はいくらか．ただし，重力加速度の大きさを g とする．

[3]（最小の周期） 上問 [2] において，振り子の支点を，円板の中心から距離 r の点とした場合，振動の周期が最も短くなる r，および，そのときの周期を求めよ．

[4]（慣性モーメントのある滑車） 図のように，水平で滑らかな台の上に質量 M の物体が置かれており，それを慣性モーメント I の滑車を通して吊るされた質量 m のおもりによって引く．このとき，物体の加速度および，滑車の両側の糸の張力を求めよ．ただし，重力加速度を g とする．

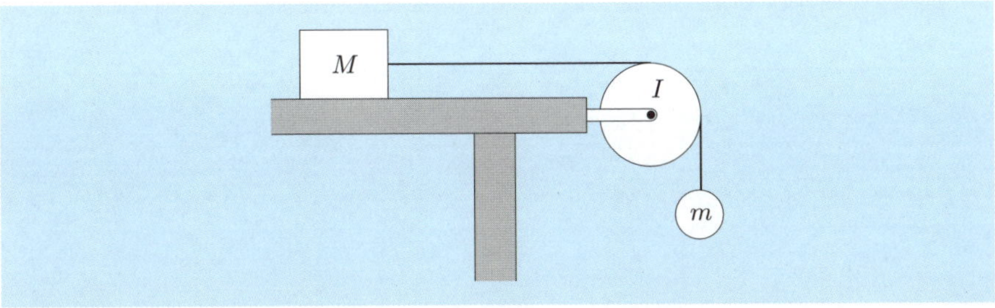

[5]（ボーリングの球（たま）） ボーリングの球（半径 a，質量 M）を，回転を与えないように初速 v_0 でレーン上を滑らせたところ，球は滑りながら少しずつ回転をはじめ，最

終的に滑らずに転がり出した．このとき，転がり出すまでに滑った距離を求めよ．ただし，球とレーンとの運動摩擦係数を μ'，重力加速度を g とする．

[6]（ヨーヨーの引き上げ） 半径 a，質量 M の円板にひもを巻き付けて，その一端をもち．この円板を静かに放した直後から，円板の重心 G の位置が動かないようにひもを引き上げたい．このとき，ひもをどの方向にどのように引けばよいか．また，そのときのひもの張力はどうなるか．

[7]（棒との衝突） 質量 M，長さ $2l$ の一様な棒が，滑らかな水平台の上に横にして置かれている．この棒の先端に，質量 m の質点が図のように棒に垂直に速度 v_0 で弾性衝突した．衝突後の棒の角速度 ω，並進速度 V，質点の速度 v をそれぞれ求めよ．

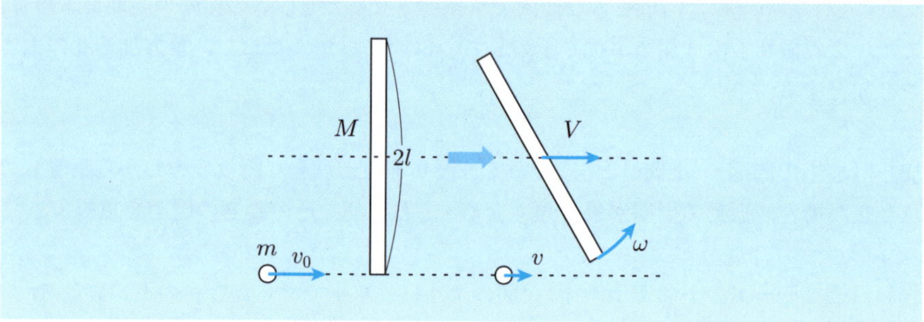

問題解答

第 1 章の解答

練習問題

問題 1.1　角速度は単位時間あたりの角度変化なので，$[\omega] = \mathrm{T}^{-1}$

問題 1.2　$[at] = \mathrm{LT}^{-2} \times \mathrm{T} = \mathrm{LT}^{-1}$ となり，右辺，左辺ともに次元 LT^{-1} であるので，この式は次元的に正しい．

問題 1.3　$[v_0 t] = \mathrm{LT}^{-1} \times \mathrm{T} = \mathrm{L}$, $\left[\frac{at^2}{2}\right] = \mathrm{LT}^{-2} \times \mathrm{T}^2 = \mathrm{L}$ となり，右辺，左辺ともに次元 L であるので，この式は次元的に正しい．

問題 1.4　k を無次元の比例係数として，加速度を $a = kr^n v^m$ とおく．このとき，右辺の次元は $\mathrm{L}^{m+n}\mathrm{T}^{-m}$ である．これが加速度 a の次元 LT^{-2} と一致するためには，$m = 2$, $n = -1$.

問題 1.5　$[ct^3] = \mathrm{L}$ であり，そのためには，$[c] = \mathrm{LT}^{-3}$ でなければならない．

問題 1.6　$(x, y) = \left(2\,\mathrm{m} \times \cos\frac{\pi}{4}, 2\,\mathrm{m} \times \sin\frac{\pi}{4}\right) = (\sqrt{2}\,\mathrm{m}, \sqrt{2}\,\mathrm{m})$

問題 1.7　(1)　$|\boldsymbol{A}| = \sqrt{1^2 + 4^2 + 2^2} = \sqrt{21}$

(2)　$4\boldsymbol{A} = (4 \times 1, 4 \times 4, 4 \times 2) = (4, 16, 8)$

(3)　$2\boldsymbol{A} + 3\boldsymbol{B} = (2 \times 1 + 3 \times 2, 2 \times 4 + 3 \times 3, 2 \times 2 + 3 \times 2) = (8, 17, 10)$

(4)　$2\boldsymbol{A} - 3\boldsymbol{B} = (2 \times 1 - 3 \times 2, 2 \times 4 - 3 \times 3, 2 \times 2 - 3 \times 2) = (-4, -1, -2)$

(5)　$\boldsymbol{e} = \frac{\boldsymbol{A}}{|\boldsymbol{A}|} = \left(\frac{1}{\sqrt{21}}, \frac{4}{\sqrt{21}}, \frac{2}{\sqrt{21}}\right)$

問題 1.8　(1)　$\boldsymbol{C} = (3+3)\boldsymbol{i} + (3-6)\boldsymbol{j} = 6\boldsymbol{i} - 3\boldsymbol{j}$

(2)　$\theta = \tan^{-1}\frac{C_y}{C_x} = \tan^{-1}\left(-\frac{1}{2}\right) \simeq -0.464$

問題 1.9　$\frac{d}{dt}(r\cos(\omega t + \theta)\boldsymbol{i} + r\sin(\omega t + \theta)\boldsymbol{j}) = -\omega r\sin(\omega t + \theta)\boldsymbol{i} + \omega r\cos(\omega t + \theta)\boldsymbol{j}$

問題 1.10　(1)　$\boldsymbol{e}_r = \cos\theta\boldsymbol{i} + \sin\theta\boldsymbol{j}$, $\boldsymbol{e}_\theta = -\sin\theta\boldsymbol{i} + \cos\theta\boldsymbol{j}$

(2)　$\boldsymbol{e}_r$ と $\boldsymbol{e}_\theta$ を時間 t で微分すれば，それぞれ

$$\frac{d\boldsymbol{e}_r}{dt} = -\frac{d\theta}{dt}\sin\theta\boldsymbol{i} + \frac{d\theta}{dt}\cos\theta\boldsymbol{j} = \frac{d\theta}{dt}\boldsymbol{e}_\theta, \qquad \frac{d\boldsymbol{e}_\theta}{dt} = -\frac{d\theta}{dt}\cos\theta\boldsymbol{i} - \frac{d\theta}{dt}\sin\theta\boldsymbol{j} = -\frac{d\theta}{dt}\boldsymbol{e}_r$$

となり，示すことができる．

演習問題

[1]　$[l] = \mathrm{L}$, $[g] = \mathrm{LT}^{-2}$ であり，2π は無次元数であるから，$\left[2\pi\sqrt{\frac{l}{g}}\right] = \mathrm{T}$ となり，周期の次元 T と一致することがわかる．したがって，この式は次元的に正しい．

[2]　$[kG^a M^b R^c] = \mathrm{L}^{3a+c}\mathrm{M}^{-a+b}\mathrm{T}^{-2a}$ が周期の次元 $[T] = \mathrm{T}$ と一致するためには，$a = -\frac{1}{2}$, $b = -\frac{1}{2}$, $c = \frac{3}{2}$ でなければならない．

[3]　両辺をそれぞれ 2 乗して差をとると，$(|\boldsymbol{A}| + |\boldsymbol{B}|)^2 - |\boldsymbol{A} + \boldsymbol{B}|^2 = |\boldsymbol{A}|^2 + |\boldsymbol{B}|^2 + 2|\boldsymbol{A}||\boldsymbol{B}| - (|\boldsymbol{A}|^2 + |\boldsymbol{B}|^2 + 2\boldsymbol{A} \cdot \boldsymbol{B}) = 2|\boldsymbol{A}||\boldsymbol{B}|(1 - \cos\theta) \geq 0$ である．したがって，$(|\boldsymbol{A}| + |\boldsymbol{B}|)^2 \geq |\boldsymbol{A} + \boldsymbol{B}|^2$ となり，不等式 (1.22) が示せる．ただし，θ は $\boldsymbol{A}$ と $\boldsymbol{B}$ のなす角である．

[4]　点 C：$\boldsymbol{b} - \boldsymbol{a}$，点 D：$-\boldsymbol{a}$，点 E：$-\boldsymbol{b}$，点 F：$\boldsymbol{a} - \boldsymbol{b}$

[**5**] 線分 AB を $m_{\mathrm{B}} : m_{\mathrm{A}}$ に内分するベクトルは

$$\boldsymbol{r}_{\mathrm{A}} + \frac{m_{\mathrm{B}}}{m_{\mathrm{A}}+m_{\mathrm{B}}}(\boldsymbol{r}_{\mathrm{B}} - \boldsymbol{r}_{\mathrm{A}}) = \frac{m_{\mathrm{A}}\boldsymbol{r}_{\mathrm{A}}+m_{\mathrm{B}}\boldsymbol{r}_{\mathrm{B}}}{m_{\mathrm{A}}+m_{\mathrm{B}}}$$
$$= \frac{m_{\mathrm{A}}x_{\mathrm{A}}+m_{\mathrm{B}}x_{\mathrm{B}}}{m_{\mathrm{A}}+m_{\mathrm{B}}}\boldsymbol{i} + \frac{m_{\mathrm{A}}y_{\mathrm{A}}+m_{\mathrm{B}}y_{\mathrm{B}}}{m_{\mathrm{A}}+m_{\mathrm{B}}}\boldsymbol{j} + \frac{m_{\mathrm{A}}z_{\mathrm{A}}+m_{\mathrm{B}}z_{\mathrm{B}}}{m_{\mathrm{A}}+m_{\mathrm{B}}}\boldsymbol{k}$$

[**6**] $\boldsymbol{A}$ を水平方向右向きになるように回転させると，鉛直成分は

$$|\boldsymbol{B}|\sin\gamma = |\boldsymbol{C}|\sin\beta$$

となる．次に，$\boldsymbol{B}$ を水平方向右向きになるように回転させると，鉛直成分は

$$|\boldsymbol{A}|\sin\gamma = |\boldsymbol{C}|\sin\alpha$$

となり，ラミの定理を示せる．

[**7**] ロボットの回転と一緒に回転する座標系での座標を (x', y', z') とすると，それはもとの座標を用いて

$$\begin{cases} x' = x\cos\omega t + y\sin\omega t \\ y' = -x\sin\omega t + y\cos\omega t \\ z' = z \end{cases}$$

と表される．この座標系から，z 軸方向に $+h$ 平行移動した座標系での座標を (x'', y'', z'') とすると，これはもとの座標を用いて

$$\begin{cases} x'' = x' = x\cos\omega t + y\sin\omega t \\ y'' = y' = -x\sin\omega t + y\cos\omega t \\ z'' = z' - h = z - h \end{cases}$$

と表される．この座標系で見たときの先端 Q の位置は

$$(x'', y'', z'') = (l\sin\theta, 0, l\cos\theta) = ((l_0 + kt)\sin\theta, 0, (l_0 + kt)\cos\theta)$$

であるから，これを上式に代入して，もとの座標について解けば

$$\begin{cases} x = (l_0 + kt)\sin\theta\cos\omega t \\ y = (l_0 + kt)\sin\theta\sin\omega t \\ z = (l_0 + kt)\cos\theta + h \end{cases}$$

を得る．

[**8**] A と B を通る直線上の点 P の位置ベクトル $\boldsymbol{r}_{\mathrm{P}}$ は，a をパラメータとして

$$\boldsymbol{r}_{\mathrm{P}} = \boldsymbol{r}_{\mathrm{A}} + a(\boldsymbol{r}_{\mathrm{B}} - \boldsymbol{r}_{\mathrm{A}}) = (1-a)\boldsymbol{r}_{\mathrm{A}} + a\boldsymbol{r}_{\mathrm{B}}$$

と表すことができる．

第 2 章の解答

練習問題

問題 2.1 $\boldsymbol{v}(t) = v_0\boldsymbol{i} - gt\boldsymbol{j}$ であるから，ホドグラフは，$v_x = v_0$ で表される直線になる．

問題 2.2 右図のように，変位ベクトル $\boldsymbol{\Delta r}$ の動径方向成分は Δr，方位角方向成分は $r\Delta\theta$ となる．したがって，速度の動径方向成分，方位角方向成分は，それぞれ

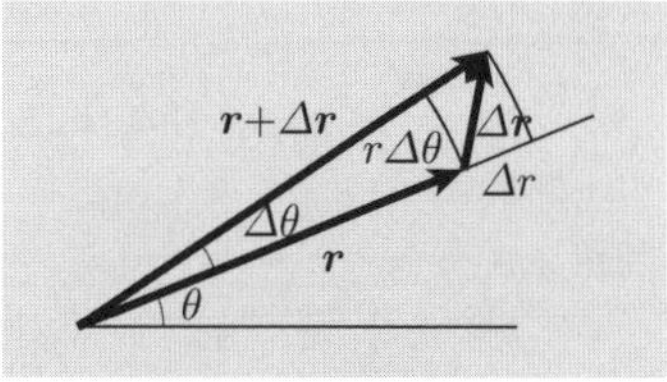

$$v_r = \lim_{\Delta t \to 0} \frac{\Delta r}{\Delta t} = \frac{dr}{dt}$$

$$v_\theta = \lim_{\Delta t \to 0} \frac{r\Delta\theta}{\Delta t} = r\frac{d\theta}{dt}$$

となる．

問題 2.3 物体の落下距離は，$y = 4.9t^2$ [m] と表すことができる．したがって，鉛直下方を正にとれば，物体の速度および加速度は，それぞれ t について 1 回および 2 回微分して，$v = 9.8t\,[\mathrm{m \cdot s^{-1}}]$ および $a = 9.8\,\mathrm{m \cdot s^{-2}}$ と求まる．

問題 2.4 質点 P の速度および加速度は，それぞれ，$v = \omega A\cos(\omega t + \theta)$ および $a = -\omega^2 A\sin(\omega t + \theta) = -\omega^2 x$.

問題 2.5 (2.16) より $a_r = -A\omega^2$，(2.17) より $a_\theta = \frac{1}{A}\frac{d}{dt}(A^2\omega) = 0$. よって，加速度は原点を向き，その大きさは $A\omega^2$ である．

問題 2.6 $v = (-A\omega\sin\omega t, A\omega\cos\omega t)$ であるから，$v = A\omega =$ 定数である．したがって，(2.22) より，接線加速度は $a_{\mathrm{t}} = 0$ である．一方，$\frac{dy}{dx} = \frac{\frac{dy}{dt}}{\frac{dx}{dt}} = -\frac{1}{\tan\omega t}$，$\frac{d^2y}{dx^2} = \frac{d}{dt}\left(\frac{dy}{dx}\right)\frac{dt}{dx} = \frac{\omega}{\sin^2\omega t}\frac{1}{A\omega\sin\omega t} = \frac{1}{A\sin^3\omega t}$ なので，曲率半径は (2.23) より，$\frac{1}{\rho} = \frac{\frac{1}{A\sin^3\omega t}}{\left(1+\frac{1}{\tan^2\omega t}\right)^{3/2}} = \frac{1}{A}$，すなわち $\rho = A$ である．よって，(2.22) より，法線加速度は $a_n = \frac{A^2\omega^2}{A} = A\omega^2$ である（問題 2.5 と 2.6 は共に等速円運動を表しており，加速度の θ 方向は接線方向，r 方向は法線方向に一致している）．

問題 2.7 加速度は $a = \frac{84-60}{12} = 2.0\,\mathrm{m \cdot s^{-2}}$. よって，この自動車の走った距離は $\frac{1}{2}at^2 = \frac{1}{2} \times 2 \times 12^2 = 144\,\mathrm{m}$.

問題 2.8 列車 B が発車するまでの 6 分間に列車 A が進む距離は $160 \times \frac{6}{60} - 4 + 2 = 14\,\mathrm{km}$（下図）．列車 B が発車してから 160 km/h まで加速するまでに列車 A が進む距離は 4 km. 列車 B が発車してから 160 km/h まで加速するまでに進む距離は 2 km. よって，列車 B が 160 km/h になった瞬間の，各列車の走行距離は

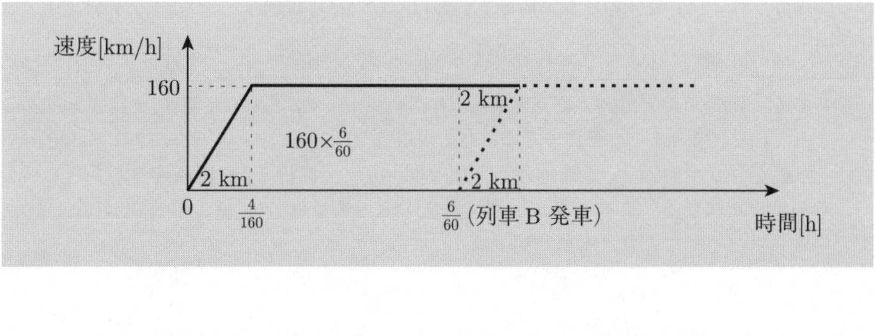

$$\text{列車 A：}\quad 14+4=18\,\text{km},\qquad \text{列車 B：}\quad 2\,\text{km}$$

したがって，両者の距離は $18-2=16\,\text{km}$ となる（要するに，図の平行四辺形の面積になる）．

問題 2.9 $v=at+v_0$ を t について解けば，$t=\frac{v-v_0}{a}$．これを $x=\frac{at^2}{2}+v_0t+x_0$ に代入すれば，$x-x_0=\frac{(v-v_0)^2}{2a}+\frac{v_0(v-v_0)}{a}=\frac{(v-v_0)(v+v_0)}{2a}=\frac{v^2-v_0^2}{2a}$ であるから，$v^2-v_0^2=2a(x-x_0)$ が示せる．

演習問題

[**1**] 速度，加速度，P が原点を通過する時刻，$v=0$ となる時刻の順に書けば，それぞれ

(1) $2at+b,\ 2a,\ \frac{-b\pm\sqrt{b^2-4ac}}{2a},\ -\frac{b}{2a}$

(2) $-\omega a\sin\omega t,\ -\omega^2 a\cos\omega t,\ \left(n+\frac{1}{2}\right)\frac{\pi}{\omega},\ \frac{n\pi}{\omega}$

(3) $-ae^{-\beta t}(\beta\sin\omega t-\omega\cos\omega t)$，$a(e^{-\beta t}(\beta^2-\omega^2)\sin\omega t-2\beta\omega\cos\omega t)$，$\frac{n\pi}{\omega}$，$\frac{1}{\omega}(\tan^{-1}\frac{\omega}{\beta}+n\pi)$

ただし，n は 0 を含む正の整数．

[**2**] 軌道：$\left(\frac{x}{a}\right)^2+\left(\frac{y}{b}\right)^2=\cos^2(\omega t+\alpha)+\sin^2(\omega t+\alpha)=1$ であり，楕円になる．速度：$\boldsymbol{v}(t)=-\omega a\sin\omega t\boldsymbol{i}+\omega b\cos\omega t\boldsymbol{j}$．加速度：$\boldsymbol{a}(t)=-\omega^2 a\cos\omega t\boldsymbol{i}-\omega^2 b\sin\omega t\boldsymbol{j}=-\omega^2\boldsymbol{r}(t)$．ホドグラフ：$\left(\frac{v_x}{\omega a}\right)^2+\left(\frac{v_y}{\omega b}\right)^2=\cos^2(\omega t+\alpha)+\sin^2(\omega t+\alpha)=1$ であり，楕円になる．

[**3**] $v>u$ とすると，角度 $\frac{\pi}{2}+\sin^{-1}\frac{u}{v}$ だけ川上に向ければよい．川を渡るのに要する時間は，$t=\frac{l}{\sqrt{v^2-u^2}}$．

[**4**] (1) 0〜4 s までの加速度は，グラフの傾きより $2\,\text{m}\cdot\text{s}^{-2}$

(2) グラフの平均より，$4\,\text{m}\cdot\text{s}^{-1}$（(3) の結果を使えば，$\frac{40\,\text{m}}{10\,\text{s}}=4\,\text{m}\cdot\text{s}^{-1}$）

(3) グラフの面積より，$\frac{8\,\text{m}\cdot\text{s}^{-2}\times 4\,\text{s}}{2}+\frac{8\,\text{m}\cdot\text{s}^{-2}\times 6\,\text{s}}{2}=40\,\text{m}$

[**5**] 速度違反車が白バイの横を通過した時刻を $t=0$ とする．また，白バイが停車していた位置を $x=0$ とし，速度違反車と白バイの進行方向に x 軸をとる．白バイが 180 km/h に達する時刻は

$$t=\frac{180\times 1000}{3600}\times\frac{1}{5}+1=11\,\text{s}$$

である．このとき，任意の時刻 t の速度違反車の位置は

$$x_{\text{違反車}}(t)=\frac{90\times 10^3}{3600}\,\text{m}\cdot\text{s}^{-1}\times t=25\,\text{m}\cdot\text{s}^{-1}\times t$$

であり，$t=11\,\text{s}$ 以降の任意の時刻 t における白バイの位置は

$$x_{\text{白バイ}}(t)=\frac{1}{2}\times 5\times 10^2+50(t-11)=50\,\text{m}\cdot\text{s}^{-1}\times(t-6)$$

である．したがって，白バイが速度違反車に追いつくまでに要した時刻は，$x_{\text{違反車}}=x_{\text{白バイ}}$ より，$t=12\text{s}$，また，それまでに白バイが走った距離は，$x_{\text{白バイ}}(t=12\,\text{s})=300\,\text{m}$．

[**6**] 加速度 a_{M} で時間 t_1 の間加速し，加速度 $-a_{\text{m}}$ で時間 t_2 の間減速したときに所要時間は最小になる．このとき，P 点で静止するためには，$t_2=\frac{a_{\text{M}}}{a_{\text{m}}}t_1$ である．また，$\frac{a_{\text{M}}t_1(t_1+t_2)}{2}=L$ より，所要時間 t は

$$t = \sqrt{\frac{2L(a_M + a_m)}{a_M a_m}}$$

[**7**] 平均軌道速度：$\frac{3.84\times10^8\times2\pi}{27.3\times24\times3600} = 1.02\times10^3\,\mathrm{m\cdot s^{-1}}$，向心加速度：$3.84\times10^8\times\left(\frac{2\pi}{27.3\times24\times3600}\right)^2 = 2.72\times10^3\,\mathrm{m\cdot s^{-2}}$

[**8**] (1) $0.01\,\mathrm{rad/s}$

(2) $r = \frac{v}{\omega} = \frac{22}{0.01} = 2.2\times10^3 = 2\times10^3\,\mathrm{m}$

(3) $a = \frac{v^2}{r} = \frac{22^2}{2.2\times10^3} = 2.2\times10^{-1}\,\mathrm{m/s^2}$

[**9**] (1) $\frac{dr}{d\theta} = \frac{\frac{dr}{dt}}{\frac{d\theta}{dt}} = \frac{ar^2}{b\theta^2}$ より，$\frac{1}{r} = \frac{a}{b}\frac{1}{\theta} + C$（$C$ は定数）．$\therefore\ r = \frac{b\theta}{c\theta + a}$ （$c = bC$）

(2) $a_r = \frac{dv_r}{dt} - \frac{1}{r}v_\theta^2 = a\frac{dr}{dt} - \frac{(b\theta^2)^2}{r} = a^2 r - \frac{(b\theta^2)^2}{r}$

(3) $a_\theta = \frac{1}{r}\frac{d}{dt}(rv_\theta) = \frac{b}{r}\frac{d(r\theta^2)}{dt} = 2b\theta\frac{d\theta}{dt} + \frac{b\theta^2}{r}\frac{dr}{dt} = \frac{2b^2\theta^3}{r} + ab\theta^2$

[**10**] 接線加速度：$a_t = \frac{dv}{dt} = 0$，法線加速度：$a_n = \frac{v^2}{\rho} = \frac{2av^2}{(1+(2ax_0)^2)^{3/2}}$

[**11**] θ を曲率中心から測った角度とすれば

$$\frac{d\boldsymbol{e}_t}{dt} = \frac{ds}{dt}\frac{d\theta}{ds}\frac{d\boldsymbol{e}_t}{d\theta} = \frac{1}{\rho}\left(\frac{ds}{dt}\right)\boldsymbol{n}$$

第3章の解答

練習問題

問題 3.1 (1) $1.67\times10^{-7}\times3.0\times10^6 = 0.50\,\mathrm{kg\cdot m\cdot s^{-1}}$

(2) $15\times10^{-3}\times360 = 5.4\,\mathrm{kg\cdot m\cdot s^{-1}}$

(3) $70\times\frac{100}{10.0} = 7.0\times10^2\,\mathrm{kg\cdot m\cdot s^{-1}}$

(4) $7.35\times10^{22}\times2\times3.141\times3.84\times\frac{10^8}{2.36\times10^6} = 7.51\,\mathrm{kg\cdot m\cdot s^{-1}}$

問題 3.2 $0.15\times\frac{40}{0.10} = 60\,\mathrm{N}$（ボールの進行方向の向き）

問題 3.3 ボールの質量を m とすれば，鉛直下向きを正として，$mv - (-mv) = 2mv$

問題 3.4 運動量保存則より，$m_1V - m_2V = -m_1V$．よって，$\frac{m_1}{m_2} = \frac{1}{2}$.

問題 3.5 運動量保存則より，$m_1V - m_2V = \frac{(m_1+m_2)V}{2}$．よって，$\frac{m_1}{m_2} = 3$.

問題 3.6 (1) 運動量保存則より $mv = MV$．よって，$V = \frac{mv}{M}$.

(2) 床に対する板の加速度を a' とすると，おもちゃの自動車の床に対する加速度は $(a - a')$ であり，$Ma' = m(a - a')$ より，$a' = \frac{m}{M+m}a$ である．よって，時間 t の間に，板は

$$\Delta x = \frac{1}{2}\frac{m}{M+m}at^2$$

だけ変位する．

問題 3.7 ワイヤ 2 に生じる張力を T_2 とすれば，力の鉛直成分のつり合いは，$Mg = T_1\sin\theta_1 + T_2\sin\theta_2$．力の水平成分のつり合いは，$T_1\cos\theta_1 = T_2\cos\theta_2$．これらを T_1 について解けば

$$T_1 = \frac{Mg\cos\theta_2}{\sin(\theta_1+\theta_2)}$$

問題 3.8 $6.67\times10^{-11}\times\frac{m_A m_B}{(0.20)^2} = 1.0\times10^{-8}$ および $m_A + m_B = 5.0$ を連立させて解けば，$m_A = 3.0\,\mathrm{kg}$，$m_B = 2.0\,\mathrm{kg}$ を得る．

問題 3.9 $mg = \frac{GmM}{R_{\mathrm{E}}^2}$ より，$M = \frac{gR_{\mathrm{E}}^2}{G} = \frac{9.80\times 6370^2}{6.672\times 10^{-11}} = 5.96\times 10^{24}\,\mathrm{kg}$

問題 3.10 質点 1 から 2 の方向への単位ベクトルは，$\frac{\boldsymbol{r}_2-\boldsymbol{r}_1}{|\boldsymbol{r}_2-\boldsymbol{r}_1|}$ と書けるから

$$\boldsymbol{F}_{21} = \frac{Gm_1m_2(\boldsymbol{r}_2-\boldsymbol{r}_1)}{|\boldsymbol{r}_2-\boldsymbol{r}_1|^3}$$

演習問題

[**1**] (1) $\boldsymbol{r}' = \boldsymbol{r} - \boldsymbol{u}t$

(2) 上の式を時間で微分していけば，$\boldsymbol{v}' = \boldsymbol{v} - \boldsymbol{u}$, $\boldsymbol{a}' = \boldsymbol{a}$ となり，質点 P の加速度は K 系でも K′ 系でも同じになる．すなわち，K′ 系も慣性座標系である．

[**2**] (1) 座標系 K での P の運動方程式は $m\boldsymbol{a} = \boldsymbol{F}$ となる．

(2) 慣性系に対して加速度運動するので，S は慣性座標系ではない．

(3) P に働いている $\boldsymbol{F}$ 以外の力を $\boldsymbol{F}'$ とすると，$\boldsymbol{F} + \boldsymbol{F}' = \boldsymbol{0}$.

(4) 運動方程式を代入すれば，$\boldsymbol{F}' = -m\boldsymbol{a}$.

[**3**] 半径 a の円周上を一定の角速度 ω で等速円運動しているのだから，円の中心を原点にとれば，物体に働いている力は，$\boldsymbol{F} = -m\omega^2\boldsymbol{r}$. 原点が同じで質点と同じ角速度で回転する座標系から見たとき，質点は静止して見えるのでこの力とつり合う見かけの力が働いている．この見かけの力は，$\boldsymbol{F} = m\omega^2\boldsymbol{r}$ と表せる．

[**4**] (1) 運動方程式より，$F = (M + 10m)a$.

(2) $(M + (n-1)m)a = F - f_n$ および $(M + nm)a = F - f_{n+1}$ より，$f_n = (11-n)ma$, $f_{n+1} = (10-n)ma$.

[**5**] (1) 自動車と板とが及ぼし合う力の大きさを R とし，板が床に対してもつ加速度の大きさを a' とすれば，$R = m(a-a')$ および $R = Ma'$ より，$a' = \frac{ma}{M+m}$.

(2) $R = Ma' = \frac{Mma}{M+m}$

[**6**] エレベータの加速度の大きさは運動方程式 $(M+m)a = F$ より，$a = \frac{F}{M+m}$ である．エレベータの中の人も同じ加速度で運動するから，この人には加速のための力 ma が上向きに加わっているはずであり，その反作用が体重計に加わる．したがって体重計には，重力 mg に加えて力 ma が加わるので，その読み（kg 重）は

$$\frac{ma+mg}{g} = \frac{(M+m)mg+mF}{(M+m)g}\ [\mathrm{kg\ 重}]$$

となる．

[**7**] $g = \frac{GM}{R^2}$ より，$M = \dfrac{9.80\times\left(\frac{4.0\times 10^7}{2\times 3.141}\right)^2}{6.67\times 10^{-11}} = 5.96\times 10^{24}\,\mathrm{kg}$

[**8**] 緯度 φ の位置の地軸からの距離は $R\cos\varphi$ である．よって遠心力の大きさは $m(R\cos\varphi)\omega^2$ である．よって重力の大きさは，第 2 余弦定理より

$$\begin{aligned} W &= \sqrt{(mg)^2 + (mR\omega^2\cos\varphi)^2 - 2(mg)(mR\omega^2\cos\varphi)\cos\varphi} \\ &\simeq mg\sqrt{1 - \frac{2R\omega^2\cos^2\varphi}{g}} \quad (\omega^4\ \text{の項を無視}) \\ &\simeq mg - mR\omega^2\cos^2\varphi \quad (\text{根号中第 2 項が 1 より十分小さいとして，根号を展開}) \end{aligned}$$

と書くことができる．

[**9**] Bの変位を右方向に $\Delta x'$ とすると，AとBをつなぐばねの伸びは，$\Delta x' - \Delta x$ であるから，Bに働く力のつり合いより，$k\Delta x' = -k(\Delta x' - \Delta x)$．したがって，$\Delta x' = \frac{1}{2}\Delta x$．

第4章の解答

練習問題

問題 4.1 落下後，地上30 m の地点における鉄球の落下速度を v_0，その瞬間からの経過時間を t [s] とすると，落下距離は $y = v_0 t + \frac{gt^2}{2}$ である．よって，$t = 1.1$ s 後に $y = 30$ m 落下して地上に到達するには，$v_0 = \frac{y}{t} - \frac{gt}{2} = \frac{30}{1.1} - \frac{9.8\times1.1}{2} = 22$ m/s．一方，頂上から自由落下した鉄球が速度 v_0 を得るのに要する時間は $t_0 = \frac{v_0}{g}$ であり，その落下距離は $y = \frac{gt_0^2}{2} = \frac{v_0^2}{2g} = \frac{22^2}{2\times9.8} = 25$ m である．よって，ピサの斜塔の高さは $25 + 30 = 55$ m．

問題 4.2 $h = -\frac{gt_1^2}{2} + v_0 t_1$ および $h = -\frac{g(t_1+t_2)^2}{2} + v_0(t_1+t_2)$ より $v_0 = \frac{g(t_2+2t_1)}{2}$．これをはじめの式に代入すれば

$$h = -\frac{1}{2}gt_1^2 + \frac{1}{2}g(t_2+2t_1)t_1 = \frac{1}{2}g(t_2+t_1)t_1$$

問題 4.3

$$l = \frac{2v_0^2}{g\cos^2\theta}\sin\alpha\cos(\alpha+\theta) = \frac{v_0^2}{g\cos^2\theta}(\sin(2\alpha+\theta) - \sin\theta)$$

これが最大になるのは，$\sin(2\alpha+\theta) = 1$ のとき，すなわち

$$\alpha = \frac{1}{2}\left(\frac{\pi}{2} - \theta\right)$$

問題 4.4 投げ上げた点を原点とし，鉛直方向上向きに y 軸をとり，初速度が xy 面内にあるように水平方向に x 軸をとると，運動方程式は

$$m\frac{dx}{dt} = 0, \qquad m\frac{dy}{dt} = -mg$$

これを解けば

$$x = v_0\cos\alpha t, \qquad y = -\frac{1}{2}gt^2 + v_0\sin\alpha t$$

(1) 投げてから地面 $(y = -h)$ に到達する滞空時間 t_0 は，$-h = v_0\sin\alpha t_0 - \frac{1}{2}gt_0^2$ より

$$t_0 = \frac{1}{g}\left(v_0\sin\alpha + \sqrt{v_0^2\sin^2\alpha + 2gh}\right)$$

(2) 落下する位置，すなわち水平距離 l は

$$l = v_0\cos\alpha t_0 \quad \text{（ただし，} t_0 \text{ は (1) で求めた時間）}$$

となる．

(3) 石が地面にあたる直前の速さ v は

$$v_x = v_0\cos\alpha, \qquad v_y = -gt_0 + v_0\sin\alpha = -\sqrt{v_0^2\sin^2\alpha + 2gh}$$

より

$$v = \sqrt{v_x^2 + v_y^2} = \sqrt{v_0^2\cos^2\alpha + v_0^2\sin^2\alpha + 2gh} = \sqrt{v_0^2 + 2gh}$$

問題 4.5 滞空時間 T は, $\frac{gT^2}{2} = v_0 \sin\alpha T$ より, $T = \frac{2v_0 \sin\alpha}{g}$, 到達距離 l は, $l = v_0 \cos\alpha T$ と書ける．これらを v_0 と α について解けば

$$v_0 = \sqrt{\left(\frac{l}{T}\right)^2 + \left(\frac{gT}{2}\right)^2}, \quad \alpha = \sin^{-1} \frac{gT}{2\sqrt{\left(\frac{l}{T}\right)^2 + \left(\frac{gT}{2}\right)^2}}$$

問題 4.6 投射角を α とすれば

$$h = \frac{v_0^2 \sin^2\alpha}{2g}, \qquad l = \frac{2v_0^2 \sin\alpha\cos\alpha}{g} = \frac{v_0^2 \sin 2\alpha}{g}$$

よって

$$\frac{h}{l} = \frac{\tan\alpha}{4}, \quad すなわち, \quad \sin\alpha = \frac{4h}{\sqrt{(4h)^2+l^2}}, \quad \cos\alpha = \frac{l}{\sqrt{(4h)^2+l^2}}$$

$$l_{\max} = \frac{v_0^2}{g} = \frac{l}{2\sin\alpha\cos\alpha} = \frac{(4h)^2+l^2}{8h}$$

問題 4.7 静止する時間は，速度を 0 とおいて，$0 = -g\sin\theta t + v_0$ より，$t = \frac{v_0}{g\sin\theta}$ となるから，斜面を滑る距離 x は

$$x = -\frac{1}{2}g\sin\theta t^2 + v_0 t = \frac{v_0^2}{g\sin\theta} = \frac{5^2}{2\times 9.8\times\sin 20^\circ} = 3.7\,\mathrm{m}$$

問題 4.8 (1) $\Delta x = a \times \frac{t^2}{2}$ より，$a = 1.5\,\mathrm{m\cdot s^{-2}}$.

(2) $ma = mg\sin 30^\circ - \mu' mg\cos 30^\circ$ より，$\mu' = \tan 30^\circ - \frac{a}{g\cos 30^\circ} = 0.40$.

(3) $R = \mu' mg\cos\theta = 0.4\times 2.5\times 9.8\times\frac{1}{2} = 4.9\,\mathrm{N}$

(4) $v = at = 1.5\times 2.0 = 3.0\,\mathrm{m/s}$

問題 4.9 斜面に沿って上から下に座標軸をとると，ブロックが滑り降りる場合は

$$ma = mg\sin\theta - \mu' mg\cos\theta$$

ブロックが滑り昇る場合は

$$ma = mg\sin\theta + \mu' mg\cos\theta$$

問題 4.10 $mg\sin\theta_0 = \mu mg\cos\theta_0$ より，$\mu = \tan\theta_0$.

問題 4.11 ブロックの質量を m とすると，問題 4.9 より運動方程式は

$$ma = mg\sin\theta - \mu' mg\cos\theta$$

であり，これは加速度 $a = g(\sin\theta - \mu'\cos\theta)$ の等加速度運動である．したがって，角度 θ とそのときの加速度 a を計測すれば，ブロックの質量に関係なく μ' を求めることができる．加速度 a は，たとえば斜面上で一定の距離 L を初速 0 の状態から滑るのに要する時間 t を測定すれば，$L = \frac{1}{2}at^2$ より求まるので

$$\mu' = \tan\theta - \frac{2L}{g\cos\theta t^2}$$

のように，角度 θ と滑降時間に t よって求めることもできる．

問題 4.12 (1) ブロックの加速度の大きさは，$a = g\sin\theta + \mu' g\cos\theta$ であるから，ブロッ

クが静止するまでの時間は，$t_1 = \frac{v_0}{g\sin\theta + \mu' g\cos\theta}$．このブロックが再び動き出すためには，$\theta$ は摩擦角より大きい必要があるので，$\tan\theta \geq \mu > \mu'$ でなければならない．

(2) ブロックの加速度の大きさは，$a = g\sin\theta - \mu' g\cos\theta$ であるから，ブロックが静止するまでの時間は，$t_2 = \frac{v_0}{g\sin\theta - \mu' g\cos\theta}$．このようにブロックが静止するためには，加速度 a が負である必要があるので，$\tan\theta < \mu < \mu'$ でなければならない．

問題 4.13 (1) $a_{\max} = 5.0 \times 2^2 = 2 \times 10^1\,\mathrm{m\cdot s^{-2}}$

(2) $2t_0 + \frac{\pi}{3} = \pi$ より，$t_0 = \frac{\pi}{3}$ [s]．

問題 4.14 このばねのばね定数は，$k = \frac{10\times10^{-3}\times9.80}{4.2\times10^{-2}} = 2.33\,\mathrm{N/m}$ であるから，30 g のおもりを付けて単振動させたときの振動の周期は

$$T = 2\pi\sqrt{\frac{m}{k}} = 2\times3.14\times\sqrt{\frac{30\times10^{-3}}{2.33}} = 0.71\,\mathrm{s}$$

問題 4.15 おもりの位置を x，連結部の位置を x' とすれば，連結部に働く力を考えると $k_1x' = k_2(x - x')$ であるから，おもりの運動方程式は

$$m\frac{d^2x}{dt^2} = -k_2(x - x') = -\frac{k_1k_2}{k_1+k_2}x$$

と書くことができる．したがって，振動の周期は

$$T = 2\pi\sqrt{\frac{m(k_1+k_2)}{k_1k_2}}$$

問題 4.16 つり合いの式 $kx = mg$ より，このばねのばね定数は $k = \frac{30\times10^{-3}\times9.80}{4.5\times10^{-2}} = 6.53\,\mathrm{N/m}$．これを用いると

(1) $f = \frac{1}{2\pi}\sqrt{\frac{k}{m}} = \frac{1}{2\times3.14}\sqrt{\frac{6.53}{130\times10^{-3}}} = 1.1\,\mathrm{Hz}$

(2) $\frac{T}{4} = \frac{1}{4f} = \frac{1}{4\times1.12} = 0.22\,\mathrm{s}$

(3) つり合いの位置では正味の力は 0 なので，そこから 10 cm 上の位置での正味の力は $F = kx = 6.53\times10\times10^{-3} = 0.65\,\mathrm{N}$ で下向き．

問題 4.17 振り子の頂上でおもりが速さをもてばよいので，最下点を位置エネルギーの基準とし，頂上での速さ v_0 とすると，エネルギー保存則より

$$\frac{1}{2}mV^2 = 2mgl + \frac{1}{2}mv_0^2$$

が成り立つ．ここで $v_0 \geq 0$ の場合，$\frac{1}{2}mV^2 \geq 2mgl$ なので，V の最小値は $V = 2\sqrt{gl}$ である．

問題 4.18 $l = g\left(\frac{T}{2\pi}\right)^2 = 9.808\times\left(\frac{11.0}{2\times3.141}\right)^2 = 30.1\,\mathrm{m}$

問題 4.19 g の減少を $\Delta g = 0.01\,\mathrm{m\cdot s^{-2}}$ とおくと，周期の増加は $\Delta T = 2\pi\left(\sqrt{\frac{l}{g-\Delta g}} - \sqrt{\frac{l}{g}}\right) = 2\pi\sqrt{\frac{l}{g}}\frac{\Delta g}{2g} = 1.92\times10^{-3}\,\mathrm{s}$．よって，周期は $1.92\times10^{-3}\,\mathrm{s}$ だけ増える．

問題 4.20 弦の長さを l，小球の弦に垂直な変位を y とすると，小球に働く力の大きさ F は，$F = T\left(\frac{1}{x} + \frac{1}{l-x}\right)y$．したがって，求める周期は

$$\tau = 2\pi\sqrt{\frac{mx(l-x)}{Tl}}$$

演習問題

[**1**] (1) $v = \sqrt{2gh} = \sqrt{2 \times 9.8 \times 2} = 6.3\,\mathrm{m/s}$ （鉛直下向き）

(2) $v' = \sqrt{2gh'} = \sqrt{2 \times 9.8 \times 1.8} = 5.9\,\mathrm{m/s}$ （鉛直上向き）

(3) $\sqrt{\frac{2h}{g}} + \sqrt{\frac{2h'}{g}} = \frac{v+v'}{g} = \frac{6.3+5.9}{9.8} = 1.2\,\mathrm{s}$

[**2**] A を原点とし，レールに沿って x 軸をとれば，物体の位置は，$x = \frac{g \sin \alpha t^2}{2}$．一方で AP の距離は，$2R \sin \alpha$ であるから，P まで滑り降りるのに要する時間は，$2R \sin \alpha = \frac{g \sin \alpha t^2}{2}$ より，$t = \sqrt{\frac{4R}{g}}$ となり α に依存せず一定となる．

[**3**] 弾が $x = x_0$ に到達する時刻 t_0 は，$t_0 = \frac{x_0}{v_0 \cos \theta}$，そのときの弾の高さは

$$y = -\frac{1}{g}\left(\frac{x_0}{v_0 \cos \theta}\right)^2 + x_0 \tan \theta$$

一方で，そのときの標的の高さは

$$y = -\frac{1}{2}gt_0^2 + (v_0 \sin \theta)t_0 = -\frac{1}{g}\left(\frac{x_0}{v_0 \cos \theta}\right)^2 + x_0 \tan \theta$$

となり，両者が一致するので，弾は必ず命中することがわかる．

[**4**] 投射角を α とすれば，質点の位置は

$$x_0 = v_0 \cos \alpha t, \qquad y = -\frac{1}{2}gt^2 + v_0 \sin \alpha t$$

と書ける．これより，t を消去すれば

$$y = x \tan \alpha - \frac{1}{2}g\frac{x^2}{v_0 \cos^2 \alpha}$$

これを整理すれば

$$gx^2 \tan^2 \alpha - 2xv_0^2 \tan \alpha + (2yv_0^2 + gx^2) = 0$$

となり，これは $\tan \alpha$ の 2 次関数になっている．したがって，質点が到達できる領域は判別式より，$(xv_0^2)^2 - (2yv_0^2 + gx^2)gx^2 > 0$ となる．これを y について解けば，$y \leq \frac{v_0^4 - g^2 x^2}{2gv_0^2}$ を得る．

[**5**] 投射角を α とすれば，質点の最高点の座標

$$x = \frac{v_0^2 \sin \alpha \cos \alpha}{g} = \frac{v_0^2 \sin 2\alpha}{2g}, \qquad y = \frac{v_0^2 \sin^2 \alpha}{2g} = \frac{v_0^2(1 - \cos 2\alpha)}{4g}$$

を $\sin^2 2\alpha + \cos^2 2\alpha = 1$ に代入して，α を消去すると

$$\frac{x^2}{\left(\frac{v_0^2}{2g}\right)^2} + \frac{\left(y - \frac{v_0^2}{4g}\right)^2}{\left(\frac{v_0^2}{4g}\right)^2} = 1$$

の楕円を得る．これが求める最高点の軌跡である．

[**6**] (1) 投射角を α とすれば，物体の軌道は

$$gx^2 \tan^2 \alpha - 2xv_0^2 \tan \alpha + (2yv_0^2 + gx^2) = 0$$

と書けた，これは $\tan \alpha$ について 2 次関数になっているので，α は一般に 2 通りあることがわかる．

(2) 上の 2 次方程式を解けば

$$\tan\alpha_1 = \frac{v^2-\sqrt{v^4-2gv^2y-g^2x^2}}{gx}, \qquad \tan\alpha_2 = \frac{v^2+\sqrt{v^4-2gv^2y-g^2x^2}}{gx}$$

となり

$$\tan(\alpha_1+\alpha_2) = -\frac{x}{y} = -\cot\beta$$

となる．したがって，$\alpha_1+\alpha_2 = \beta+\frac{\pi}{2}$ を得る．

[**7**] (1) $\frac{mv_0^2}{R} = mg$ より，$v_0 = \sqrt{gR} = 7.91\times 10^3\,\mathrm{m\cdot s^{-1}}$.

(2) $t = \frac{2\pi R}{v_0} = \frac{2\times 3.141\times 6380\times 10^3}{7.907\times 10^3} = 5.07\times 10^3\,\mathrm{s}$

[**8**] 物体に働く正味の力は，y 成分のみで，$F_y = -mg\sin\alpha$ となるから，質点の座標は

$$x = v_0\cos\theta t, \qquad y = -\frac{1}{2}g\sin\alpha t^2 + v_0\sin\theta t$$

したがって，質点が描く軌道は，上式から t を消去して

$$y = -\frac{1}{2}\frac{g\sin\alpha}{(v_0^2\cos\theta)^2}\left(x-\frac{v_0^2\sin\theta\cos\theta}{g\sin\alpha}\right)^2 + \frac{(v_0\sin\theta)^2}{2g\sin\alpha}$$

[**9**] ブロックが加速度 a で，斜面台が加速度 A で運動したとする．ブロックが斜面から受ける垂直抗力の大きさを N とすると，水平方向に x 軸，鉛直方向に y 軸をとれば，ブロックの運動方程式は

$$N\sin\theta = ma_x, \qquad mg - N\cos\theta = ma_y$$

斜面台の運動方程式は

$$N\sin\theta = MA$$

である．ブロックが斜面に沿って運動するので，斜面台から見たブロックの加速度は斜面に沿った方向である．すなわち

$$\tan\theta = \frac{\alpha_y}{\alpha_x + A}$$

これらより

(1) $N = \dfrac{mg}{\cos\theta\left(1+\left(\frac{m+M}{M}\right)\tan^2\theta\right)}$

(2) $Mg + N\cos\theta = Mg + \dfrac{mg}{1+\left(\frac{m+M}{M}\right)\tan^2\theta}$

[**10**] 平衡位置では，力のつり合い $2k(l_1-l_0) = mg+k(l_2-l_0)$ が成り立つので，物体を平衡位置から y だけ上に変位させたときに働く力は，$F = -mg+2k(l_1-l_0-y)-k(l_2-l_0+y) = -3ky$ である．したがって，この物体を上下に振動させたときの周期は

$$T = 2\pi\sqrt{\frac{m}{3k}}$$

[**11**] (1) 糸の長さが l の振り子の振動数は

$$f = \frac{1}{2\pi}\sqrt{\frac{g}{l}}$$

で与えられるから，長さを Δl だけ長くしたときの，振動数の変化 Δf は

$$\frac{\Delta f}{f} = -\frac{1}{2}\frac{\Delta l}{l}$$

で与えられる．

(2) 周期が 2 秒の単振り子の糸の長さは，$l = 9.806 \times \left(\frac{2}{2\times 3.141}\right)^2 = 0.9939\,\mathrm{m}$．したがって長さの補正は，$\dfrac{2\times 0.9939\times 8.5}{\frac{24}{3600}} = 1.96\times 10^{-4}\,\mathrm{m}$.

[**12**] 角振動数を ω，糸の張力の大きさを $F_{張力}$ とすれば，力のつり合いは

$$F_{張力}\cos\theta = mg, \qquad m(l\sin\theta)\omega^2 = F_{張力}\sin\theta$$

と書ける．これより，ω および $F_{張力}$ は，$\omega = \sqrt{\frac{g}{l\cos\theta}}$ および $F_{張力} = \frac{mg}{\cos\theta}$ である．したがって

(1) $v = (l\sin\theta)\omega = \sin\theta\sqrt{\frac{gl}{\cos\theta}}$

(2) $T = \frac{2\pi}{\omega} = 2\pi\sqrt{\frac{l\cos\theta}{g}}$

(3) $\frac{mg}{\cos\theta} = 2mg$ より，$\theta = \frac{\pi}{3}$.

第 5 章の解答

練習問題

問題 5.1 右図のようにベクトル $\boldsymbol{A}, \boldsymbol{B}, \boldsymbol{C}$ をとり，$\boldsymbol{B}+\boldsymbol{C}, \boldsymbol{B}, \boldsymbol{C}$ から $\boldsymbol{A}$ に下した垂線の足をそれぞれ A, B, C とすると，$\boldsymbol{A}\cdot(\boldsymbol{B}+\boldsymbol{C})$ は，$\boldsymbol{B}+\boldsymbol{C}$ の $\boldsymbol{A}$ への射影 OA と $\boldsymbol{A}$ の長さとの積であり，$\boldsymbol{A}\cdot\boldsymbol{B}$, $\boldsymbol{A}\cdot\boldsymbol{C}$ もそれぞれ，$\boldsymbol{B}$, $\boldsymbol{C}$ の $\boldsymbol{A}$ への射影 OB, OC と $\boldsymbol{A}$ の長さとの積である．ところで図より，$\overline{\mathrm{OA}} = \overline{\mathrm{OB}} + \overline{\mathrm{BA}} = \overline{\mathrm{OB}} + \overline{\mathrm{OC}}$ である．よって，$\boldsymbol{A}\cdot(\boldsymbol{B}+\boldsymbol{C}) = \boldsymbol{A}\cdot\boldsymbol{B} + \boldsymbol{A}\cdot\boldsymbol{C}$ である．

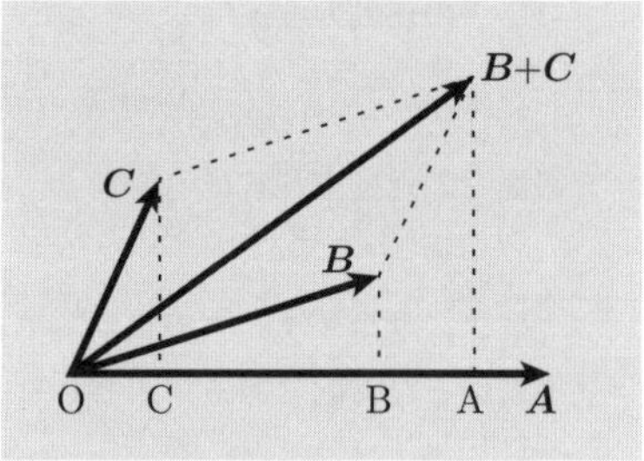

問題 5.2 $|\boldsymbol{A}| = \sqrt{2^2+2^2+2^2} = 2\sqrt{3}$, $|\boldsymbol{B}| = \sqrt{2^2+(-2)^2+2^2} = 2\sqrt{3}$, $\boldsymbol{A}\cdot\boldsymbol{B} = 4-4+4 = 4$ より，$\cos\theta = \frac{\boldsymbol{A}\cdot\boldsymbol{B}}{|\boldsymbol{A}||\boldsymbol{B}|} = \frac{1}{3}$．したがって，$\theta = \cos^{-1}\frac{1}{3}$

問題 5.3 $\boldsymbol{k}$ は z 軸の基本ベクトルなので，$\boldsymbol{r}\cdot\boldsymbol{k}$ は $\boldsymbol{r}$ の z 成分を表す．よって，$\boldsymbol{r}\cdot\boldsymbol{k} = C$ は，z 座標が C の点の集合，すなわち，z 軸に垂直で z 座標が C の平面を表す．

問題 5.4 円運動の半径を R とおくと，円周上の点は $\boldsymbol{r} = R\boldsymbol{e}_r$ と表せる．よって，$\boldsymbol{v} = \frac{d\boldsymbol{r}}{dt} = R\frac{d\boldsymbol{e}_r}{dt}$ である．ここで (1.21) を用い，角速度を $\omega = \frac{d\theta}{dt} =$ 一定 とすると，$\boldsymbol{v} = R\omega\boldsymbol{e}_\theta$ となる．さらに，$\boldsymbol{a} = \frac{d\boldsymbol{v}}{dt} = R\omega\frac{d\boldsymbol{e}_\theta}{dt} = -\omega^2 R\boldsymbol{e}_r$ と書くことができる．$\boldsymbol{e}_r\cdot\boldsymbol{e}_\theta = 0$ であるから，$\boldsymbol{r}\cdot\boldsymbol{v} = 0$ および $\boldsymbol{v}\cdot\boldsymbol{a} = 0$ を得る．

問題 5.5 $\boldsymbol{A} = (A_x, A_y, A_z)$, $\boldsymbol{B} = (B_x, B_y, B_z)$ とおくと，$\boldsymbol{A}\cdot\boldsymbol{B} = A_xB_x + A_yB_y + A_zB_z$ であるから，これを時間 t で微分すると

$$\begin{aligned}\frac{d}{dt}(\boldsymbol{A}\cdot\boldsymbol{B}) &= \frac{d}{dt}(A_xB_x + A_yB_y + A_zB_z)\\ &= \frac{dA_x}{dt}B_x + A_x\frac{dB_x}{dt} + \frac{dA_y}{dt}B_y + A_y\frac{dB_y}{dt} + \frac{dA_z}{dt}B_z + A_z\frac{dB_z}{dt}\end{aligned}$$

$$= \frac{dA_x}{dt}B_x + \frac{dA_y}{dt}B_y + \frac{dA_z}{dt}B_z + A_x\frac{dB_x}{dt} + A_y\frac{dB_y}{dt} + A_z\frac{dB_z}{dt}$$
$$= \frac{d\boldsymbol{A}}{dt}\cdot\boldsymbol{B} + \boldsymbol{A}\cdot\frac{d\boldsymbol{B}}{dt}$$

問題 5.6 $\int_0^x kx'dx' = \frac{1}{2}kx^2$

問題 5.7 (1) 重力のする仕事は $mg\sin\theta \times \frac{h}{\sin\theta} = mgh$.

(2) 垂直抗力は物体の移動方向と直交しているので，垂直抗力のする仕事は 0.

(3) 摩擦力のする仕事は $-\mu' mg\cos\theta \times \frac{h}{\sin\theta} = -\frac{\mu' mgh}{\tan\theta}$.

問題 5.8 $\mu' Mgv$

問題 5.9 $\frac{80\times 9.8\times 2.0}{735.5} = 2.1\,\mathrm{s}$

問題 5.10 $850 \times \frac{(7.92\times 10^3)^2}{2} = 2.67\times 10^{10}\,\mathrm{J}$

問題 5.11 発射された瞬間の弾丸の運動エネルギーは，$\frac{1}{2}\times 15\times 10^{-3}\times 810^2 = 4.92\times 10^3\,\mathrm{J}$. したがって，弾丸に働く平均の力の大きさは，$4.92\times\frac{10^3}{75\times 10^{-2}} = 6.6\times 10^3\,\mathrm{N}$.

問題 5.12 (1) $100\times 5 = 500\,\mathrm{J}$

(2) $-0.3\times 30\times 9.80\times 5 = 441\,\mathrm{J}$

(3) $500 - 441 = 59\,\mathrm{J}$

(4) $\sqrt{2\times\frac{59}{30}} = 2.0\,\mathrm{m/s}$

問題 5.13 ブロックが放たれてから停止するまでに重力のした仕事 W は，$W = 10\times 9.80\times\frac{3.0}{2} = 147\,\mathrm{J}$. ばねの圧縮された長さ x は，$x = \sqrt{\frac{2W}{k}} = \sqrt{2\times\frac{147}{2.5\times 10^4}} = 0.11\,\mathrm{m}$

問題 5.14 仕事は，経路 Γ_1 では $-10|\boldsymbol{F}|$，経路 Γ_2 では $-5\sqrt{2}|\boldsymbol{F}|$ である．したがって，この力は非保存力であることがわかる．

問題 5.15 仕事は，経路 Γ_1，経路 Γ_2 ともに $5|\boldsymbol{F}|$ であるので，この力は保存力である．

問題 5.16 $-\int_0^z Fdz' = mg\int_0^z dz' = mgz$

問題 5.17 $-\int_0^x Fdx' = k\int_0^x x'dx' = \frac{1}{2}kx^2$

問題 5.18 (1) $F(x) = -\frac{\partial U(x)}{\partial x} = 2ax - b$

(2) $2ax - b = 0$ より，$x = \frac{b}{2a}$.

問題 5.19 (1) $\frac{1}{2}m\left(l\frac{d\theta}{dt}\right)^2 + mgl(1-\cos\theta) =$ 一定

(2) 上式の両辺を t で微分すれば

$$ml^2\frac{d\theta}{dt}\frac{d^2\theta}{dt^2} + mgl\sin\theta\frac{d\theta}{dt} = 0$$

となり，両辺を $ml^2\frac{d\theta}{dt}$ で割れば単振り子の運動方程式を得る．

問題 5.20 力学的エネルギー保存の法則より

$$\frac{1}{2}mv_0^2 = \frac{1}{2}mv^2 + mg(z - z_0)$$

である．これを変形すれば

$$\frac{v}{\sqrt{v_0^2 - 2g(z-z_0)}} = \pm 1$$

両辺を時間 t で 0 から t まで積分すれば

$$(v_0^2 - 2g(z-z_0))^{1/2} - v_0 = \pm gt$$

となり，これを整理して

$$z = z_0 \pm v_0 t - \frac{1}{2}gt^2$$

を得る．

問題 5.21 力学的エネルギー保存則より，$\frac{(m_A+m_B)v^2}{2} = (m_A - m_B)gh$. これを v について解けば，$v = \sqrt{\frac{2gh(m_A-m_B)}{m_A+m_B}} = \sqrt{\frac{2\times9.80\times2.5\times(6.0-3.0)}{6.0+3.0}} = 4.0\,\mathrm{m/s}$.

問題 5.22 (1) 安定点は $x = \frac{1}{\beta}$ である．ポテンシャルをそのまわりで展開すると

$$U \simeq -\frac{A}{e\beta} + \frac{\beta A}{2e}\left(x - \frac{1}{\beta}\right)^2$$

となる．よって，復元力は $F = -\frac{dU}{dx} = -\frac{\beta A}{e}\left(x - \frac{1}{\beta}\right)$ であり，周期は $T = 2\pi\sqrt{\frac{me}{\beta A}}$.

(2) 安定点は $x = \frac{2a}{b}$ である．ポテンシャルをそのまわりで展開すると

$$U \simeq -\frac{b^2}{4a} + \frac{b^4}{16a^3}\left(x - \frac{2a}{b}\right)^2$$

となる．よって，復元力は $F = -\frac{dU}{dx} = -\frac{b^4}{8a^3}\left(x - \frac{2a}{b}\right)$ であり，周期は $T = 2\pi\sqrt{\frac{8ma^3}{b^4}}$.

演習問題

[**1**] $\boldsymbol{A}$ と $\boldsymbol{B}$ を 2 辺とする平行四辺形の面積 S は $S = |\boldsymbol{A}||\boldsymbol{B}|\sin\theta$ で与えられる．一方で

$$\sqrt{|\boldsymbol{A}|^2|\boldsymbol{B}|^2 - (\boldsymbol{A}\cdot\boldsymbol{B})^2} = |\boldsymbol{A}||\boldsymbol{B}|\sqrt{1-\cos^2\theta} = |\boldsymbol{A}||\boldsymbol{B}|\sin\theta$$

となる．したがって，$S = \sqrt{|\boldsymbol{A}|^2|\boldsymbol{B}|^2 - (\boldsymbol{A}\cdot\boldsymbol{B})^2}$ を得る．

[**2**] 運動エネルギー-位置グラフの接線の傾きは

$$\frac{d}{dx}\left(\frac{1}{2}mv^2\right) = mv\frac{dv}{dx} = m\frac{dv}{dt} = ma$$

であるから，運動方程式を用いれば，この場合の接線の傾きは質点に働く力であるとわかる．

[**3**] $P = \boldsymbol{F}\cdot\boldsymbol{v}$

[**4**] 重力によってなされた仕事は，$10\times9.80\times\sin\frac{\pi}{6}\times\frac{2.0}{\sin\frac{\pi}{6}} = 196\,\mathrm{J}$. 摩擦力によってなされた仕事は，$-0.30\times10\times9.80\times\cos\frac{\pi}{6}\times\frac{2.0}{\sin\frac{\pi}{6}} = -102\,\mathrm{J}$. 斜面の下端に到達する直前のブロックの速さは，$\sqrt{\frac{(196-102)\times2}{10}+5.0^2} = 6.6\,\mathrm{m/s}$

[**5**] F が保存力であれば，ポテンシャルが存在するので，それを U と書くと，(5.36) より

$$\frac{\partial F_x}{\partial y} = -\frac{\partial^2 U}{\partial y\partial x} = -\frac{\partial^2 U}{\partial x\partial y} = \frac{\partial F_y}{\partial x}$$

となる．他も同様に証明できる．

[**6**] (1) この場合，$x = y = 0$ で微分できないので，注意しなければならない．$F_x^2+F_y^2 = k^2$, $\frac{F_x}{F_y} = -\frac{x}{y}$ より，これは原点を中心とする円周の接線方向を向いた大きさ k の力である．したがって，この円周を 1 周したときの仕事は 0 ではない．したがって，この力は保存力ではない．

(2) $\frac{\partial F_x}{\partial y} = k'x$, $\frac{\partial F_y}{\partial x} = k'x$ であり，$\frac{\partial F_x}{\partial y} = \frac{\partial F_y}{\partial x}$ であるので保存力である．

[**7**] (1) 小物体の速さを v，垂直抗力を N とすると，運動方程式の円に垂直な成分は

$$m\frac{v^2}{a} = mg\cos\theta - N$$

また，天頂角が θ となる点まで小物体が滑り降りたときの小物体の速さ v は，力学的エネルギー保存の法則より

$$v^2 = 2ga(1-\cos\theta)$$

よって

$$N = mg(3\cos\theta - 2)$$

(2)　$N=0$ の点で小物体は球面から離れるので，(1) の結果が 0 になる角が求める θ_0 である．すなわち

$$\cos\theta_0 = \frac{2}{3}$$

[**8**]　微小区間 dr と水平面とのなす角を θ とすれば，摩擦力がする仕事は，$-\mu mg\int_{\mathrm{A}}^{\mathrm{B}}\cos\theta dr$ である．ここで $\int_{\mathrm{A}}^{\mathrm{B}}\cos\theta dr$ は，A と B の水平距離であるから，摩擦力がスキーヤーにする仕事は A と B の水平距離のみに依存し，雪山の形状によらないことがいえる．

[**9**]　(1)　$50\times10^{-3}\times9.80\times10\times10^{-2} = 4.9\times10^{-2}$ J

(2)　50 g のおもりを吊るしたときに 10 cm だけ伸びたのだから，このばねのばね定数は，$\frac{50\times10^{-3}\times9.8}{10\times10^{-2}} = 4.9\,\mathrm{N/m}$．したがって，ばねに蓄えられているポテンシャルエネルギーは，$\frac{4.9\times(20\times10^{-2})^2}{2} = 0.098\,\mathrm{J}$．

(3)　振幅は 10×10^{-2} m，周期は $2\pi\sqrt{\frac{50\times10^{-3}}{4.9}} = 0.63\,\mathrm{s}$．

[**10**] (1)　このばねのばね定数は，$k=\frac{mg}{d}$ である．小球を乗せる前の板の高さを原点として下向きに x 軸をとると，$x=-4d$ まで押し込んだときの小球の力学的エネルギーは

$$E = -mg(4d) + \frac{1}{2}k(4d)2 = 4mgd$$

である．一方，小球が板から離れるのは，ばねの力が 0 になる瞬間であり，それは $x=0$ の位置である．このとき，小球の力学的エネルギーは，そのときの速さを v とすると

$$E = \frac{1}{2}mv2$$

である．この間，重力およびばねの復元力，すなわち保存力しか働かないので，力学的エネルギーは保存する．したがって，求める速度は

$$v = 2\sqrt{2gd}$$

(2)　ばねや板には質量はないと考えているので，自然長になって小球が離れたあとは，ばねは伸びない．

[**11**] (1)　おもりは，最下点に達した後，点 P を中心に円運動をはじめるが，そこからの中心角を θ，速さを v，糸の張力を T とすると，接線方向の運動方程式は

$$m\frac{v^2}{l-h} = T - mg\cos\theta$$

一方，この運動では保存力（重力）と束縛力（糸の張力）のみが働くので，力学的エネル

ギーは保存する．よって，最下点を位置エネルギーの基準にとると，力学的エネルギー保存則より

$$mgl(1-\cos\varphi)=\frac{1}{2}mv2+mg(l-h)(1-\cos\varphi)$$

である．これらより，糸の張力は

$$T=2mg\frac{l}{l-h}(1-\cos\varphi)-2mg(1-\cos\varphi)+mg\cos\varphi$$
$$=2mg\frac{l}{l-h}(1-\cos\varphi)-2mg+3mg\cos\varphi$$

である．ここで，$h=\frac{l}{2}$, $\varphi=\frac{\pi}{2}$ として T を調べると，$T=2mg+3mg\cos\varphi$ になるので

$$\cos\theta=-\frac{2}{3}$$

で $T=0$ になり，それ以上 θ が大きくなると $T<0$ になるので，糸がたるみ，おもりの運動は放物運動になる．

(2) まわり続ける条件は，最高点 $\theta=\pi$（すなわち $\cos\theta=-1$）において $T\geq 0$ であるから

$$2mg\frac{l}{l-h}(1-\cos\varphi)-2mg-3mg\geq 0$$

よって求める条件は，これを整理して

$$5h\geq(3+2\cos\varphi)l$$

ただし，最初に糸がたるまないためには φ の最大値は $\frac{\pi}{2}$ であり，そのとき，$h\geq\frac{3}{5}l$ であるから，上の条件は，$\frac{3}{5}l\leq h<l$ に適用される．$\frac{l}{2}<h<\frac{3}{5}l$ では，条件を満たす φ, l, h は存在しない（糸は必ずたるむ）．

[12] この場合，地球の各部分がロケットに及ぼす万有引力の合力は，地球の全質量が地球の中心に集まったときに及ぼす万有引力に等しい．これより，地上から 200 km の位置での地球の万有引力ポテンシャルは，ロケットの質量を m kg とすると

$$6.8\times 10^{-11}\times\frac{6.0\times 10^{24}\times m}{200\times 10^{3}+6.4\times 10^{6}}=6.18\times 10^{7}m[\mathrm{J}]$$

これと同じ大きさの運動エネルギーを地上から 200 km の位置でロケットがもっていれば，地球の引力圏から脱出することができる．したがって

$$v_0=\sqrt{\frac{2K}{m}}=\sqrt{2\times 6.18\times 10^{7}}=1.1\times 10^{4}\ \mathrm{m/s}$$

[13] おもりのポテンシャルエネルギーは

$$U=k\left(\sqrt{(l(1+r))^2+x^2}-l^2\right)^2\simeq kl^2r^2+\frac{kr}{1+r}x^2$$

であるから，おもりに働く力は，$F=-\frac{2krx}{1+r}$.

(1) 運動方程式は，$m\frac{d^2x}{dt^2}=-\frac{2kr}{1+r}x$.

(2) 微小振動の周期は，$T=2\pi\sqrt{\frac{m}{2k}\left(1+\frac{1}{r}\right)}$.

(3) $r=0$ とおくと，ポテンシャルを x が小さいとして展開したときの，x の 0 次お

よび 2 次の項は 0 になり，x の 4 次の項を考えなくてはならない．このときの運動方程式は，$m\frac{d^2x}{dt^2} = -\frac{kx^3}{l^2}$ となる．

第 6 章の解答

練習問題

問題 6.1 (1) $\boldsymbol{A}\cdot\boldsymbol{B} = 3\times 4 + 4\times 2 + 5\times 3 = 35$

(2) $\boldsymbol{A}\times\boldsymbol{B} = (4\times 3 - 2\times 5)\boldsymbol{i} + (5\times 4 - 3\times 3)\boldsymbol{j} + (3\times 2 - 4\times 4)\boldsymbol{k} = 2\boldsymbol{i} + 11\boldsymbol{j} - 10\boldsymbol{k}$

問題 6.2 質点の質量を m，速度を $\boldsymbol{v}$ とすると，ある点 P のまわりの角運動量は，P からの位置ベクトルを $\boldsymbol{r}$ とすれば，$\boldsymbol{L} = m\boldsymbol{r}\times\boldsymbol{v}$ である．これを時間微分すると

$$\frac{d\boldsymbol{L}}{dt} = m\frac{d\boldsymbol{r}}{dt}\times\boldsymbol{v} + m\boldsymbol{r}\times\frac{d\boldsymbol{v}}{dt}$$

になるが，右辺第 1 項は $\boldsymbol{v}\times\boldsymbol{v}$ なので $\mathbf{0}$ となり，第 2 項は，等速度運動の場合は $\frac{d\boldsymbol{v}}{dt} = \mathbf{0}$ である．したがって，質点が等速度運動している場合は $\frac{d\boldsymbol{L}}{dt} = \mathbf{0}$ であり，角運動量 $\boldsymbol{L}$ は一定になる．

問題 6.3 $6.0\times 10^{24}\times(1.50\times 10^{11})^2\times\frac{2\pi}{365\times 24\times 3600} = 2.7\times 10^{40}\,\mathrm{kg\cdot m^2\cdot s^{-1}}$

問題 6.4 速度は $\boldsymbol{v} = b\boldsymbol{j}$ であるから，角運動量は $\boldsymbol{r}\times m\boldsymbol{v} = abm\boldsymbol{k}$ となる．

問題 6.5 (1) 原点では $\boldsymbol{r} = \mathbf{0}$ であるから，角運動量は $\boldsymbol{L} = \mathbf{0}$.

(2) 最高点では $\boldsymbol{r} = \dfrac{v_0^2\cos\theta\sin\theta}{g}\,\boldsymbol{i} + \dfrac{v_0^2\sin^2\theta}{2g}\,\boldsymbol{j}$, $\boldsymbol{v} = v_0\cos\theta\boldsymbol{i}$ であるから，角運動量は $\boldsymbol{L} = -\dfrac{mv_0^3\sin^2\theta\cos\theta}{2g}\,\boldsymbol{k}$.

(3) 地面に落ちる直前では $\boldsymbol{r} = \dfrac{2v_0^2\cos\theta\sin\theta}{g}\,\boldsymbol{i}$, $\boldsymbol{v} = v_0\cos\theta\boldsymbol{i} - v_0\sin\theta\boldsymbol{j}$ であるから，角運動量は $\boldsymbol{L} = -\dfrac{2mv_0^3\sin^2\theta\cos\theta}{g}\,\boldsymbol{k}$.

問題 6.6 この場合，角運動量は保存されないが，運動エネルギー K は保存される．点 P のまわりの円運動の半径は $\frac{l}{3}$ なので，求める角速度を ω とすると，$K = \frac{1}{2}m(l\omega_0)^2 = \frac{1}{2}m\left(\frac{l\omega}{3}\right)^2$. よって求める角速度は $3\omega_0$ （釘に絡まる前後で速さは変わらないので，$l\omega_0 = \frac{l}{3}\omega$ より求めてもよい）．

問題 6.7 遠日点における速さを v_2 とすると，角運動量保存則より $a(1-\varepsilon)v_1 = a(1+\varepsilon)v_2$. したがって，$v_2 = \frac{1-\varepsilon}{1+\varepsilon}\,v_1$.

問題 6.8 (1) 月の公転周期は $T = 27.3$ 日 $= 27.3\times 24\times 3600 = 2.36\times 10^6\,\mathrm{s}$，軌道半径は $R = 3.84\times 10^8\,\mathrm{m}$ であるから，軌道速度は $v = \frac{2\pi R}{T} = 1.02\times 10^3\,\mathrm{m/s}$.

(2) 地球に引かれないとすれば，月は速度 v で接線方向に直進するので，時間 Δt が経過したときの月と地球との距離は $\sqrt{R^2 + (v\Delta t)^2}$，一方，実際は，月は地球に落ちることにより，月と地球との距離は R に保たれている．よって，落ちた距離は，$\frac{v\Delta t}{R} \ll 1$ として展開すると

$$\Delta R = \sqrt{R^2 + (v\Delta t)^2} - R = R\sqrt{1 + \left(\frac{v\Delta t}{R}\right)^2} - R \simeq R\left(1 + \frac{1}{2}\left(\frac{v\Delta t}{R}\right)^2\right) - R = \frac{1}{2}\frac{v^2}{R}(\Delta t)^2$$

となる．ここに，v, R を代入して

$$\Delta R = \frac{\frac{(1.02\times 10^3)^2}{3.84\times 10^8}}{2}(\Delta t)^2 = 1.35\times 10^{-3}(\Delta t)^2\ [\mathrm{m}]$$

(3) 加速度は，(2) より，$a = \frac{v^2}{R} = 2.71 \times 10^{-3}\,\mathrm{m/s^2}$ である．これと重力加速度 $g = 9.8\,\mathrm{m/s^2}$ の比をとると，$\frac{a}{g} = \frac{v^2}{Rg} = 2.76 \times 10^{-4} \simeq \frac{1}{60^2}$ である．

参考：実は，地球半径（6371 km）と月の軌道半径の比はほぼ 60 なので，ニュートンはこの考察から，万有引力は半径の 2 乗に反比例することを推論した．

問題 6.9 地球および月の質量を M_{earth}, M_{moon} とし，月と地球を結ぶ直線状にある物体の，地球との距離を r_1，月との距離を r_2 とおくと，地球および月から受ける万有引力のつり合いより

$$G\frac{M_{\mathrm{earth}}m}{r_1^2} = G\frac{M_{\mathrm{moon}}m}{r_2^2} \quad \text{（ただし，}G\text{ は万有引力定数，}m\text{ は物体の質量）}$$

である．よって

$$\frac{r_2}{r_1} = \sqrt{\frac{M_{\mathrm{moon}}}{M_{\mathrm{earth}}}}$$

である．すなわち，地球と月を結ぶ直線を $\sqrt{M_{\mathrm{earth}}} : \sqrt{M_{\mathrm{moon}}}$ に内分する点に物体を置けば，万有引力はつり合う．

問題 6.10 等速円運動は面積速度一定なので，面積速度は，円の面積 S を周期 T で割れば求まる．軌道半径は $r = 1.5 \times 10^{11}$，周期は $T = 365$ 日 $= 365 \times 24 \times 3600\,\mathrm{s}$ であるから

$$\text{（面積速度）} = \frac{\pi r^2}{T} = 2.2 \times 10^{15}\,\mathrm{m \cdot s^{-1}}$$

問題 6.11 位置ベクトルを $\boldsymbol{r}$，速度を $\boldsymbol{v}$ とすると，角運動量は $\boldsymbol{L} = m\boldsymbol{r} \times \boldsymbol{v}$ であるが，中心力なので $\boldsymbol{L}$ は一定である．したがって，$\boldsymbol{r}$ は定ベクトル $\boldsymbol{L}$ に常に垂直であり，この質点は，原点を通り $\boldsymbol{L}$ に垂直な 1 つの平面内に存在する．また $\boldsymbol{v}$ も，$\boldsymbol{L}$ に常に垂直なので同じ平面内にある．よって，初期位置を $\boldsymbol{r}_0$，初速度を $\boldsymbol{v}_0$ とすれば，運動はこれらが張る（それらを含む）平面内で起こる．

問題 6.12 静止衛星の質量を m，軌道半径 r をとすれば，運動方程式（あるいは，遠心力と万有引力とのつり合いの式）は

$$mr\omega^2 = G\frac{Mm}{r^2}$$

ただし，ω は角速度であり，静止衛星の場合，これは地球の自転の角速度に等しい．すなわち，地球の自転周期を $T = 24 \times 3600\,\mathrm{s}$ とすれば，$\omega = \frac{2\pi}{T}$ である．また，地球の半径を R，重力加速度を g とすれば

$$g = \frac{GM}{R^2}$$

であるから，運動方程式を r について解いて

$$r = \left(\frac{gR^2}{\omega^2}\right)^{1/3} = \left(\frac{gR^2T^2}{4\pi^2}\right)^{1/3} = 4.22 \times 10^7\,\mathrm{m}$$

よって，赤道上からの高度は，$4.22 \times 10^7 - 6.37 \times 10^6 = 3.58 \times 10^7\,\mathrm{m}$

演習問題

[**1**] 点 O から各辺までの距離を a とおくと，力 $\boldsymbol{F}_1$, $\boldsymbol{F}_2$, $\boldsymbol{F}_3$ の点 O のまわりの力のモーメントの大きさは，右回りを正として，それぞれ $N_1 = F_1 a$, $N_2 = F_2 a$, $N_3 = -F_3 a$ で

ある．題意より $N_1 + N_2 + N_3 = 0$ であるから，$F_3 = F_1 + F_2$ であればよいことがわかる．

[**2**] $\boldsymbol{A} = A_x\boldsymbol{i} + A_y\boldsymbol{j} + A_z\boldsymbol{k}$, $\boldsymbol{B} = B_x\boldsymbol{i} + B_y\boldsymbol{j} + B_z\boldsymbol{k}$, $\boldsymbol{C} = C_x\boldsymbol{i} + C_y\boldsymbol{j} + C_z\boldsymbol{k}$ とおくと

(1)

$$\begin{aligned}\boldsymbol{A}\times(\boldsymbol{B}\times\boldsymbol{C}) &= (A_x\boldsymbol{i} + A_y\boldsymbol{j} + A_z\boldsymbol{k})\\ &\quad\times\{(B_yC_z - B_zC_y)\boldsymbol{i} + (B_zC_x - B_xC_z)\boldsymbol{j} + (B_xC_y - B_yC_x)\boldsymbol{k}\}\\ &= \{A_y(B_xC_y - B_yC_x) - A_z(B_zC_x - B_xC_z)\}\boldsymbol{i}\\ &\quad+ \{A_z(B_yC_z - B_zC_y) - A_x(B_xC_y - B_yC_x)\}\boldsymbol{j}\\ &\quad+ \{A_x(B_zC_x - B_xC_z) - A_y(B_yC_z - B_zC_y)\}\boldsymbol{k}\end{aligned}$$

一方

$$\begin{aligned}(\boldsymbol{A}\cdot\boldsymbol{C})\boldsymbol{B} - (\boldsymbol{A}\cdot\boldsymbol{B})\boldsymbol{C} &= (A_xC_x + A_yC_y + A_zC_z)(B_x\boldsymbol{i} + B_y\boldsymbol{j} + B_z\boldsymbol{k})\\ &\quad- (A_xB_x + A_yB_y + A_zB_z)(C_x\boldsymbol{i} + C_y\boldsymbol{j} + C_z\boldsymbol{k})\\ &= \{B_x(A_yC_y + A_zC_z) - C_x(A_yB_y + A_zB_z)\}\boldsymbol{i}\\ &\quad+ \{B_y(A_zC_z + A_xC_x) - C_y(A_zB_z + A_xB_x)\}\boldsymbol{j}\\ &\quad+ \{B_z(A_xC_x + A_yC_y) - C_z(A_xB_x + A_yB_y)\}\boldsymbol{k}\end{aligned}$$

両者は一致するので，$\boldsymbol{A}\times(\boldsymbol{B}\times\boldsymbol{C}) = (\boldsymbol{A}\cdot\boldsymbol{C})\boldsymbol{B} - (\boldsymbol{A}\cdot\boldsymbol{B})\boldsymbol{C}$ が成り立つ．

(2) $\boldsymbol{A}$ と $\boldsymbol{B}$ とのなす角を θ とすると，$|\boldsymbol{A}\times\boldsymbol{B}|^2 + |\boldsymbol{A}\cdot\boldsymbol{B}|^2 = |\boldsymbol{A}|^2|\boldsymbol{B}|^2\sin^2\theta + |\boldsymbol{A}|^2|\boldsymbol{B}|^2\cos^2\theta = |\boldsymbol{A}|^2|\boldsymbol{B}|^2$.

(3) $(\boldsymbol{A}+\boldsymbol{B})\times(\boldsymbol{A}-\boldsymbol{B}) = \boldsymbol{A}\times\boldsymbol{A} - \boldsymbol{A}\times\boldsymbol{B} + \boldsymbol{B}\times\boldsymbol{A} - \boldsymbol{B}\times\boldsymbol{B} = 2(\boldsymbol{B}\times\boldsymbol{A})$（なぜなら，$\boldsymbol{A}\times\boldsymbol{A} = \boldsymbol{0}$, $\boldsymbol{B}\times\boldsymbol{B} = \boldsymbol{0}$, $\boldsymbol{A}\times\boldsymbol{B} = -\boldsymbol{B}\times\boldsymbol{A}$）

(4) $\boldsymbol{E} = (\boldsymbol{A}\times\boldsymbol{B})$ とおくと

$$\begin{aligned}(\boldsymbol{A}\times\boldsymbol{B})\cdot(\boldsymbol{C}\times\boldsymbol{D}) &= \boldsymbol{E}\cdot(\boldsymbol{C}\times\boldsymbol{D}) = \boldsymbol{C}\cdot(\boldsymbol{D}\times\boldsymbol{E})\\ &= \boldsymbol{C}\cdot(\boldsymbol{D}\times(\boldsymbol{A}\times\boldsymbol{B})) = \boldsymbol{C}\cdot((\boldsymbol{B}\cdot\boldsymbol{D})\boldsymbol{A} - (\boldsymbol{A}\cdot\boldsymbol{D})\boldsymbol{B})\\ &= (\boldsymbol{A}\cdot\boldsymbol{C})(\boldsymbol{B}\cdot\boldsymbol{D}) - (\boldsymbol{A}\cdot\boldsymbol{D})(\boldsymbol{B}\cdot\boldsymbol{C})\end{aligned}$$

[**3**] $\boldsymbol{e}\times(\boldsymbol{e}\times\boldsymbol{A}) = (\boldsymbol{e}\cdot\boldsymbol{A})\boldsymbol{e} - (\boldsymbol{e}\cdot\boldsymbol{e})\boldsymbol{A} = (\boldsymbol{e}\cdot\boldsymbol{A})\boldsymbol{e} - \boldsymbol{A}$ である．よって，$\boldsymbol{A} = (\boldsymbol{e}\cdot\boldsymbol{A})\boldsymbol{e} - \boldsymbol{e}\times(\boldsymbol{e}\times\boldsymbol{A})$. なお，$\boldsymbol{A}$ と $\boldsymbol{e}$ とのなす角を θ とすると，第 1 項は，大きさ $A\cos\theta$ で向きは $\boldsymbol{e}$ の向き，第 2 項は，大きさ $A\sin\theta$ で，向きは，$\boldsymbol{A}$ と $\boldsymbol{e}$ が張る面内で $\boldsymbol{e}$ と垂直である．

[**4**] (1) mr_0v_0

(2) $\frac{mv_0^2}{r_0}$

(3) 中心力しか働かないので角運動量は保存する．よって，半径を $r_1 = \frac{r_0}{2}$ まで縮めたときの速さを v_1 とすると，$mr_0v_0 = mr_1v_1$ が成り立つ．これより，$v_1 = 2v_0$ である．

(4) $\dfrac{mv_1^2}{r_1} = \dfrac{m(2v_0)^2}{\frac{r_0}{2}} = \dfrac{8mv_0^2}{r_0}$

(5) 与えた仕事 W は，力学的エネルギーの増加分 ΔE に等しい．この問題では，$\Delta E = \frac{1}{2}mv_1^2 - \frac{1}{2}mv_0^2 = \frac{1}{2}m(2v_0)^2 - \frac{1}{2}mv_0^2 = \frac{3}{2}mv_0^2$ であり，これが与えた仕事である．

[**5**] 孔のまわりの角運動量を L とすると，摩擦力による力のモーメントは $-r_0\mu mg$ であるから，運動方程式は

$$\frac{dL}{dt} = -r_0\mu mg$$

である，これを，$t=0$ で速度 v_0 という初期条件で解くと，$L = mr_0v_0 - r_0\mu mgt$ である．よって，静止，すなわち $L=0$ になる時間は，$t = \frac{v_0}{\mu g}$ である．

[**6**] 運動方程式は，$ma_x = -kx$, $ma_y = -ky$ であるから，これを $t=0$ のとき，$\boldsymbol{r} = (a, 0)$, $\boldsymbol{v} = (0, v_0)$ のもとで解けば，$x = a\cos\left(\sqrt{\frac{k}{m}}t\right)$, $y = v_0\sqrt{\frac{m}{k}}\sin\left(\sqrt{\frac{k}{m}}t\right)$ となる．この質点の軌道の方程式は

$$\frac{x^2}{a^2} + \frac{ky^2}{v_0^2 m} = 1$$

[**7**] 働いている力が中心力であるから角運動量は保存している．したがって，初期条件を用いて $\boldsymbol{L} = mav_0\boldsymbol{k}$ と求まる．

[**8**] $x = r\cos\theta = \frac{l\cos\theta}{1+\varepsilon\cos\theta}$, $y = r\sin\theta = \frac{l\sin\theta}{1+\varepsilon\cos\theta}$ より

$$(1+\varepsilon\cos\theta)x = l\cos\theta, \qquad (1+\varepsilon\cos\theta)y = l\sin\theta$$

これより，$\cos\theta = \frac{x}{1-\varepsilon x}$, $\sin\theta = \frac{y}{1-\varepsilon x}$ を得る．よって，$x^2 + y^2 = (l - \varepsilon x)^2$ である．これを整理すると，$(1-\varepsilon^2)\left(x + \frac{l\varepsilon}{1-\varepsilon^2}\right)^2 + y^2 = \frac{l^2}{1-\varepsilon^2}$ になるので，$a = \frac{l}{1-\varepsilon^2}$, $b = \frac{l}{\sqrt{1-\varepsilon^2}}$ とおくと

$$\frac{(x+a\varepsilon)^2}{a^2} + \frac{y^2}{b^2} = 1$$

を得る．これを x 軸方向に $a\varepsilon$ だけ平行移動すれば，求める楕円の方程式が導かれる．

[**9**] 角運動量保存則を用いれば

$$4.60 \times v = 6.99 \times 3.88 \times 10^4$$

であるから，$v = 5.90 \times 10^4\ \mathrm{m \cdot s^{-1}}$.

[**10**] (1) 長半径を a とすると，ケプラーの第 3 法則 (例題 6.4) より，$a^3 = \frac{GMT^2}{4\pi^2}$ である．よって，$a = \left(6.67 \times 10^{-11} \times 1.99 \times 10^{30} \times \frac{(75.6 \times 3.16 \times 10^7)^2}{4 \times \pi^2}\right)^{1/3} = 2.68 \times 10^{12}\ \mathrm{m}$ である．

(2) 近日点距離 $8.8 \times 10^{10}\ \mathrm{m}$ は $a(1-\varepsilon)$ で与えられるので，離心率は $\varepsilon = 1 - \frac{8.8 \times 10^{10}}{2.68 \times 10^{12}} = 0.97$ である．よって，$\frac{b}{a} = \sqrt{1-\varepsilon^2} = 0.25$ である．

(3) 遠日点距離は，$a(1+\varepsilon) = 2.68 \times 10^{12} \times 1.97 = 5.24 \times 10^{12}\ \mathrm{m}$

第7章の解答

練習問題

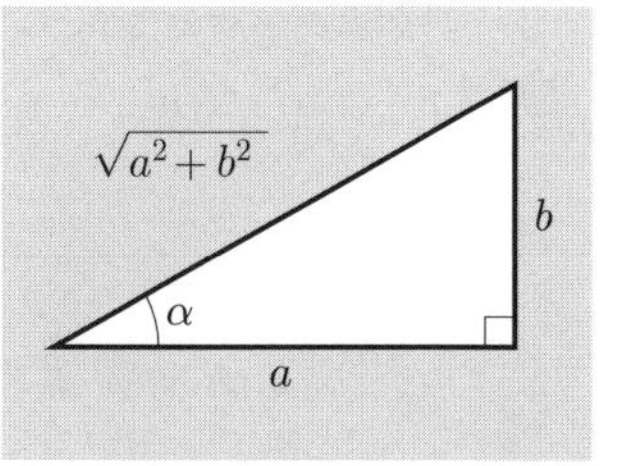

問題 7.1 右図のような角度 α を定義すると, $\cos\alpha = \frac{a}{A}$, $\sin\alpha = \frac{b}{A}$ である．ただし, $A = \sqrt{a^2+b^2}$ である．このa, bを (7.6) に代入すると，加法定理より

$$x(t) = A\cos\alpha\cos\omega t + A\sin\alpha\sin\omega t$$
$$= A\cos(\omega t - \alpha)$$

である．α を $-\alpha$ に置き換えれば, (7.8) を得る．このような変形を単振動の合成という．

問題 7.2 $\gamma\times$(速度) が力の次元であり, [速度] $= \mathrm{m\cdot s^{-1}}$, [力] = [質量]×[加速度] $= \mathrm{kg\cdot m\cdot s^{-2}}$ であるから，$[\gamma] = \frac{\mathrm{kg\cdot m\cdot s^{-2}}}{\mathrm{m\cdot s^{-1}}} = \mathrm{kg\cdot s^{-1}}$.

問題 7.3 $15.5^\circ = \frac{15.5\times\pi}{180} = 0.27\,\mathrm{rad}$ であり，これが $1\,\mathrm{rad}$ に比べて小さいので，この振り子の運動を単振動と考える．振動の初期状態（$t = 0\,\mathrm{s}$）における振幅は，$a = 1\,\mathrm{m}\times\frac{15.5\pi}{180}$ であり，1000 秒後（$t = 1000\,\mathrm{s}$）における振幅は，式 (7.16) より $a\exp\left(-\frac{t}{\tau}\right) = \left(1\,\mathrm{m}\times\frac{15.5\pi}{180}\right)\times\exp\left(-\frac{1000}{\tau}\right)$ であるが，題意よりこれが 5.5° の振幅，すなわち $1\,\mathrm{m}\times\frac{5.5\pi}{180}$ に等しいので，$\tau = -\frac{1000}{\ln\frac{5.5}{15.5}} = 9.7\times10^2\,\mathrm{s}$.

問題 7.4 折り返し点で物体は一瞬静止するので，そのときの最大静止摩擦力が復元力を上回ると運動は終了する．したがって，物体が $\mathrm{O_1}$ と $\mathrm{O_2}$ の間で静止する（すなわち，$\mathrm{O_1}$ と $\mathrm{O_2}$ の間にない折り返し点で運動が終了してしまわない）ためには，一瞬の静止による静止摩擦力は働かないと考えるか，最大静止摩擦係数が運動摩擦係数に等しいと考える必要がある．

問題 7.5 微小時間 Δt 内に，外力 $F_0\cos\Omega t$ が質点にする仕事 ΔW は

$$\Delta W = F_0\cos\Omega t\Delta x = F_0\cos\Omega t\frac{dx}{dt}\Delta t$$

であるが (7.25) の第2項のみ考えると

$$\frac{dx}{dt} = -\frac{\frac{F_0}{m}\Omega}{\omega^2-\Omega^2}\sin\Omega t$$

であるから

$$\Delta W = -\frac{\frac{F_0^2}{m}\Omega}{\omega^2-\Omega^2}\cos\Omega t\sin\Omega t\Delta t$$

したがって，単位時間あたりに外力がする仕事 $P(\omega)$ は，これを1周期 $T = \frac{2\pi}{\Omega}$ について平均すると

$$P(\omega) = -\frac{\frac{F_0^2}{m}\Omega}{\omega^2-\Omega^2}\frac{1}{T}\int_0^T\cos\Omega t\sin\Omega t\,dt = 0$$

よって，1周期を平均すると，吸収されるエネルギーはない．

問題 7.6 Ω を固定した場合，最もエネルギー吸収が大きくなるのは，例題 7.5 の結果より，$\omega^2 = 4\Omega^2$ のときである．よって，$k = 4m\Omega^2$ のとき，最もエネルギー吸収が大きい．

問題 7.7 ブランコから力学的エネルギーが奪われる．奪われたエネルギーは，いまの場合，子供の筋肉等で消費される．

問題 7.8 (7.37) で $m_1 = m_2 = m$, $k_1 = k_2 = k$ とおくと

$$m\frac{d^2x_1}{dt^2} = -kx_1 - K(x_1 - x_2) \quad ①$$

$$m\frac{d^2x_2}{dt^2} = -kx_2 + K(x_1 - x_2) \quad ②$$

であるので，① + ② より

$$m\frac{d^2(x_1+x_2)}{dt^2} = -k(x_1 + x_2) \quad ③$$

① − ② より

$$m\frac{d^2(x_1-x_2)}{dt^2} = -(k + 2K)(x_1 - x_2) \quad ④$$

よって，A_1, ϕ_1, A_2, ϕ_2 を任意定数として

$$x_1 + x_2 = 2A_1 \sin(\omega_1 t + \phi_1)$$

$$x_1 - x_2 = 2A_2 \sin(\omega_2 t + \phi_2)$$

$$\left(\text{ただし，}\quad \omega_1 = \sqrt{\frac{k}{m}},\quad \omega_2 = \sqrt{\frac{k+2K}{m}}\right)$$

を得る．これを解けば，ただちに (7.38) を得る．

演習問題

[**1**] 斜面に沿って x 軸をとり，おもりを付けて静止させたときのばねの長さを l' とすると，つり合いの条件から，$mg\sin\theta = k(l' - l)$ である．したがって，つり合いの位置を原点とすれば，おもりの運動方程式は

$$m\frac{d^2x}{dt^2} = mg\sin\theta - k(l' - l + x) = -kx$$

である．これは単振動の運動方程式であり，その角振動数は $\omega = \sqrt{\frac{k}{m}}$ であるから，求める振動数は

$$f = \frac{\omega}{2\pi} = \frac{1}{2\pi}\sqrt{\frac{k}{m}}$$

である．すなわち，振動数は斜面の角度（重力）に依存しないことがわかる．

[**2**] 粘土が台に到達する直前の速さは $v = \sqrt{2gh}$ である．また，粘土が台についた直後のおもりと台の速さを V とすれば，運動量保存則により，$mv = (M + m)V$ であるから，$V = \frac{mv}{M+m}$ である．また，ばねの自然長を l_0，質量 M の台を取り付けたときの長さを l とすると，つり合いより，$Mg = k(l_0 - l)$ である．ところで，粘土が台についた後の運動は，重力とばねの弾性力という保存力のみが働く運動であるから，力学的エネルギーが保存する．すなわち，台のもとの位置からの最大下がり幅を x とすれば，力学的エネルギー保存の法則により

$$\frac{1}{2}(M + m)V^2 + \frac{1}{2}k(l_0 - l)^2 = -(M + m)gx + \frac{1}{2}k(l_0 - l + x)^2$$

である．ここに運動量保存の式およびつり合いの式を代入し整理すると

$$kx^2 - 2mgx - \frac{2m^2gh}{M+m} = 0$$

となるので，x の 2 次方程式を解くと，解の公式より

$$x = \frac{mg}{k}\left(1 \pm \sqrt{1 + \frac{2kh}{(M+m)g}}\right)$$

を得る．よって求める最大の下りは，+ の解を用いて

$$x = \frac{mg}{k}\left(1 + \sqrt{1 + \frac{2kh}{(M+m)g}}\right)$$

のように求まる．

[3] 物体のつり合いの位置を原点として，鉛直上向きに x 軸をとると，運動方程式は

$$m\frac{d^2x}{dt^2} = -kx + f_0 \sin \Omega t$$

となる（[1]でも見たように，つり合いの位置を原点にとると，重力は考えなくてよい）．両辺を m で割り，$\omega^2 = \frac{k}{m}$, $F_0 = \frac{f_0}{m}$ とおくと，上式は

$$\frac{d^2x}{dt^2} + \omega^2 x = F_0 \sin \Omega t$$

となる．これは減衰のない強制振動の運動方程式であり，例題 7.4 のように特殊解を求めると，一般解は，$\omega \neq \Omega$ のとき

$$x = a\cos(\omega t + \theta) - \frac{F_0}{\omega^2 - \Omega^2}\cos \Omega t$$

$\omega = \Omega$ のとき

$$x = a\cos(\omega t + \theta) - \frac{F_0}{2\omega} t \sin \Omega t$$

である．角周波数 Ω で振動したとあるので，いずれにしても第 1 項は小さいと考えると，振幅は，$\omega \neq \Omega$ のとき

$$\frac{F_0}{\omega^2 - \Omega^2} = \frac{f_0}{k - m\Omega^2}$$

$\omega = \Omega$ のときの振幅は，時間と共に増加し

$$\frac{F_0}{2\omega} t = \frac{f_0}{2\sqrt{km}} t$$

である．

[4] 抵抗力が小さく，$\omega_0 \equiv \sqrt{\frac{k}{m}} > \frac{\gamma}{2m} \equiv \frac{1}{\tau}$ が成り立つときは，減衰振動の変位 x は

$$x(t) = x_0 e^{-t/\tau} \cos \omega_0 t$$

と表すことができる．このとき x-t グラフにおける山の頂上や谷では

$$\frac{dx}{dt} = x_0\left(-\frac{1}{\tau}\right)e^{-t/\tau}\cos \omega_0 t - x_0 e^{-t/\tau}\omega_0 \sin \omega_0 t = 0$$

であるので，そのときの時刻 t は

$$\tan \omega_0 t = -\frac{1}{\omega_0 \tau}$$

を満たす．すなわち山と谷は $\frac{\pi}{\omega_0}$ 間隔で交互に現れるので，山の間隔は，$\frac{2\pi}{\omega_0} = 2\pi\sqrt{\frac{m}{k}}$ である．

[**5**] ある山の時刻を t_i とすると，次の時刻は $t_{i+1}=t_i+2\pi\sqrt{\frac{m}{k}}$ であるから，隣り合う山の高さの比は，

$$\frac{x_0e^{-t_{i+1}/\tau}\cos\omega_0 t_{i+1}}{x_0e^{-t_i/\tau}\cos\omega_0 t_i}=e^{-(2\pi/\tau)\sqrt{m/k}}$$

である．

[**6**] 1 秒間に 3 回振動したのだから，この振動の角振動数は $\sqrt{\frac{k}{m}}=2\pi\times 3$ である．また，質点の振幅は，半周期ごとに $\frac{2mg\mu}{k}$ ずつ小さくなる．したがって，n 回の半振動したときの振幅は

$$x_0-\frac{2mg\mu}{k}n$$

である．ただし，x_0 ははじめのばねの伸びである．いま，3 回だけ振動（6 回だけ半振動）して静止したのだから，それぞれの値を代入すると

$$0.100-2\times\frac{9.80\mu}{(2\times 3.14\times 3)^2}\times 6=0.020$$

であり，μ について解けば $\mu=0.24$ と求まる．

[**7**] 運動方程式は

$$m\frac{d^2x}{dt^2}=-kx-\gamma\frac{dx}{dt}+f\cos\Omega t$$

両辺に，$\frac{dx}{dt}$ を掛けて整理すれば

$$\frac{d}{dt}\left(\frac{1}{2}mv^2+\frac{1}{2}kx^2\right)=-\gamma\left(\frac{dx}{dt}\right)^2+(f\cos\Omega t)\frac{dx}{dt}$$

となる．ここで，右辺第 1 項は抵抗力を通して単位時間あたりに失われるエネルギー，第 2 項は外力により単位時間あたり与えられる仕事を表している．いま $x(t)$ として，減衰する固有振動を無視して，(7.30) の第 2 項だけを考えると

$$\frac{dx}{dt}=-\frac{\Omega f_0}{\sqrt{(\omega^2-4\Omega^2)^2+4\left(\frac{1}{\tau}\right)^2\Omega^2}}\sin(\Omega t-\phi)$$

であるから

$$\gamma\left(\frac{dx}{dt}\right)^2=\frac{2m}{\tau}\frac{\Omega^2f_0^2}{(\omega^2-4\Omega^2)^2+4\left(\frac{1}{\tau}\right)^2\Omega^2}\sin^2(\Omega t-\phi)$$

であり，これを 1 周期について平均すると，単位時間あたりに失われるエネルギー P は

$$P(\Omega)=\frac{m}{\tau}\frac{\Omega^2f_0^2}{(\omega^2-4\Omega^2)^2+4\left(\frac{1}{\tau}\right)^2\Omega^2}$$

のように求まる．これは例題 7.5 で求めた，外力により単位時間あたりに与えられた仕事（第 2 項）に等しい．

[**8**] ばねが伸び縮みする方向に x 軸をとり，2 つの小球の位置をそれぞれ x_1, x_2 $(x_1<x_2)$，ばねの自然長を l とすると，この質点の運動方程式は

$$m_1\frac{d^2x_1}{dt^2}=k(x_2-x_1-l),\qquad m_2\frac{d^2x_2}{dt^2}=-k(x_2-x_1-l)$$

となる．上式をそれぞれ，m_1, m_2 で割り，差をとれば 2 つの小球の相対的な位置 x_2-x_1-l は，微分方程式

$$\frac{d^2(x_2-x_1-l)}{dt^2} = -\frac{k(m_1+m_2)}{m_1 m_2}(x_2-x_1-l)$$

に従う，これは単振動の運動方程式であり，したがって，このばね振り子の角振動数は，$\sqrt{\frac{k(m_1+m_2)}{m_1 m_2}}$ となることがわかる．

[9] 天井と 1 つ目のおもりの間の糸の張力の大きさを T_1，1 つ目のおもりと 2 つ目のおもりの間の糸の張力の大きさを T_2 とする．このとき，運動方程式は

$$T_1 \cos\theta_1 = mg + T_2\cos\theta_2, \qquad T_2\cos\theta_2 = mg$$

$$T_1 \sin\theta_1 = ml\sin\theta_1\omega^2 + T_2\sin\theta_2, \qquad T_2\sin\theta_2 = ml(\sin\theta_1+\sin\theta_2)\omega^2$$

となる．これらから，T_1, T_2 を消去すれば

$$\tan\theta_1 = \frac{l(2\sin\theta_1+\sin\theta_2)}{2g}\omega^2, \qquad \tan\theta_2 = \frac{l(\sin\theta_1+\sin\theta_2)}{g}\omega^2$$

となる．ここで，$\sin\theta_1 \simeq \tan\theta_1 \simeq \theta_1$ および $\sin\theta_2 \simeq \tan\theta_2 \simeq \theta_2$ と近似する．そうすると，上の方程式は

$$2\left(\frac{g}{l\omega^2}-1\right)\theta_1 = \theta_2, \qquad \theta_1 = \left(\frac{g}{l\omega^2}-1\right)\theta_2$$

となる．$\theta_1=\theta_2=0$ ではない場合に，θ_1, θ_2 がこの 2 つの方程式を同時に満たすためには

$$\left(\frac{g}{l\omega^2}-1\right) = \frac{1}{\sqrt{2}}$$

でなければならない．これより，$\omega^2 = \frac{g(2\pm\sqrt{2})}{l}$ が求まる．これを上の θ_1 と θ_2 の式に代入すれば

$$\frac{\theta_1}{\theta_2} = \mp\frac{\sqrt{2}}{2}$$

と求まる．

第 8 章の解答

練習問題

問題 8.1 エレベータに固定された座標系から見ると，この振り子のおもりに働く力は鉛直下向きに大きさ，重力 mg と慣性力 ma の合力となる．したがって，この振り子の周期は

$$T = 2\pi\sqrt{\frac{l}{g+a}}$$

となる．

問題 8.2 電車に固定された座標系から見ると，物体には電車の進行方向逆向きに大きさ ma の一定の慣性力が働く．したがって，時間 t の後に物体が移動した距離 d は

$$d = \frac{1}{2}at^2$$

となる．

問題 8.3 ボールを投げ上げた時刻を $t=0$ とする．鉛直方向上向きにエレベータに固定して x 軸をとり，投げ上げた瞬間のボールの位置を原点にとると，投げ上げた後のボール

の位置は

$$x = -\tfrac{1}{2}(g+a)t^2 + v_0 t$$

であるから，$x=0,\ t=t_0$ としてこれを a について解けば，エレベータの加速度は

$$a = \tfrac{2v_0}{t_0} - g$$

となる．

問題 8.4 台に固定された座標系を考えると，物体に働く力の鉛直成分のつり合いの式は

$$-mg + N - m\omega^2 A\cos\omega t = 0$$

となる．ここで，N は垂直抗力の大きさである．$N \geq 0$ が，物体が台から離れない条件であるから

$$mg + m\omega^2 A\cos\omega t \geq 0$$

となる．左辺が一番小さくなるのは，$\cos\omega t = -1$ のときであり，したがって，ω と A の条件は

$$\omega^2 A \leq g$$

となる．

問題 8.5 振動させる前の，おもりの平衡位置は，鉛直方向から

$$\theta_0 = \tan^{-1}\tfrac{a}{g}$$

だけ傾いている．この位置から，θ だけおもりを円弧に沿って移動すると，おもりには，大きさ

$$F = m\sqrt{g^2+a^2}$$

の復元力が働き，おもりは振動する．この振動の周期 T は

$$T = 2\pi\sqrt{\tfrac{l}{g^2+a^2}}$$

となる．

問題 8.6 質量 1.0 kg の物体を考えると，地表で物体に働く重力の大きさは，9.8 N である．一方で，赤道上でこの物体に働く遠心力の大きさは，$1.0\times(6.4\times10^6)\times\left(2\times\frac{3.14}{24\times3600}\right)^2 = 3.4\times10^{-2}$ N となる．したがって，赤道上では地球の遠心力の大きさは，重力の大きさの 0.29%となる．

問題 8.7 最高点での重力と遠心力のつり合いを考えれば

$$r\omega^2 = g$$

より，$\omega = \sqrt{\frac{9.8}{1.2}} = 2.86\,\mathrm{rad/s}$．したがって，$f = \frac{\omega}{2\pi} = 0.45\,\mathrm{Hz}$.

問題 8.8 $15\times10^{-3}\times0.050\times(2\times3.14\times5.5\times10^4)^2 = 8.9\times10^7\,\mathrm{N}$

問題 8.9 緯度 β における，フーコーの振り子の振動面の回転角速度は，地球の自転の $\sin\beta$ 倍である．したがって，緯度 $\beta=30^\circ$（$\sin\beta=0.5$）におけるフーコーの振り子の振動面は，1 日で $360^\circ\times\sin\beta = 180^\circ$ 回転する．

演習問題

[**1**]　電車に固定された座標系を考える．ボールを落とした瞬間を $t=0$，ボールを落とした点を座標の原点とし，電車の進行方向に x 軸を，鉛直上向きに y 軸をとると，時刻 t のボールの位置は

$$x=-\tfrac{1}{2}at^2, \qquad y=-\tfrac{1}{2}gt^2$$

と表せる．したがって，ボールが落下する時刻は，$y=-h$ とおいて，$t=\sqrt{\frac{2h}{g}}$ と求まるから，ボールが落下する水平位置は，$x=\frac{ah}{g}$ と求まる．

[**2**]　[1] と同様に考えれば，時刻 t のボールの位置は

$$x=-\tfrac{1}{2}at^2+v_0t, \qquad y=-\tfrac{1}{2}gt^2$$

と表せる．とくに，ボールが落下する時刻は，$t=\sqrt{\frac{2h}{g}}$ であるから，ボールが落下する水平位置は

$$x=-\tfrac{ah}{g}+v_0\sqrt{\tfrac{2h}{g}}$$

と求まる．

[**3**]　水面はその位置に働く力と垂直になる．ここで，中心軸から r だけ離れた点の水面に質量 m の微小部分に働く力は鉛直方向に大きさ mg，中心軸から離れる方向に $m\omega^2r$ である．したがって，この点での水面の傾きは，鉛直方向に z 軸をとれば

$$\tfrac{dz}{dr}=\tfrac{\omega^2r}{g}$$

である．これを解けば

$$z=\tfrac{1}{2}\tfrac{\omega^2}{g}r^2+z_0$$

となる．ただし z_0 は中心における水面の位置である．

[**4**]　2 次元極座標で表すと

$$r=vt, \qquad \theta=\omega t$$

であるから，求める軌道の方程式は，これらより t を消去して

$$r=\left(\tfrac{v}{\omega}\right)\theta$$

である．すなわち軌跡はアルキメデス螺旋になる．

[**5**]　質量 1 kg の物体を考えれば，この物体に働く遠心力は

$$(2\times3.141\times1000)^2\times1.80=7.103\times10^7\,\mathrm{N}$$

である．したがって，静止摩擦係数は

$$\mu>\tfrac{7.103\times10^7}{9.80}=7.25\times10^6$$

でなければならない．

[**6**]　原点 O と一緒に振動する座標系で考えると，慣性力は x 方向に働くので，単振り子の接線方向の運動方程式は

$$ml\frac{d^2\theta}{dt^2} = -mg\sin\theta + m\omega^2 a\sin\omega t\cos\theta$$

である．ここで，θ は十分小さく $\sin\theta = \theta, \cos\theta = 1$ と近似できるとし，また，$\omega_0^2 = \frac{g}{l}$ とおくと

$$\frac{d^2\theta}{dt^2} + \omega_0^2\theta = \frac{a}{l}\omega^2\sin\omega t$$

のようになり，減衰を無視した強制振動の運動方程式 (7.24) に帰着する．

第 9 章の解答

練習問題

問題 9.1 (1) 換算質量の定義より

$$\mu = \frac{mM}{m+M}$$

(2) 換算質量 μ を用いると，太陽を中心とする運動に帰着する．すなわち，太陽を基準にするときの地球の質量 m の補正量は

$$\frac{m-\mu}{m} = \frac{m}{m+M} \approx \frac{m}{M} = 3\times 10^{-6} = 3\,\mathrm{ppm}$$

である．

問題 9.2 例題 9.2 の結果より，衝突後，静止していた球の速さ V は

$$V = 0 + \frac{1}{2}(1+e)(v-0) = \frac{1}{2}(1+e)v$$

であり，速さ v で走っていた球の速さ V' は

$$V' = v + \frac{1}{2}(1+e)(0-v) = v - \frac{1}{2}(1+e)v = \frac{1}{2}(1-e)v$$

となる（例題の結果を使わずに，運動量保存則と反発の法則から直接導く方法も試してみよ）．

問題 9.3 問題 9.2 で，弾性衝突（$e=1$）の場合に相当し，$v'_{\mathrm{A}} = 0, v'_{\mathrm{B}} = v_{\mathrm{A}}$ である．すなわち，2 つの球の速度は衝突によって入れ替わり，球 A が静止し，球 B が球 A の衝突前の速度で動き出す．これを問題 9.2 の結果と比較すると，$\theta = 90°$ になる．理想的な直衝突では球 A は完全に静止するが，かすかに直衝突からずれると，球 A は $\theta = 90°$ の方向にわずかな速度をもつ．

問題 9.4 例題 9.4 の結果より，$4.0\times 10^3 + 6.0\times 10^3 \ln\left(\frac{1}{2}\right) = 8.2\times 10^3\,\mathrm{m/s}$.

問題 9.5 $r_{\mathrm{G}} = \frac{1}{m+2m+4m}(m(a,0) + 2m(a+b,0) + 4m(a+b,c)) = \frac{1}{7}(7a+6b,4c) = \left(a+\frac{6}{7}b, \frac{4}{7}c\right)$

問題 9.6 この棒の線密度は，$\frac{M}{L}$ であるから，要素の質量は $dm = \frac{M}{L}dl$ である．したがって

$$\frac{1}{M}\int_0^L \frac{M}{L}x dx = \frac{1}{2}L$$

となる．

問題 9.7 鉛直部分の長さが h のときの鎖の運動エネルギー K は

$$K = \frac{1}{2}\frac{m}{l}hv^2$$

ポテンシャルエネルギー U は

$$U = \frac{m}{l}h \times g \times \frac{h}{2} = \frac{1}{2}\frac{m}{l}gh^2$$

となる．したがって，系の力学的エネルギー E は

$$E = \frac{1}{2}\frac{m}{l}gh^2 + \frac{1}{2}\frac{m}{l}hv^2$$

である．このエネルギーは，系に与えた仕事 $\int_0^h F dh$ に等しいので

$$F = \frac{\partial E}{\partial h} = \frac{h}{l}mg + \frac{1}{2}\frac{m}{l}v^2$$

となる．しかしこれは正しくない．このように正しい結果が得られない原因を調べるために，実際に運動方程式のエネルギー積分を行ってみる．いま，速度 v で引き上げられている長さ h の部分の鎖について考えると，運動量は

$$p = \left(\frac{m}{l}\right)hv$$

であり，働く力は引き上げる力 F と重力であるから，運動方程式は

$$\frac{dp}{dt} = F - \left(\frac{m}{l}\right)hg \qquad ①$$

である．ちなみに，この運動方程式に p を代入し，F について解けば

$$F = \frac{dp}{dt} + \left(\frac{m}{l}\right)hg = \left(\frac{m}{l}\right)v^2 + \left(\frac{m}{l}\right)h\frac{dv}{dt} + \left(\frac{m}{l}\right)hg$$

になり，等速の場合，右辺第 2 項は 0 だから，正しい結果を得る．

さて，先ほどの運動方程式①の両辺に v を掛けると

$$v\frac{dp}{dt} = Fv - \left(\frac{m}{l}\right)hgv \qquad ②$$

であるが，右辺は $m' = \frac{m}{l}h$ とおくと

$$v\frac{d}{dt}(m'v) = \frac{d}{dt}\left(\frac{1}{2}m'v^2\right) + \frac{1}{2}v^2\frac{dm'}{dt} \qquad ③$$

のように変形できるので，②は，m' を戻して

$$\frac{d}{dt}\left(\frac{1}{2}\left(\frac{m}{l}\right)hv^2\right) + \frac{1}{2}v^2\left(\frac{m}{l}\right)\frac{dh}{dt} = Fv - \left(\frac{m}{l}\right)hgv$$

のようになる．これを高さ 0 から h まで引き上げるのに要する時間で積分すると

$$\frac{1}{2}\left(\frac{m}{l}\right)hv^2 + \frac{1}{2}v^2\left(\frac{m}{l}\right)h = \int_0^h F dh - \frac{1}{2}\left(\frac{m}{l}\right)h^2 g$$

$$\therefore \quad \int_0^h F dh = \left(\frac{m}{l}\right)hv^2 + \frac{1}{2}\left(\frac{m}{l}\right)h^2 g$$

となるので，これを h で微分すれば，こんどは正しく力が求まる．

これより，質量が変化する物体を考える際には，①式の第 2 項を考える必要があり，そのため，正しい結果が得られなかったことがわかる．

演習問題

[1] 氷の面に対する少女の速度を v，厚板の速度を V とすれば，外力が働いていないから

$$MV + mv = 0$$

また，少女が板に対して $1.5\,\mathrm{m\cdot s^{-1}}$ であったことから，$v - V = 1.5\,\mathrm{m\cdot s^{-1}}$．これを

解けば

(1) $v = \frac{150}{150+45} \times 1.5 = 1.15\,\mathrm{m \cdot s^{-1}}$

(2) $V = -\frac{45}{150+45} \times 1.5 = -0.35\,\mathrm{m \cdot s^{-1}}$

[**2**] (1) この衝突では常に外力（重力）が働いているが，衝突の十分に短い時間に起こるので衝突の直前と直後の外力の影響は無視し，運動量が保存していると考えることができる．1 回目の衝突の直前のボールの速さは，$\sqrt{2gh}$ であり，したがって，1 回目の衝突でボールが床に与える力積は，大きさが $\sqrt{2gh}(1-e)$ で鉛直下向きである．

(2) 1 回目の衝突直後のボールの速さは，$\sqrt{2gh}e$ であるから，ボールは $mghe^2$ だけ跳ね上がる．

(3) 跳ね返りによって散逸したエネルギーは，$mgh - mghe^2 = mgh(1-e^2)$.

(4) n 回目の跳ね返りによって，散逸するエネルギーは，$mghe^{2(n-1)}(1-e^2)$ となるから，散逸するエネルギーの和 E は

$$E = \sum_{n=1}^{\infty} mghe^{2(n-1)}(1-e^2) = mgh(1-e^2)\frac{1}{1-e^2} = mgh$$

となる．もちろん，これはボールがはじめにもっていたエネルギーである．

[**3**] (1) 2 冊の本を積み上げるときには，本の長さを L とすれば，図 (a) のように $\frac{L}{2}$ だけずらして積めばよい．このとき，2 冊の本を合わせたものの重心 G は，下の本の重心と上の本の重心を結んだ線分の中点になるから，それは下の本の端からは，$\frac{3L}{4}$ の位置にある．これを 3 冊目の本の上に積み上げるには，図 (b) のように $\frac{L}{4}$ だけずらして積めばよい．

(2) 同様に繰り返していったときに，一番上の本が一番下の本に対してちょうど 1 冊分ずらして積むには，本の冊数を n としたとき

$$\frac{L}{2} + \frac{L}{4} + \cdots + \frac{L}{2(n-1)} + \cdots > L$$

である必要がある．条件を満たす最小の n を求めると 5 冊とわかる．

[**4**] 球 A と B の衝突の後の A および B の速度を $v_\mathrm{A}, v_\mathrm{B}$ とすると，運動量保存則および反発の法則より

$$m_1 v = m_1 v_\mathrm{A} + m_2 v_\mathrm{B}, \qquad \frac{v_\mathrm{B} - v_\mathrm{A}}{v} = e_1$$

であるから

$$v_\mathrm{A} = v - \frac{m_2(1+e_1)}{m_1+m_2}v, \qquad v_\mathrm{B} = \frac{m_1(1+e_1)}{m_1+m_2}v$$

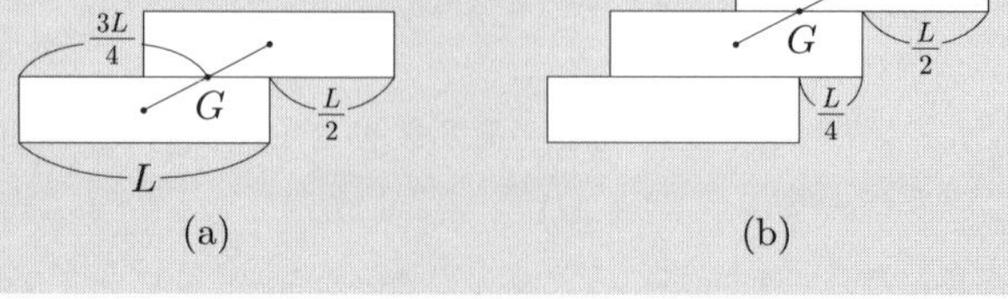

(a)　　(b)

同様に，球BがCの衝突後のBおよびCの速度を v'_B, v'_C とすると

$$v'_B = v_B - \frac{m_3(1+e_2)}{m_2+m_3}v_B, \qquad v'_C = \frac{m_2(1+e_2)}{m_2+m_3}v_B$$

したがって，BがCに与える運動量は

$$m_3 v'_C = \frac{m_2 m_3(1+e_2)}{m_2+m_3}v_B = \frac{m_1 m_2 m_3(1+e_1)(1+e_2)}{(m_1+m_2)(m_2+m_3)}v$$

となる．

[**5**] 運動量保存の法則より，弾丸が貫通した直後の砂袋の速さを V とすれば

$$mv = \frac{1}{2}mv + MV$$

であるから，$V = \frac{mv}{2M}$ と求まる．最高点での速度を V' とすれば，遠心力と重力のつり合いより

$$\frac{MV'^2}{l} = Mg$$

また，エネルギー保存の法則より，V と V' の関係は

$$\frac{1}{2}MV^2 = \frac{1}{2}MV'^2 + 2Mgl$$

したがって，これら2式より

$$\frac{M(V^2-4gl)}{l} = Mg$$

これを解いて

$$V = \sqrt{5gl}$$

となる．したがって

$$v = \frac{2M}{m}\sqrt{5gl}$$

と求まる．

[**6**] (1) 衝突前の中性子の速度を v，衝突後の中性子の速度を v'，衝突後の炭素の原子核の速度を V' とすると，エネルギー保存の法則より

$$v^2 - v'^2 = 12V^2$$

また，運動量保存の法則より

$$v - v' = 12V$$

となる．これらより，V を消去すれば，$v' = -\frac{11}{13}v$ となるから，中性子の衝突前の運動エネルギー E と衝突後の運動エネルギー E' の比は

$$\frac{E'}{E} = \left(\frac{11}{13}\right)^2 = 0.72$$

となる．したがって，$1.00 - 0.72 = 0.28 = 28\%$ のエネルギーが炭素の原子核に転移することがわかる（なお，エネルギー保存則の代わりに反発の法則を使った方が簡単になる．各自試してみよ）．

(2) $1\,\mathrm{MeV} \times 0.72 = 0.72\,\mathrm{MeV}$

[**7**] (1) 運動方程式は

$$\frac{dm(t)v(t)}{dt} = m(t)g$$

(2) $\frac{dm}{dt} = kmv$ を用いれば，運動方程式は

$$m(t)\frac{dv(t)}{dt} + km(t)v^2(t) = m(t)g$$

したがって，加速度 $a = \frac{dv}{dt}$ は

$$a = g - kv^2(t)$$

と求まる．

[**8**] $1.5 \times 10^4 \times 2.6 \times 10^3 = 39 \times 10^6\,\mathrm{N}$

[**9**] この系の位置エネルギーは，太陽と惑星の相互作用のエネルギーと，惑星同士の相互作用のエネルギーの和になる．したがって

$$G\sum_{i=1}^{8}\frac{Mm_i}{|\boldsymbol{r}_i|} + G\sum_{j=1(j\neq i)}^{8}\sum_{i=1}^{8}\frac{m_i m_j}{|\boldsymbol{r}_i - \boldsymbol{r}_j|}$$

となる．

[**10**] (1) このときの運動方程式は

$$\frac{d}{dt}\left(\frac{m}{l}hv\right) = F - \frac{m}{l}hg$$

と表せる．ここで

$$\frac{dv}{dt} = \frac{dv}{dh}\cdot\frac{dh}{dt} = \frac{1}{2}\frac{d}{dh}v^2$$

であることを用いると

$$\frac{d}{dh}(hv)^2 = 2\left(\frac{Fl}{m}h - gh^2\right)$$

であるから，運動方程式は次のように変形できる．

$$\frac{d}{dh}(hv)^2 = 2\left(\frac{Fl}{m}h - gh^2\right)$$

この両辺を 0 から h まで，h で積分すれば

$$(hv)^2 = \frac{Fl}{m}h^2 + \frac{2}{3}gh^3$$

となり

$$v = \sqrt{\frac{Fl}{m} + \frac{2}{3}gh}$$

と求まる．

(2) 床が鎖に及ぼす力の大きさを W とすると，運動量の変化は

$$\frac{d}{dt}\left(\frac{M}{l}(l-h)v\right) = -W + Mg$$

と表せる．ここで，左辺は，$\frac{dh}{dt} = v$, $\frac{dv}{dt} = g$, $v^2 = 2gh$ を用いれば

$$\begin{aligned}\frac{d}{dt}\left(\frac{M}{l}(l-h)v\right) &= -\left(\frac{M}{l}v^2\right) + \left(\frac{M}{l}(l-h)\frac{dv}{dt}\right)\\ &= -\left(\frac{2Mgh}{l}\right) + \left(\frac{Mg}{l}(l-h)\right) = \frac{Mg}{l}(l-3h)\end{aligned}$$

となるから，$W = \frac{3Mgh}{l}$ と求まる．

[**11**] (1) この系の全力学的エネルギーは重心の力学的エネルギーと相対運動の力学的エネルギーの和になる．重心の力学的エネルギーは，外力が働いていないので，全質量を $M(= m_{\rm A} + m_{\rm B})$ とすれば

$$\frac{1}{2}Mv_{\rm G}^2$$

となる．相対運動のエネルギーは，慣性質量を μ $(= \frac{m_{\rm A}m_{\rm B}}{m_{\rm A}+m_{\rm B}})$ とすれば

$$\frac{1}{2}\mu r^2\omega^2 - G\frac{m_{\rm A}m_{\rm B}}{r}$$

であるから，全力学的エネルギー E は

$$\begin{aligned} E &= \frac{1}{2}Mv_{\rm G}^2 + \frac{1}{2}\mu r^2\omega^2 - G\frac{m_{\rm A}m_{\rm B}}{r} \\ &= \frac{1}{2}(m_{\rm A} + m_{\rm B})v_{\rm G}^2 + \frac{1}{2}\frac{m_{\rm A}m_{\rm B}}{m_{\rm A}+m_{\rm B}}r^2\omega^2 - G\frac{m_{\rm A}m_{\rm B}}{r} \end{aligned}$$

となる．

(2) この系の点 O のまわりの全角運動量は，点 O のまわりの重心の角運動量と，重心のまわりの角運動量の和になる．重心のまわりの角運動量の大きさ L' は

$$L' = m_{\rm A}r_{\rm A}^2\omega + m_{\rm B}r_{\rm B}^2\omega = \mu r^2\omega$$

となる．ここで，$r_{\rm A}$ および $r_{\rm B}$ は，それぞれ，質点 A および B の重心からの距離であり，$r_{\rm A} = \frac{m_{\rm B}r}{m_{\rm A}+m_{\rm B}}$, $r_{\rm B} = \frac{m_{\rm A}r}{m_{\rm A}+m_{\rm B}}$ であることを用いた．したがって，点 O のまわりの角運動量の大きさ L は

$$L = Mvh + L' = Mvh + \mu r^2\omega L = (m_{\rm A} + m_{\rm B})vh + \frac{m_{\rm A}m_{\rm B}}{m_{\rm A}+m_{\rm B}}r^2\omega$$

と求まる．

第 10 章の解答

練習問題

問題 10.1 2 つの原子 A, B の位置は 6 個の座標 $(x_{\rm A}, y_{\rm A}, z_{\rm A})$, $(x_{\rm B}, y_{\rm B}, z_{\rm B})$ で決まり，原子間距離が一定という 1 つの幾何学的条件が加わるので，2 原子分子の自由度は $6 - 1 = 5$ である．これは 3 つの位置座標 (x, y, z) と方位角 (θ, ϕ) と考えてもよい．ここで θ は z 軸からの傾き，ϕ は z 軸のまわりの角度である．

問題 10.2 図のように半円の中心を原点にとり，底辺に水平に x 軸，垂直に y 軸をとる．そうすると，重心は y 軸上にある．ここで，極座標をとると，面要素は $rdrd\theta$ となるから，重心の y 座標 $y_{\rm G}$ は

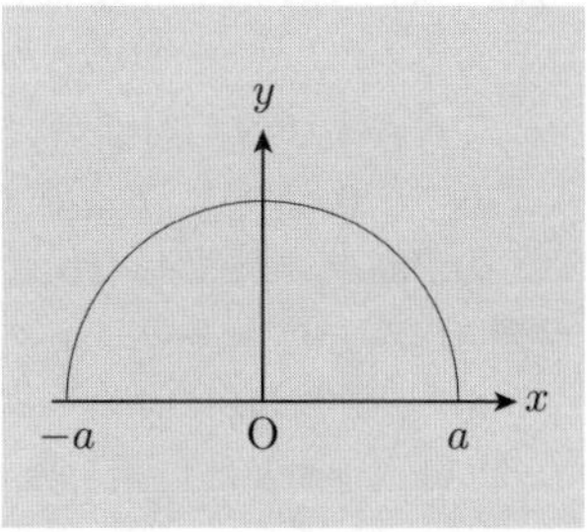

$$\begin{aligned} y_{\rm G} &= \frac{\int_0^\pi \int_0^a yrdrd\theta}{\int_0^\pi \int_0^a rdrd\theta} \\ &= \frac{2}{\pi a^2}\int_0^\pi \int_0^a r^2 \sin\theta drd\theta = \frac{4a}{3\pi} \end{aligned}$$

と求まる．

問題 10.3　図のように座標軸をとれば，重心は y 軸上にあり，そのときの y 座標 y_G は，前問の積分範囲を変えるだけで計算することができ

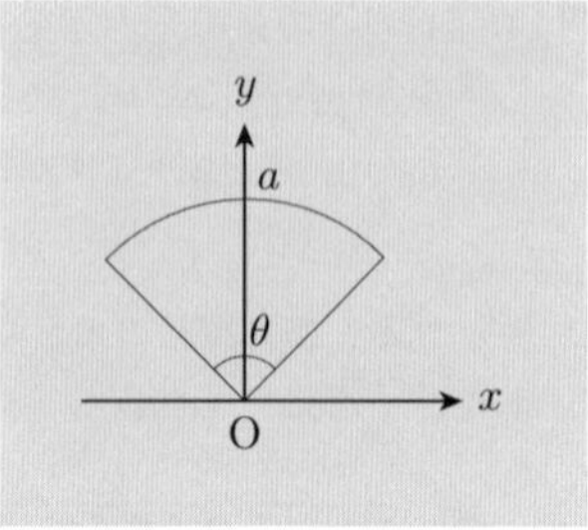

$$y_G = \frac{\int_{(\pi-\theta)/2}^{(\pi+\theta)/2}\int_0^a yrdrd\theta}{\int_{(\pi-\theta)/2}^{(\pi+\theta)/2}\int_0^a rdrd\theta} = \frac{\frac{1}{3}a^3\left(\cos\frac{\pi-\theta}{2}-\cos\frac{\pi+\theta}{2}\right)}{a^2\theta} = \frac{2a\sin\theta}{3\theta}$$

と求まる．

問題 10.4　底面と中心軸が交わる点を原点にとり，底面に垂直に z 軸，それと直交するように x 軸と y 軸をとれば，重心は z 軸上にあり，その z 座標 z_G は

$$z_G = \frac{\int_0^z z\cdot\pi\left(\frac{h-z}{h}\right)^2dz}{\int_0^z \pi\left(\frac{h-z}{h}\right)^2dz} = \frac{\int_0^h (h^2z-2hz^2+z^3)dz}{\int_0^h (h^2-2hz+z^2)dz} = \frac{1}{4}h$$

である．

問題 10.5　作用線の交点を原点とし，力 $\boldsymbol{F}_1$ および $\boldsymbol{F}_2$ の作用点の位置ベクトルを $\boldsymbol{r}_1$ および $\boldsymbol{r}_2$ とすると，$\boldsymbol{F}_1$ と $\boldsymbol{r}_1$，$\boldsymbol{F}_2$ と $\boldsymbol{r}_2$ は平行であるから，原点まわりの力のモーメントは 0 となる．したがって，2 つの力 $\boldsymbol{F}_1$ および $\boldsymbol{F}_2$ は，その作用線の交点に作用する 1 つの力 $\boldsymbol{F}_1+\boldsymbol{F}_2$ と等価になる．

問題 10.6　適当な位置に原点をとり，このときの P_1 および P_2 の位置ベクトルを $\boldsymbol{r}_{\mathrm{P}1}$ および $\boldsymbol{r}_{\mathrm{P}2}$，また，$F_1=|\boldsymbol{F}_1|, F_2=|\boldsymbol{F}_2|$ とすると，平行力の作用点は，同じ向きの場合

$$\boldsymbol{r}_\mathrm{C} = \frac{F_1\boldsymbol{r}_{\mathrm{P}1}+F_2\boldsymbol{r}_{\mathrm{P}2}}{F_1+F_2} = \frac{\frac{1}{F_2}\boldsymbol{r}_{\mathrm{P}1}+\frac{1}{F_1}\boldsymbol{r}_{\mathrm{P}2}}{\frac{1}{F_2}+\frac{1}{F_1}}$$

逆向きの場合

$$\boldsymbol{r}_\mathrm{C} = \frac{F_1\boldsymbol{r}_{\mathrm{P}1}-F_2\boldsymbol{r}_{\mathrm{P}2}}{F_1-F_2} = \frac{\frac{1}{F_2}\boldsymbol{r}_{\mathrm{P}1}-\frac{1}{F_1}\boldsymbol{r}_{\mathrm{P}2}}{\frac{1}{F_2}-\frac{1}{F_1}}$$

となり，$\overline{\mathrm{P}_1\mathrm{P}_2}$ を 2 つの力の大きさの逆比に，同符号ならば内分，異符号ならば外分する点であることがわかる．

問題 10.7　床の摩擦がない場合，棒に働く力は右図のようになる．ここで，壁からの摩擦力 $\boldsymbol{f}$ の最大値は，壁からの垂直抗力 $\boldsymbol{N}_2$ に比例するが，水平方向のつり合いから，$\boldsymbol{N}_2=\boldsymbol{0}$ なので，$\boldsymbol{f}=\boldsymbol{0}$ である．よって，棒には必ず偶力が働き，立て掛けた状態で静止を保つことはできない．

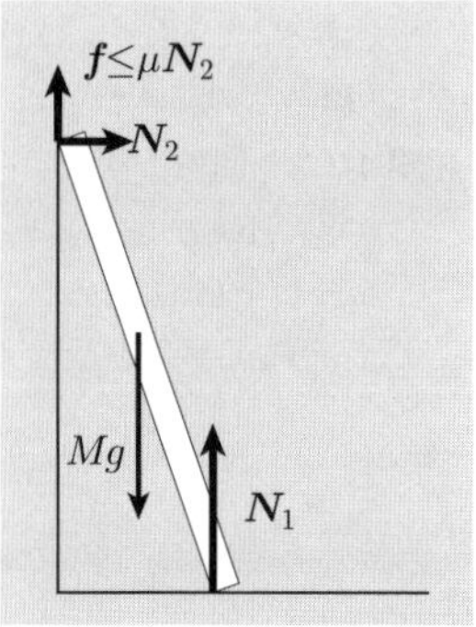

問題 10.8　$m_1=m_2=m$ のとき，$l_1=l_2=\frac{l+r_1+r_2}{2}$ であり，2 個の球の中心の高さは互いに等しい．したがって球同士が及ぼし合う垂直抗力は水平方向であり，その大きさは

$$R = T\sin\theta = mg\tan\theta$$

である．ここで

$$\tan\theta = \frac{\frac{r_1+r_2}{2}}{\sqrt{\left(\frac{l+r_1+r_2}{2}\right)^2 - \left(\frac{r_1+r_2}{2}\right)^2}} = \frac{r_1+r_2}{\sqrt{l(l+2(r_1+r_2))}}$$

よって

$$R = \frac{r_1+r_2}{\sqrt{l(l+2(r_1+r_2))}}mg$$

問題 10.9 重心を原点として，剛体中の l 番目の体積素片の位置ベクトルを $\boldsymbol{r}_l = x_l\boldsymbol{i}+y_l\boldsymbol{j}+z_l\boldsymbol{k}$，質量を m_l とすると，重心のまわりの重力のモーメントは

$$\boldsymbol{N} = \sum_l \boldsymbol{r}_l \times m_l g\boldsymbol{k} = \sum_l m_l g(y_l\boldsymbol{i} - x_l\boldsymbol{j}) = \left(\left(\sum_l m_l y_l\right)\boldsymbol{i} - \left(\sum_l m_l x_l\right)\boldsymbol{j}\right)g = \boldsymbol{0}$$

となる．したがって，剛体に作用する重力の重心のまわりのモーメントは 0 になる．

演習問題

[**1**] (1) 剛体の平面運動は，面内の任意の 2 点を結ぶ線分の運動で決まるのだから，線分の平面内の並進運動の自由度が 2，回転運動の自由度が 1 であり，したがって，このときの自由度は 3 であることがわかる．

(2) AOA′ と BOB′ は，それぞれ底辺を AA′, BB′ とする 2 等辺三角形であり，また，$\overline{\mathrm{AB}} = \overline{\mathrm{A'B'}}$ である．したがって，$\triangle\mathrm{AOB} \equiv \triangle\mathrm{A'OB'}$ であることがわかり，AB から A′B′ の変位は O まわりの回転運動とみることができることがわかる．

[**2**] 剛体の平面運動は，回転の瞬間中心まわりの回転運動と見ることができるので，剛体中の任意の点の移動方向は，回転の瞬間中心からその点に引いた線に垂直になる．いま，半球には鉛直下向きに重力が働いているので，重心の運動は鉛直下向きになる．また，半球と水平面との接触点の運動は水平方向となる．したがって，このときの回転の瞬間中心は，重心から水平に引いた直線と，接触点から鉛直に引いた直線の交点となる．半径 a の半球の重心は，球の中心を通り底面から垂直に，$\frac{3a}{8}$ の位置であったから，このときの回転の中心は，球の中心と接触点を通る線分上で，球の中心から $\frac{3a\cos\theta}{8}$ の位置となる．

[**3**] 剛体の密度を $\rho(\boldsymbol{r})$ とすれば，重心は

$$\boldsymbol{r}_{\mathrm{G}} = \frac{1}{M_{\mathrm{A}}+M_{\mathrm{B}}}\int \boldsymbol{r}\rho(\boldsymbol{r})dV$$

である．一方，積分範囲を 2 つの部分 A, B に分けると

$$\boldsymbol{r}_{\mathrm{G}} = \frac{1}{M_{\mathrm{A}}+M_{\mathrm{B}}}\left(\int_{\mathrm{A}} \boldsymbol{r}\rho(\boldsymbol{r})dV + \int_{\mathrm{B}} \boldsymbol{r}\rho(\boldsymbol{r})dV\right) = \frac{1}{M_{\mathrm{A}}+M_{\mathrm{B}}}(M_{\mathrm{A}}\boldsymbol{r}_{\mathrm{A}} + M_{\mathrm{B}}\boldsymbol{r}_{\mathrm{B}})$$

であり，これは，質量 M_{A}, M_{B} をそれぞれ $\boldsymbol{r}_{\mathrm{A}}$, $\boldsymbol{r}_{\mathrm{B}}$ に集中させたときの重心に他ならない．

[**4**] MN に沿って x 軸をとる．切り取った三角形と，同じ大きさ，密度の三角形を考え，重心を求める際の積分を次のようにとる．

$$x_{\mathrm{G}} = \frac{1}{\int_{\text{長方形}} dV - \int_{\text{三角形}} dV}\left(\int_{\text{長方形}} x dV - \int_{\text{三角形}} x dV\right) = \frac{4}{3}\left(x_{\mathrm{G}\ \text{長方形}} - \frac{1}{4}x_{\mathrm{G}\ \text{三角形}}\right)$$

ここで，$x_{\mathrm{G}\ 長方形}$, $x_{\mathrm{G}\ 三角形}$ はそれぞれ，長方形および三角形の重心である．長方形の中心 O を原点にとれば，$x_{\mathrm{G}\ 長方形} = 0$, $x_{\mathrm{G}\ 三角形} = \frac{2\overline{\mathrm{ON}}}{3}$ であるから，この切り取られた長方形の重心は MN 軸上，中心から $\frac{2(\overline{\mathrm{OM}})}{9}$ の位置にある．

[**5**] 孔と同じ位置に，同じ大きさ，密度の円板 B を考え，重心を求める際の積分を次のように 2 つに分けて考える．

$$\boldsymbol{r}_{\mathrm{G}} = \frac{1}{\int_{円板\ \mathrm{A}} dV - \int_{円板\ \mathrm{B}} dV}\left(\int_{円板\ \mathrm{A}} \boldsymbol{r} dV - \int_{円板\ \mathrm{B}} \boldsymbol{r} dV\right) = \frac{1}{\pi(a^2-b^2)}(\pi a^2 \boldsymbol{r}_{\mathrm{GA}} - \pi b^2 \boldsymbol{r}_{\mathrm{GB}})$$

ここで，$\boldsymbol{r}_{\mathrm{GA}}$, $\boldsymbol{r}_{\mathrm{GB}}$ はそれぞれ，円板 A，円板 B の重心であり，それぞれの円の中心である．円板 A の中心を原点にとり，円板の中心から孔の中心の方向に x 軸をとれば，$\boldsymbol{r}_{\mathrm{A}} = \boldsymbol{0}$, $\boldsymbol{r}_{\mathrm{B}} = d\boldsymbol{i}$ であるから，この孔の空いた円板の重心は，円板と孔の中心を通る直線上で，円板の中心から，孔の中心と逆方向に向かって，$\frac{b^2 d}{a^2-b^2}$ の位置にある．

[**6**] 剛体がつり合うためには，剛体に働く力の総和が 0 になる必要がある．したがって，鉛直成分および水平成分に分けて考えると

$$T\cos\theta_1 = Mg, \qquad T\sin\theta_1 = F$$

これより

$$\theta_1 = \tan^{-1}\left(\frac{F}{Mg}\right), \qquad T = \sqrt{Mg^2 + F^2}$$

任意の点まわりの力のモーメントの総和が 0 である必要がある．A 点まわりの力のモーメントを考えると

$$\frac{Mg}{2} l \sin\theta_2 - Fl\cos\theta_2 = 0$$

が得られる．これより

$$\theta_2 = \tan^{-1}\left(\frac{2F}{Mg}\right)$$

が得られる．

[**7**] 円柱の断面に平行な P まわりの力のモーメントを考えると，ちょうど円柱がもち上がる瞬間（床からの垂直抗力が 0 になる瞬間）における力のモーメントのつり合いより

$$F(2R-h) = Mg\sqrt{R^2 - (R-h)^2}$$

であるから，これを F について解くと

$$F = Mg\sqrt{\frac{h}{2R-h}}$$

となる．また，力のつり合いより，P 点で円柱に及ぼされる抗力の水平成分は $-F$，鉛直成分は $-Mg$ であるから

$$N = \sqrt{F^2 + (Mg)^2} = Mg\sqrt{\frac{2R}{2R-h}}$$

となる．

第 11 章の解答

練習問題

問題 11.1 加速度を a とおくと，時間 t 経過後の速さは，おもり m_1, m_2 ともに $v = at$,

移動距離は，おもり m_1, m_2 ともに $h = \frac{1}{2}at^2$ である．よって，そのときの力学的エネルギーは

$$\text{おもり } m_1: \quad E_1 = \tfrac{1}{2}m_1v^2 - m_1gh = \tfrac{1}{2}m_1a(a-g)t^2$$

$$\text{おもり } m_2: \quad E_2 = \tfrac{1}{2}m_2v^2 + m_2gh = \tfrac{1}{2}m_2a(a+g)t^2$$

$$\text{滑車}: \quad E_3 = \tfrac{1}{2}I\omega^2 = \tfrac{1}{2}\left(\tfrac{1}{2}MR^2\right)\left(\tfrac{v}{R}\right)^2 = \tfrac{1}{4}Mv^2 = \tfrac{1}{4}Ma^2t^2$$

よって，全力学的エネルギーは，例題 11.1 の結果 $a = \frac{2(m_1-m_2)}{M+2(m_1+m_2)}g$ を用いて

$$\begin{aligned} E = E_1 + E_2 + E_3 &= \tfrac{1}{4}(M + 2(m_1 + m_2))a^2t^2 - \tfrac{1}{2}(m_1 - m_2)agt^2 \\ &= \tfrac{1}{4}a\{(M + 2(m_1 + m_2))a - 2(m_1 - m_2)g\}t^2 = 0 \end{aligned}$$

よって，全力学的エネルギーは時間 t に依存しない．すなわち保存される．

問題 11.2 OO′ の距離 l は相当単振り子の長さに他ならないので，この物理振り子の周期は $T = 2\pi\sqrt{\frac{l}{g}}$ である．よって，OO′ の距離 l と周期 T から，以下のように g が求まる．

$$g = \left(\tfrac{2\pi}{T}\right)^2 l$$

問題 11.3 下の表にまとめる．

1 次元運動	固定軸回転
座標　x	回転角　θ
速度　$v = \frac{dx}{dt}$	角速度　$\omega = \frac{d\theta}{dt}$
質量　m	慣性モーメント　I
運動量　$p = mv$	角運動量　$L = I\omega$
運動エネルギー　$K = \frac{1}{2}mv^2$	回転エネルギー　$K = \frac{1}{2}I\omega^2$
力　F	力のモーメント（トルク）　N
運動方程式　$\frac{dp}{dt} = F$	運動方程式　$\frac{dL}{dt} = N$

問題 11.4 薄板の面内に x, y 軸，板に垂直に z 軸をとると，(11.5) より

$$x \text{ 軸のまわりの慣性モーメントは } I_x = \int y^2 dM$$

$$y \text{ 軸のまわりの慣性モーメントは } I_y = \int x^2 dM$$

$$z \text{ 軸のまわりの慣性モーメントは } I_z = \int (x^2 + y^2) dM$$

である．よって，$I_z = I_x + I_y$ すなわち (11.4) が成り立つ．

問題 11.5 $I = \left(\frac{a^2}{4} + \frac{h^2}{12}\right)M$

問題 11.6 底辺の長さを a とすると，底辺から距離 y の部分の長さは $x = a(1 - \frac{y}{h})$ である．また，この薄板の面密度は $\sigma = \frac{M}{\frac{1}{2}ah} = \frac{2M}{ah}$ である．よって底辺のまわりの慣性モーメントは

$$I = \int y^2 dM = \int_0^h y^2 \sigma x dy = \frac{2M}{h}\int_0^h y^2\left(1-\frac{y}{h}\right)dy = \frac{2M}{h}\left[\frac{y^3}{3}-\frac{y^4}{4h}\right]_0^h = \frac{1}{6}Mh^2$$

問題 11.7 上問の結果を利用すると，正三角形の 1 辺のまわりの慣性モーメントは，$h^2 = a^2 - \left(\frac{a}{2}\right)^2 = \frac{3}{4}a^2$ より $I_x = \frac{1}{8}Ma^2$，中線のまわりの慣性モーメントは，片側 $\left(\frac{M}{2}\right)$ を考えると $h^2 = \left(\frac{a}{2}\right)^2 = \frac{1}{4}a^2$ より，$I_y = \frac{1}{24}\frac{M}{2}a^2$ なので，両側では $I_y = \frac{1}{24}Ma^2$．よって，薄板の直交軸定理より，この両軸の交点を通り三角形に垂直な軸のまわりの慣性モーメントは $I_z = I_x + I_y = \frac{1}{6}Ma^2$ である．この軸と重心との距離は $\frac{\sqrt{3}a}{6}$ であるから，平行軸の定理より

$$I_{\mathrm{G}} = \frac{1}{6}Ma^2 - \frac{1}{12}Ma^2 = \frac{1}{12}Ma^2$$

問題 11.8 孔を開ける前の質量を M_0 とおくと，くり抜かれた部分の質量は $\frac{M_0}{4}$ である．よって，くり抜いた後の質量は $M = \frac{3M_0}{4}$ である．すなわち，$M_0 = \frac{4M}{3}$ である．くり抜かれた部分の点 O のまわりの慣性モーメントは，$I_{孔} = \frac{1}{2}\left(\frac{M_0}{4}\right)\left(\frac{a}{2}\right)^2 + \left(\frac{M_0}{4}\right)\left(\frac{a}{2}\right)^2 = \frac{3}{32}M_0a^2$ なので，求める慣性モーメントは

$$I = \frac{1}{2}M_0a^2 - I_{孔} = \frac{13}{32}M_0a^2 = \frac{13}{24}Ma^2$$

問題 11.9 並進の運動エネルギーは $K_{並進} = \frac{1}{2}Mv^2$，回転の運動エネルギーは $K_{回転} = \frac{1}{2}I\omega^2 = \frac{1}{2}I\left(\frac{v}{a}\right)^2$ である．よって

$$\frac{K_{回転}}{K_{並進}} = \frac{I}{Ma^2} = \frac{1}{2}$$

である．

問題 11.10 重心位置の最初の高さを基準として，斜面を x だけ下ったときの並進速度を v，角速度を ω とすると，力学的エネルギー保存則より

$$\frac{1}{2}Mv^2 + \frac{1}{2}I\omega^2 - Mgx\sin\theta = 0$$

ここで滑らない条件より $v = a\omega$，また $I = \frac{1}{2}Ma^2$ より

$$\frac{3}{4}v^2 = gx\sin\theta$$

これを時間 t で微分すると

$$\frac{3}{2}v\frac{dv}{dt} = gv\sin\theta$$

よって

$$\frac{dv}{dt} = \frac{2}{3}g\sin\theta, \qquad \frac{d\omega}{dt} = \frac{2}{3}\frac{g}{a}\sin\theta$$

問題 11.11 エネルギー保存則より

$$\frac{1}{2}Mv^2 + \frac{1}{2}I\omega^2 - Mgh = 0$$

ここで滑らない条件より $v = a\omega$，また $I = \frac{1}{2}Ma^2$ より

$$\frac{3}{4}v^2 = gh$$

よって，角速度は

$$\omega = \frac{v}{a} = \frac{1}{a}\sqrt{\frac{4}{3}gh}$$

問題 11.12 ボールがあたったことによるバットの速度および角速度の変化は Δv, $\Delta\omega$ は，例題と同様に

$$M\Delta v = F\Delta t, \qquad I_{\mathrm{P}}\Delta\omega = l_3 F\Delta t$$

である．ただし I_{P} は点 P のまわりの慣性モーメント，l_3 は P からボールがあたる位置 Q までの距離である．また，点 P で衝撃を受けないことから

$$\Delta v = (l_2 - l_1)\Delta\omega$$

である．ここから Δv, $\Delta\omega$ を消去すると

$$l_3 = \frac{I_{\mathrm{P}}}{M(l_2 - l_1)}$$

である．ところで，重心の慣性モーメントを I_{G} とすると，$I = I_{\mathrm{G}} + Ml_1^2$ であり，また $I_{\mathrm{P}} = I_{\mathrm{G}} + M(l_2 - l_1)^2$ であるから，$I_{\mathrm{P}} = I - Ml_1^2 + M(l_2 - l_1)^2$，また $l_1 l_2 = \frac{I}{M}$ であるから

$$l_3 = \frac{I - Ml_1^2 + M(l_2 - l_1)^2}{Ml_2^2 - I} l_2 = \frac{I + Ml_2^2 - 2Ml_1 l_2}{Ml_2^2 - I} l_2 = l_2$$

よって，点 Q は点 O に他ならない．すなわち，点 O にボールを当てればよい．

演習問題

[**1**] (1) 質量 M，半径 r の球の中心を通る軸のまわりの慣性モーメントは $I = \frac{2}{5}Mr^2$ なので，求める半球容器の慣性モーメントは

$$I = \frac{1}{5}M(b^2 - a^2)$$

(2) 直径のまわりの慣性モーメントは，$I = \frac{1}{4}Ma^2$ である．よって平行軸の定理より

$$I = \frac{1}{4}Ma^2 + Ma^2 = \frac{5}{4}Ma^2$$

(3) 1 つの面の質量は $\frac{M}{6}$ であるので，上面の慣性モーメントは $I_1 = \frac{1}{6}\frac{M}{6}a^2$，側面の慣性モーメントは平行軸の定理より $I_2 = \frac{1}{12}\frac{M}{6}a^2 + \frac{M}{6}(\frac{a}{2})^2 = \frac{1}{18}Ma^2$．よって求める慣性モーメントは $I = 2I_1 + 4I_2 = \frac{5}{18}Ma^2$．

[**2**] 円板の支点 P のまわりの慣性モーメントは，円板の中心 O と P との距離を r とすると，$I = \frac{1}{2}Ma^2 + Mr^2$ である．剛体の運動方程式は，(11.4) から

$$I\frac{d^2\theta}{dt^2} = -Mgr\sin\theta$$

であるが，θ が小さいとして $\sin\theta = \theta$ とおくと

$$\frac{d^2\theta}{dt^2} = -\left(\frac{Mhr}{I}\right)\theta$$

となり，これは単振動の方程式である．したがって，剛体の振動の周期 T は

$$T = 2\pi\sqrt{\frac{I}{Mgr}} = 2\pi\sqrt{\frac{\frac{a^2}{2r} + r}{g}}$$

したがって，相当単振り子の長さは

$$l = \frac{a^2}{2r} + r$$

[3] 上問の結果より

$$l = \frac{a^2}{2r} + r$$

を最小にする r を求めればよく，$\frac{dl}{dr} = -\frac{a^2}{2r^2} + 1 = 0$ より，l が最小になるのは $r = \frac{a}{\sqrt{2}}$ のときであり，そのときの $l = \sqrt{2}a$ だから，周期の最小値は

$$T = 2\pi\sqrt{\frac{\sqrt{2}a}{g}}$$

[4] 物体 M 側の糸の張力を T_1，物体 m 側の糸の張力を T_2，加速度を a，滑車の角加速度 β とすると，運動方程式は

$$\text{物体 } M\text{：}\quad Ma = T_1$$

$$\text{滑車：}\quad I\beta = rT_2 - rT_1$$

$$\text{物体 } m\text{：}\quad ma = mg - T_2$$

である．滑車の糸が滑らないとすると，$a = r\beta$ であるから，これらより

$$a = \frac{m}{M+m+\frac{I}{r^2}}g$$

$$T_1 = Ma = \frac{Mm}{M+m+\frac{I}{r^2}}g, \qquad T_2 = mg - ma = \frac{M+\frac{I}{r^2}}{M+m+\frac{I}{r^2}}mg$$

[5] ボーリングの球の重心の速度を v とすると，並進運動の方程式は

$$M\frac{dv}{dt} = -\mu' Mg$$

回転運動の方程式は，中心のまわりの角速度を ω とすると

$$I\frac{d\omega}{dt} = a\mu' Mg$$

である．よって，初速が v_0 のときの，時刻 t における速度は

$$v = v_0 - \mu' gt$$

また，角速度は，$I = \frac{2}{5}Ma^2$ を用いて

$$\omega = \frac{5}{2a}\mu' gt$$

である．転がり出す条件は $v = a\omega$ であるから，そのときの時刻は

$$t = \frac{2}{7}\frac{v_0}{\mu' g}$$

そのときの距離は

$$x = v_0 t - \frac{1}{2}\mu' gt^2 = \frac{12}{49}\frac{v_0^2}{\mu' g}$$

[6] ヨーヨーに働く力は，重力とひもの張力である．よってひもを引き上げてヨーヨーを静止させるためには，ひもの張力は $T = Mg$ である．また，ヨーヨーの回転運動の方程式より

$$I\frac{d\omega}{dt} = aT$$

よって，$\omega = \frac{aT}{I}t = \frac{2g}{a}t$ である．したがって，ひもを

$$v = a\omega = 2gt$$

すなわち，ひもの上端を真上に加速度 $2g$ で引けばよい．

[**7**] 衝突の際の力積を $\overline{F}\Delta t$ とすると

$$MV = \overline{F}\Delta t, \qquad m(v - v_0) = -\overline{F}\Delta t, \qquad I\omega = l\overline{F}\Delta t$$

である．ここで I は，棒の重心のまわりの慣性モーメントであり，$I = \frac{1}{3}Ml^2$ である．弾性衝突の条件は

$$\frac{v-(V+l\omega)}{v_0} = -1$$

であるから，これらから，v, V, ω を消去すると

$$\overline{F}\Delta t = \frac{2Mmv_0}{M+4m}$$

よって

$$V = \frac{\overline{F}\Delta t}{M} = \frac{2m}{M+4m}v_0, \quad v = v_0 - \frac{\overline{F}\Delta t}{m} = -\frac{M-4m}{M+4m}v_0, \quad \omega = \frac{l\overline{F}\Delta t}{I} = \frac{6m}{M+4m}\frac{v_0}{l}$$

索　引

あ　行

か　行

さ　行

た 行

な 行

は 行

ま 行

や 行

ら 行

欧　字

著 者 略 歴

永 田 一 清
ながた かずきよ

1962年　大阪大学大学院理学研究科
　　　　修士課程修了
1972年　理学博士（大阪大学）
2012年　逝去
　　　　東京工業大学名誉教授
　　　　神奈川大学名誉教授

主 要 著 書
電磁気学（朝倉書店，1981）
静電気（培風館，1987）
基礎物理学 上，下（学術図書，1987，共著）
基礎物理学演習 I，II
（サイエンス社，1991，1993，編）
物性物理学（裳華房，2009）

佐 野 元 昭
さの もとあき

1988年　東京工業大学大学院理工学研究科
　　　　博士課程修了 理学博士（東京工業大学）
現　在　桐蔭横浜大学医用工学部教授

主 要 著 書
基礎物理学演習 I，II
（サイエンス社，1991，1993，共著）
電磁気学を理解する（昭晃堂，1996，共著）
電磁気学を学ぶためのベクトル解析
（コロナ社，1996，共著）
Windows ですぐにできる C 言語グラフィックス
（昭晃堂，2009，共著）

轟 木 義 一
とどろき のりかず

2004年　東京大学大学院工学系研究科物理工学
　　　　専攻博士課程修了　博士（工学）
　　　　神奈川大学工学部特別助手を経て，
現　在　千葉工業大学教育センター助教

主 要 著 書
演習形式で学ぶ相転移・臨界現象
（サイエンス社，2011，共著）

ライブラリ新・基礎物理学＝別巻 1

新・基礎 力学演習

2012年11月10日 ©　　　初 版 発 行

著 者　永 田 一 清　　発行者　木 下 敏 孝
　　　　佐 野 元 昭　　印刷者　小宮山恒敏
　　　　轟 木 義 一

発行所　株式会社　サイエンス社
〒151–0051　東京都渋谷区千駄ヶ谷1丁目3番25号
営 業　☎(03)5474–8500(代)　振替 00170–7–2387
編 集　☎(03)5474–8600(代)
FAX　☎(03)5474–8900

印刷・製本　小宮山印刷工業（株）

ISBN 978–4–7819–1238–7

PRINTED IN JAPAN

サイエンス社のホームページのご案内
http://www.saiensu.co.jp
ご意見・ご要望は
rikei@saiensu.co.jp　まで．